中国古代营造类工官

山西省古建筑保护研究所

张映莹　乔云飞　李海英　著

文物出版社

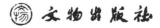

封面设计:周小玮
责任印制:张　丽
责任编辑:张广然

图书在版编目(CIP)数据

中国古代营造类工官 / 张映莹等著. —北京:文物出版社,2011.12
ISBN 978-7-5010-3364-5

Ⅰ.①中…　Ⅱ.①张…　Ⅲ.①古建筑-建筑史-中国　Ⅳ.①TU-092.2

中国版本图书馆 CIP 数据核字(2011)第 254282 号

中国古代营造类工官

张映莹　乔云飞　李海英·著

文物出版社出版发行
(北京市东直门内北小街 2 号楼　邮政编码 100007)
http://www.wenwu.com
E-mail:web@wenwu.com
北京京都六环印刷厂印刷
新华书店经销
850×1168 毫米　1/32　印张:9.25
2011 年 12 月第 1 版　2011 年 12 月第 1 次印刷
ISBN 978-7-5010-3364-5
定价:30.00 元

序

张映莹、乔云飞、李海英三位同志撰写的《中国古代营造类工官》一书，即将在文物出版社出版，这无疑是十分可喜的事。张映莹研究员让我在前面写几句话，感到义不容辞，于是光荣而又惶恐地接下了这个活儿。

说实话，张映莹他们三位都是山西省古建研究所的专业研究人员，对古代建筑史上的事自是当行本色，原本没有我置喙的余地，只是因为一些过往的因缘，才让我这门外汉有机会露丑献拙。

关于我国古代的工官，个人素无涉猎，看到他们的书稿，想到上古时代的工官前人也曾有论及，不过夹杂在大部头古书的注释中，翻检不易，不为人所注意，兹为检出，以便读者参看。

比如，汉唐经学家注《周礼》，都说最早的工官称“共工”。汉代郑玄《周礼·考工记》注即云：“百工者，唐虞已上曰共工。”这时候只是简单地点了一下。唐代贾公彦说得就比较详细了，疏云：“按太史公《楚世家》云：共工作乱，帝使重黎诛之。又按《舜典》云：帝曰：畴若予工？佥曰：垂才。帝曰：俞，咨垂，汝共工。是唐虞已上曰共工者也。若然，唐虞以上皆曰共工，尧时暂为司空。是以《尚书·舜典》二十八载后咨四岳，欲置百揆，佥曰伯禹作司空。注云：初，尧冬官为共工，舜举禹治水，尧知有强法，必有成功，改命司空，以官异之。禹登百揆后，更名共工。是其事也。”①

近代学者孙诒让又有新说，认为司空一职自古就有，并不比共工晚，但他没有否定共工亦为工官，而是以共工为司空的副职。孙氏在其名著《周礼正义》中说：“诒让案：《淮南子·天文训》：‘昔者共工与颛顼争为帝。’高注云：‘共工，官名。伯于虙羲、神农之间，其后子孙任智刑以强，故与颛顼黄帝之孙争位。’是尧以前即有共工之官。贾疏叙亦引郑《书注》云：‘禹登百揆之任，舍司空之职，为共工与虞，故曰垂作共工，益作朕虞。’据此，是郑意谓改共工为司空，自尧始也。《史记集解》引马融《书注》说垂为共工，云‘为司空，共理百工之事’，亦以共工为即司空。郑《大传注》说亦同。案《尧典》云：‘纳于百揆，百揆时叙。’马、郑诸儒多以为官名，《书》伪古文《周官》同，与《史记》所载古文说，释百揆为百官者异。阎若璩据文十八年《左传》，云‘舜臣尧，举八凯，使主后土，以揆百事，莫不时序’，证百揆非官名，其说致塙。若然，舜之命禹盖作司空而总百揆，非登百揆遂舍司空之职也。垂益与禹同命，亦不得谓尧先改共工为司空，舜后分司空为共工与虞，郑《书注》殊未塙。金鹗谓共工当为司空之佐，虞为后稷之佐。以理推验，金说近是。”②

以上二说孰胜，殊难论断，尚希识者指教。此外，孙诒让对《考工记》中所载营造类工官“匠人”也有所论述，文云：“‘匠人建国’者，《说文·匚部》云：‘匠，木工也。’《杂记》云：‘匠人御柩。’《孟子·梁惠王篇》云：‘工师得大木，匠人斫而小之。’又《左》成二年传‘鲁赂楚以执斫百人’，杜注以为匠人。《乡师职》有匠师，即匠人之长也。凡建立国邑，必用土木之工，匠人盖木工而兼识版筑营造之法，故建国营国沟洫诸事，皆掌之也。”③

一番文抄公当过，殊觉汗颜，不过作为本书小引，正合抛砖引玉的本义。读者若要了解古代营造类工官的情况，请看正文。因为本书的内容，至少我是未见。自梁思成先生开创中国建筑史以来，各大家均致力于历代建筑的考察、研究，营造类工官及其职掌与建筑史关系颇为密切，却很少有所涉及。本书的出版，对改善这种状况是很有助益的。

赵瑞民

2011 年 11 月于山西大学寓所

注　释

① 郑玄、贾公彦说均见《十三经注疏·周礼注疏》，第 905 页，中华书局，1980 年。

② 孙诒让《周礼正义》，第 3107 页，中华书局，1987 年。

③ 同上书，第 3415 页。

目　录

前　言

中国自原始社会进入奴隶社会后，便出现了阶级，形成了国家。《马克思恩格斯全集》卷二十一中有这样一句话："国家的本质特征，是和人民大众分离的公共权力。"这种公共权力就是国家机器的职能。为了管理国家，统治阶级要建立政府，因此政府由管理国家而产生、而生存。政府是国家的权威性表现形式，是统治阶级管理国家的执行者。为了充分发挥国家的职能、治理国家和管理政府事务，历朝历代政府都要建立一套管理国家事务的职业官吏制度，以行驶国家权力和管理国家事务，于是官吏和官僚制度随之产生和建立。

作为儒家经典之一的《周礼》，开宗明义便指出："惟王建国，辨方正位，体国经野，设官分职，以为民极"，提出了古代国家的建国大纲。统治者为了实现自己的统治意志，维护自己的统治地位，不断顺应需要，设立林林总总的官吏，使之分职治事，各种官僚机构逐渐形成并完善，成为国家机器的重要组成部分。"官"的本义是房舍，后来引申为具有权力的处所，即官府以及行使权力的人，即官员。《礼记·王制》孔颖达疏云："官者，管也。"表明官是管理别人的人，揭示了"官"的本质特征，各级官吏成为国家机器的体现者。

官僚机构一经建立起来，就绝不仅仅是结构层次的静态堆积，永远一成不变。不同历史时期的国家机构，都必定受制于当时社会经济的关系，为一定的经济基础服务。但它同时又有相对的独立性，官僚机构要利用国家权力，去影响社会经济和思想文化的发展，因此历代官僚机构在历史的长河中是不断演变和不停运转的。

中国历代官僚机构建置不同，其间官吏因袭变革，或增加，或减少，情况复杂，内容丰富。经过几千年的发展，逐步形成了一整套沿革清晰、体系完整的职官制度。在浩如烟海的史学著作中，专门从事官职研究的著作很多，这些专著在广征博引文献典籍、考古发现和前人研究成果的基础上，钩沉稽玄、探幽发微、考镜源流、传承文明，翔实而又清晰地展现了中国古代官制的滥觞、形成和发展历史轨迹，对加深研究中国各代历史起了无可替代的独特作用。工官制度作为中国历代封建统治阶级官僚机构的重要组成部分，对中国古代建筑史的形成、发展同样发挥了积极推进作用。

建筑是人类的基本活动之一，早在尧舜时代，就有了司空一职，掌平水土、兼掌百工事宜。夏朝中央官制中有掌百工营建的共工。商朝有天子五官，司空为其一，“凡宗社之设，城郭之度，宫室之量，典服之制，皆冬官（司空）所职也。”《大戴礼记·盛德》载：“百度不审，立事失礼，财物失量，曰贫也。贫则饬司空……以之体则国定。”司空一职关系着国家的安定，因此成为中央政务官中的重要组成部分。西周时，负责营建工程的仍是司空，掌营建城郭、建设都邑事务。当时营造是社会和人们生活中的一项重要事务，受到特别重视。春秋战国时期，战事不断，礼崩乐坏，作为政治制度核心的官制随之发生了巨大变化，但执掌营造的司空在城邑建筑中仍发挥着重要作用。

秦始皇在统一六国后，建立了一套严密的政治制度——三公九卿制，并被以后历代王朝所沿袭。其中负责掌管宫室和陵寝建筑的是将作少府。秦虽然历史短暂，但却进行了多项至今尚有影响的大规模营造活动，如修宫殿，造坟墓，筑长城，修驰道，挖河渠，在建筑工程领域取得的成就对后世影响深远，其中与工官的得力组织和实施分不开。

汉朝是继秦以后的第二个强大封建王国，在官僚机构的设置上，基本上沿袭秦制，但又有所更新。对秦的三公九卿制度既有继承，也有发展。九卿中的少府设有专门从事营造事务的机构。

隋朝正式确定了三省六部制，唐因袭随制，并进一步健全和完善了这一中央政府新体制。尚书省作为三省之一，成为中央政府的主要构成部门，即国家政务的中枢机构。而六部之一的工部成为主掌包括营造政务在内的执行机关，被其后的历代王朝延续设置，并在此基础上不断扩大所辖范围，人员设置更齐全，职业分工更细致，直至封建王朝的结束。虽然时有工部的实权被其他机关所侵夺，如北宋前期真正职掌土木工程的是三司，其下所设八案之一的修造案，掌京师城建、修葺及砖瓦的烧制；宋景德二年（1005 年）创建的“提举在京诸司库务司”机构有众多与营造有关的机构，基本上掌管了与营建、修缮有关的一切事务。元丰改制后，工部才开始举职。北宋后期政府颁布的《营造法式》是工官制度的产物，由将作监李诫编制而成，超出了编制前设想的控制工料、杜绝浪费和贪污的本意，通过对已有工种技术做法的整理、加工，对历代建筑经验和宋代建筑技术成就作了系统总结，使其上升到一定的理论水平，具有极高的科学价值，标志着宋代建筑技术的标准化和定型化。

元朝工部掌天下营造百工之政令，凡城池修浚，土木缮事，材物给受，工匠程式，铨注局院司匠之官都在其管辖范围。元朝中央政府与地方政府经营着规模庞大的手工业，可分为中央政府在大都或地方经营的手工业以及地方政府经营的手工业三类，这样，工部成为中国历史上所辖机构最繁杂的部门，无论是机构数量还是官员设置都超过以往任何一个朝代。另外，其他许多机构虽不属工部管辖，却执掌了众多与营造有关的事务，如大都留守司、中政院所辖的内正司等。

明朝在废除中书省丞相制后，对中央机构重新进行了调整，形成了以六部为主干，府、部、院、寺（司）为分理政务的行政格局。其中工部掌营造之政令、营造工程、制造、山泽、屯田及舟车、道路之事，所辖机构众多。由于营造事务繁忙，将作司、营缮司成为重要的营造组织机构。

清朝建立后，重视和吸收汉族文化和封建统治经验，仿照明朝制度设立包括工部在内的六部，为中央主理政务的最高权力机关，既掌握国家大项工程，如坛庙、城郭、道路、桥梁、军器、军火、水利河工等，也掌握宫廷之需要。雍正十二年（1734 年），工部与内务府共同主编并颁布的《工程做法则例》，是关于清代官式建筑通行的标准设计规范，成为中国建筑史学界的一部重要“文法课本”。

中国有超过三千年有文字记载的历史，创造了独具特色的中华优秀传统文化，中国建筑就是中华文明树上的美丽一枝。在祖国大地上留存有种类繁多的古代建筑，有的雄伟庄重，有的轻盈秀美，有的富丽堂皇，有的淡雅清幽，他们是前辈能工巧匠绝妙地运用建筑布局上的节奏和韵律、形式上的尺度和比例以及色彩上的搭配和对比等种种手法形成的，是先辈们才能和智慧的体现。梁思成先生有这样一段话赞扬中国古代建筑：“历史上每一个民族的文化都产生了它自己的建筑，随着文化而兴盛衰亡。……中华民族的文化最古老、最长寿。我们的建筑同样也是最古老、最长寿的体系。……四千余年，一气呵成。”这一体系体现着中国古代建筑、规划、设计和工程技术的不断突破和巨大进步，与千百年来从事建筑劳动、建筑规划、设计和职掌建筑管理的工官人员密不可分。

但是，历史典籍中对工官职掌和作用的记载少之又少，这与中国古代传统理念中工官的不受重视分不开。《考工记》曰：“坐而论道，谓之王公；作而行之，谓之士大夫；审曲面执，以饬五材，以辨民器，谓之百工。”《荀子·解蔽》有这样一段话：“农精于田，而不可以为田师；贾精于市，而不可以为市师；工精于器，而不可以为器师。有人也，不能此三技，而可使治三官。曰：精于道者也，非精于物者也。精于物者以物物，精于道者兼物物。故君子壹于道，而以赞稽物。”《颜氏家训·杂艺》：“艺不须过精，夫巧者劳而智者忧，常为人所役使，更觉为累……自古儒士论天道，定律历者，皆学通之。然可以兼明，不可以专业。”这种入世思想深深根植于古代人的思想中，工官不被人们重视是自然的。即便是对中国宋代以后建筑产生巨大影响的《营造法式》，《宋史·艺文志》也将其归入“史部仪注类”，再有清《工部工程做法》在《清会典》中被列入“史部政书”类，表明统治阶级偏重于立法制度而忽略工艺技术，这也是中国古代建筑在长期激烈的社会变迁中，缺乏功能提升、技术飞跃和空间形象大突破的根本原因之所在。工艺技术在很大程度上依靠国家的工官制度、民间工匠师徒之间的传承来延续。尽管如此，中国历代工官制度还是作为国家机构中的重要组织机构进行演变和发展，长期执掌历代统治阶级的城市和建筑设计、征工、征料与施工组织管理，对于建筑经验的总结、统一做法和实行建筑“标准化”起了积极的推进作用，在中国建筑体系的萌芽、发展和成熟的各阶段，作出了应有贡献。

随着历史的发展，工官的执掌范围逐渐扩大，营造自始至终都是重要的一项，本书仅论述工官中的营造类工官。

第一章　原始社会时期的工官

自从盘古开天地，中华民族的历史在一系列美丽的神话中揭开了帷幕。相传共工触山、女娲补天、精卫填海、夸父追日，无一不是反映远古时期人们对征服自然的渴望。母系氏族后期，“有巢氏”教民构木为巢，“燧人氏”教民钻木取火，“伏羲氏”教民结网铺鱼，“神农氏”教民种植五谷。当时，由于生产力低下，所有社会成员地位平等，他们共同劳动，共同消费，没有阶级对立，也就没有真正意义上的政权机构，“无政令而民从，无施赏罚而民不为非”是当时社会的真实写照。

到了父系公社的末期，即传说中的“三皇五帝”时期，人们对私有财产有了清晰的认识和孜孜的追求，部落之间为了掠夺财富和人口而引起的攻伐连绵不断。三皇和五帝是象征性的人物，是想象中的氏族部落或部落联盟的领袖，在古代文献中对“三皇五帝”有多种说法，其中三皇有七种说法，五帝有三种说法。

三皇的七种说法分别是：

1. 天皇、地皇、人皇；
2. 天皇、地皇、秦皇；
3. 伏羲、女娲、神农；
4. 伏羲、神农、祝融；
5. 伏羲、神农、共工；
6. 燧人、伏羲、神农；

7. 有巢、燧人、神农。

五帝的三种说法分别是：

1. 黄帝、颛顼、帝喾、唐尧、虞舜；

2. 太皞、炎帝、黄帝、少皞、颛顼；

3. 少昊、颛顼、高辛、唐尧、虞舜。

“三皇五帝”时期，各部落内部都形成了一个政治权力中心，阶级分化和对立已经出现，并有了官的萌芽，凌驾于社会之上的权力机关正在形成。对此历史古籍中多有记载。班固在《汉书·百官公卿表序》中说：“易叙宓羲、神农、黄帝作教化民，而传述其官，以为宓羲龙师名官，神农火师火名，黄帝云师云名，少昊鸟师鸟名。自颛顼以来，为民师而命以民事，有重黎、句芒、祝融、后土、蓐收、玄冥之官，然已上矣。”

这段记载是研究古代官制起源的重要资料，其中“易”指《易经》，“传”指《春秋左氏传》。对于这段记载，《汉书·百官公卿表序》中有注，对于“宓羲龙师名官”一句，应劭曰：“师者长也，以龙纪其官长，故为龙师。”张晏曰：“伏羲氏将兴起，有神龙负图而至，因此以龙名师与官。以青龙名春官，以赤龙名夏官，以白龙名秋官，以黑龙名冬官，以黄龙名中官。”另据史料记载：伏羲命大庭为居龙氏，治屋庐；阴康为土龙氏，治田里；栗陆为水龙氏，繁滋草木，疏导泉源。又命冬官为黑龙氏，表明冬官一职始于伏羲。据《古三坟·太古河图代姓纪》记载：伏羲氏命水龙氏平治水土，命火龙氏炮制器用，因居方而置城郭。据《古三坟·天皇伏羲氏策辞》记载：“皇曰：甲日寅辰，乃鸠众于传教台，告民示始甲寅。易二月，天王升传教台。皇曰：大庭主我屋室，视民之未居者喻之，借力同构其居，无或寒冻。庭曰：顺民之辞。皇曰：阴康子居水土，俾民居处无或漂流，勤于道，达于下。康曰：顺君之辞。”这段史料表明：伏羲氏任用大庭主管有关房屋的原始营造，组织劳动力共同为无居住地的民众构筑房屋，使他们免于寒冬之冷，是顺民之举。对于神农火师火名，应劭曰："火德也，故为炎帝，春官为大火，夏官为鹑火，秋官为西火，冬官为北火，中官为中火。"张晏曰："神农有火星之瑞，因以名师与官也。"对于"黄帝云师云名"，应劭曰："黄帝受命有云瑞，故以云纪事也。由是而言，故春官为青云，夏官为缙云，秋官为白云，冬官为黑云，中官为黄云。"张晏曰："黄帝有景云之应，因以命师与官也。"对于"少昊鸟师鸟名"，张晏曰："少昊之立，凤鸟适至，因以名官。"少昊为黄帝子，又作少皞金天氏。少昊始立，恰逢凤鸟至，即以鸟命官。少昊设鸤鸠氏为司空，鹘鸠氏为司事，又以五雉为五工正。其中的"鸤鸠"，即为鴶鵴。古文献记载：鸤鸠在树上养子，且有"主管平均"的鸟传说，故为司空，平水土；"鹘鸠"即为鹘鵰，春来冬去，故为司事。雉有五种，西方曰鷷雉，东方曰鶅雉，南方曰翟雉，北方曰鵗雉，伊洛之南曰翚雉，夷平也。贾逵云：西方曰鷷雉，攻木之工也。东方曰鶅雉，抟埴之工也。南方曰翟雉，攻金之工也。北方曰鵗雉，攻皮之工也。伊洛而南曰翚雉，设五色之工也。正义曰：雉声近夷，为平，故以雉名工正之官，使其利便民之器用、正丈尺之度、斗斛之量，所以平均下民也。

对此，《左传》中有记载：昭公十七年秋，"郯子来朝，公与之宴。昭子问焉，曰：少皞氏鸟命官，何故也？郯子曰：吾祖也，我知之。昔者黄帝氏以云纪，故为云师，而云名。炎帝氏以火纪，故为火师，而火名。共工氏以水纪，故为水师，而水名。太皞氏以龙纪，故为龙师，而龙名。我高祖少皞，挚之立也，凤鸟适至，故纪于鸟，为鸟师，而鸟名。凤鸟氏历正也，玄鸟氏司分者也，伯赵氏司至者也，青鸟氏司启者也，丹鸟氏司闭者也，祝鸠氏司徒也，雎鸠氏司马也，鸤鸠氏司空也，爽鸠氏司寇也，鹘鸠氏司事也。五鸠，鸠民者也。五雉为五工正，利器用，正度量，夷民者也。九扈为九农正，扈民无淫者也。"对于"自颛顼以来”，应劭曰：“颛顼……始以职事命官也。春官为木正，夏官为火正，秋官为金正，冬官为水正，中官为土正。”句芒、蓐收、玄冥为少昊的叔叔；重黎、祝融为颛顼的儿子；后土为共工的儿子。句芒、祝融、后土、蓐收、玄冥总称五行官，皆被封为上公，祀为贵神。其中句芒为司木之神，亦为木正；祝融为司火之神，亦为火正；后土为司土之神，亦为土正；蓐收为司金之神，亦为金正，玄冥为司水之神，亦为水正。”这篇史料同《汉书·百官公卿表》一样，同为记载中国古代官制起源的珍贵资料。

上述史料表明，远古时代的氏族、部落，为管理公共事务而设立的以云、火、水、龙以及各种鸟命名官职的名称，实际上都是图腾的名称。首领利用氏族成员图腾崇拜的心理，用图腾信仰物来设职命官，对于维护部落首领的权威，加强氏族社会公职人员处理公共事务的权力和维护各氏族部落的团结是非常必要的。部落首领被称为“帝”，有的部落没有首领，这样拥有“帝”称号的部落首领可以任命其他部落首领在联盟体中担任某项职责。如帝颛顼命垂为“南正”，命黎为“火正”。

传说黄帝以后，在黄河流域又出现了以尧、舜、禹为首领的部落联盟。

尧，号陶唐氏，是帝喾的儿子、黄帝的五世孙，居住在今山西临汾一带。尧任部落联盟首领期间，执行氏族共同体所赋予的各种职责，没有享受任何特权生活，也不脱离劳动，深得百姓拥护。据史料记载，在尧主政时期，曾设官分职，以佐政务。据《国语·楚语》记载：尧命羲仲管理历法与授时，命鲧治水，而以共工为工师，命禹作司空，使平水土，而以益佐之。另据史料记载：尧命后稷主管农事，司空掌管百工，司徒掌管教化，秩宗掌管郊庙祭祀，士管理监狱，历正掌管历法，纳言掌管王命的上宣下达，此外还有掌管十二州的州牧以及掌礼、典、乐等职事官员，同时还制定了五等刑法，即所谓的“天讨有罪，五刑五用哉”，这表明部落联盟的统治机关开始具备国家机关的雏形。作为部落联盟首领的尧，其宫苑，《六韬》记载：“帝尧王天下，宫苑屋室不垩，甍桷椽楹不斲，茅茨偏庭不剪。”其堂，《史记》记载：“尧之有天下也，堂高三尺，采椽不斲，茅茨不剪。”此时的建筑处于茅茨不剪的初级阶段。

在继承的问题上，尧采用《礼记·礼运》中所说的“大德之行也，天下为公，选贤与能，讲信修睦”的方法，任用大家推举出的舜继位，而没有让粗野以及好事的儿子丹朱继承。舜，号有虞氏，为颛顼的七世孙，生于诸冯（今山东省境内），德才兼备。继位后，与尧一样，也没有享受任何的特权生活，亲自耕田、打鱼、制陶，深受大家的爱戴。据《史记》卷一《五帝本纪》记载，舜是中国古代最早创立设官分职制度的人。对此诸多史料予以记载，《尚书·周官》曰：“唐虞稽古，建官惟百”；《魏志》王肃上疏：“唐虞设官分职，申命公卿，各以其事。”[①]舜通过部落联盟会议，让八元管土地，八恺管教化，契管民事，伯益管山林川泽，伯夷管祭祀，皋陶作刑，完善了社会制度。为了管理百官，舜还制订了“三岁一考工，三考黜陟”的考核升降制度。他要求农官注意农时，不可耽误播种；掌教化的司徒要“宽”；执法的司法长官要“维明能信”；出入王命的纳言要“惟信”。对于那些违背舜的告诫而得罪于民的官员，则要给予制裁。从古文献的记载和传说来看，舜对我国古代官的产生、设置和管理很有影响。这说明当时的社会生产力有了一定的发展，阶级分化和对立已经出现，凌驾于社会之上的权力机关起源了。

当时生产力水平极其低下，自然灾害是人们生存的最大敌人，肆虐的洪水、泛滥的河流等严重影响着部落的生存。同时南方的三苗部落也虎视眈眈，因此内忧外患并存，部落体系中的公共事务繁多，导致处理公共事务人员增多。据《舜典·孔传》记载：禹、垂、益、伯夷、夔、龙六人，新命有职，四岳十二牧，凡二十二人，特敕命之。其中垂为当时一位著名人物，据《尸子》记载："古者，垂为规、矩、准、绳，使天下仿焉。"从这一记载来看，在尧舜时代似乎已经分离出了掌握工程知识和测量定平技术的职能人，拥有这种职能的人是工程的组织指挥者。帝舜命垂作共工，《舜典》予以记载："帝曰：'畴若予工?'佥曰：'垂哉'。帝曰：'俞，咨垂，汝共工。'垂拜稽首，让于殳斨暨伯与。帝曰：'俞，往哉，汝谐。'"

传说垂发明制造了耒耜、钟、铫、规矩、准绳等工具，涉及了农具、乐器、兵器及工具。其中与营造有关的是准绳，为最基本的施工工具。《管子·水池》中记载："准也者，五量之宗也。"《孔子家语·五帝德》中对"五量"进行了注解："五量：权衡、斗斛、尺丈、里步、十百。"在古代，由于生产力水平十分低下，工具可以帮助或提高人们征服或改造自然的能力，因此，人们对工具十分崇拜，《淮南子·天文训》中有这样的记载：东帝太昊"执规治春"，西帝少昊"执矩治秋"，南帝炎帝"执衡治夏"，北帝颛顼"执权治冬"，中央黄帝则"执绳而制四方"。五方诸帝操持的均为与营造有关的工具，因此可见营造工具在当时营造活动中所起的作用十分巨大，并为改善人类的居住环境作出了较大贡献。

在继承的问题上，舜仿照尧的做法，召开继位人选会议，民主讨论继承人，禹被推举为继承人。大禹治水的故事流传了几个世纪，禹的名字家喻户晓。相传夏禹"以铜为兵"，"身执耒臿，以民为先"，带领民众治理洪水，整修沟洫，平息水害，开垦土地，发展了农业生产。禹的父亲鲧治水，九年不成，但却积累了治水经验。禹在总结这些治水经验的基础上，经过多年的艰苦奋斗，疏通、开凿了许多条河床渠道，终于把洪水引入大海，消除了水患，这就是传说中的"禹疏九河"。《书经·舜典》记载，舜曰："咨，四岳，有能奋庸熙帝之载，使宅百揆亮采，惠畴?"佥曰："伯禹作司空。"帝曰："俞，咨！禹，汝平水土，惟时懋哉！"这段史料记载表明，禹的官职是司空，在牢记大禹治水功绩的同时，对他在营造活动中发挥的巨大作用应给予充分认识。正是大规模的改造自然和改造人们居住环境的活动，使禹的领导、组织、指导营造活动的能力得以突现，受到人们的尊重乃至崇拜，再加上治水有功，以司空一职而成为舜的继承人。

禹在位期间，中央政府机构的设置比舜时更加完善，班固在《汉书·百官公卿表》中有如下记载："书载唐虞之际，命羲和四子顺天文，授民时；咨四岳[②]，以举贤材，扬侧陋；十有二牧，柔远能迩。禹作司空[③]，平水土；弃作后稷，播百谷；卨作司徒，敷五教；咎繇作士，正五刑；垂作共工[④]，利器用；益作朕虞，育草木鸟兽；伯夷作秩宗，典三礼；夔典乐，和神人；龙作纳言，出入帝命。"根据班固的这段记载，禹任命了十位担任重要官职的人，其中司空平水土，师古曰："空，穴也。古人穴居，主穿土为穴以居人也。"可见司空的主要责任是开穴，这与史料中记载的上古民众的居住形式一致。

在禹的继位问题上，按照惯例，各部落首领推选皋陶做禹的继位人。《史记·夏本纪》云："帝禹立而举皋陶荐之，且授政焉，而皋陶卒。……而后举益，任之政。"但是皋陶却死在了禹之前，于是伯益又被推举为继承人。伯益在相随大禹共同治水时，曾发现地下水并总结出了利用地下水的经验，这就是历史上"伯益作井"的传说。禹在位期间，伯益主持部落联盟的事务。"及禹崩，虽授益，益之佐禹日浅，天下未洽。""益之佐禹"表明伯益辅佐治理部落联盟政务。

许多历史典籍如《尚书·尧典》、《左传》、《史记·五帝本纪》等记载，在尧舜时代已设置了不少官职，以协助氏族首领管理部落的公共机关，成为后世夏、商、周奴隶制中央政府机构的起源。司空作为重要官职之一，掌平水土、兼掌百工事宜。在当时的社会条件下，抵抗自然洪水和河流的泛滥是关系人们生活的重大问题，且随着农业、渔业、手工业和畜牧业的不断发展，人们不断寻觅新的生产与生活地点，并创造新的居住形式。巢居和穴居是建筑最初的两个基本形态，也是人类最初的居住形式。人类是由动物演变而来的，猿人最初的栖身之所与动物掘洞营巢之间并没有显著的鸿沟。人类最初有了居住树上、树洞和自然崖穴的生活经验，并通过对动物栖居巢、穴的观察，进而采伐树木，借助树干支撑构筑起架空的巢或就地的窝，或在黄土断崖上掏挖洞穴，最原始的人为居住形式——巢居和穴居就这样产生了。为了适应不同的自然条件，人类创造了不同的居住形式，如横穴、竖穴、半穴居，建筑的不断进步正是始于最初人类为生存而不断改进的居住形式。

古代文献中有若干关于上古时期巢居、穴居的记载，《韩非·五蠹》中记载："上古之世，人民少而禽兽众，人民不胜禽兽虫蛇。有圣人作构木为巢以避群害，而民悦之，使天王下，号之曰'有巢氏'。""有巢氏"教人构木为巢，这是中国古代广为流传的一个传说，这表明在远古时代曾存在过巢居。《墨子·辞过》记载："古之民未知为宫室时，就陵阜而居，穴而处。下润湿伤民，故圣王作为宫室。"《孟子·滕文公》记载："下者为巢，上者为营窟。"这些古老传说的记载，是建筑起源于"巢"、"穴"的佐证。而黄河流域中游有广阔而丰厚的黄土层，为穴居发展提供了有利条件。巢居和穴居极大地改善了人们的居住条件，使人们避免了潮湿、洪水、蛇虫、野兽的侵害。但是还应该认识到氏族时期真正发明巢居和穴居的绝不是个别人，而应该是氏族集体，是氏族长期营造经验积累的结果。但是这种经验是需要总结和推广的，能对这种经验进行总结，使这种新的居住形式造福于人们，必定会受到人们的拥戴，被推举为胞族、部族和部落联盟的首领——"使天王下"。

除巢居和穴居之外，随着人类的不断进步和抵抗、战胜自然能力的提高，在不同的自然条件下，逐渐创造了多种类型的建筑，如居住房屋、公共建筑、作坊、窖藏、畜圈等，并将它们形成有机的族群——聚落。从建筑发展的观点来看，中国原始社会的聚落是后来出现的城市的雏形。从考古发掘的原址聚落遗址资料来看，这些聚落似乎在建造之前对选址、分区、内部各种建筑的布置、防御设施都有周详的策划，然后才付诸实践。聚落对居住、生产、墓葬进行了分区，是人们在建筑中的进步。这种进步与司空的领导、参与和管理是分不开的，历史典籍中虽然对司空的职掌没有具体描述，但是中国古代建筑、规划、设计和工程技术的不断突破和巨大进步，与千百年来从事建筑劳动、建筑规划、设计和职掌建筑管理的人员是分不开的。

注　释

① 王应麟《玉海》卷119《官制·唐虞建官·设官分职》。

② 四岳：相传为共工的后裔，因佐禹治水有功，赐姓姜，封于吕，并成为诸侯之长。《国语·周语下》："共之从孙四岳佐之。"韦昭注："言共工从孙为四岳之官，掌师诸侯，助禹治水也。"《史记·齐太公世家》："太公望吕尚者，东海上人。其先祖尝为四岳，佐禹平水土，甚有功。虞夏之际封于吕，或封于申，姓姜氏。"索隐引谯周曰："炎帝之裔，伯夷之后，掌四岳有功，封之于吕，子孙从其封姓，尚有后也。"一说：四岳为尧臣羲、和四子，分掌四方之诸侯。《书·尧典》："帝曰：'咨，四岳。'"孔传："四岳，即上羲、和之四子，分掌四岳之诸侯，故称焉。"唐杜甫《寄裴施州》诗："尧有四岳明至理，汉二千石真分忧。"章炳麟《官制索隐》："《尚书》载，唐虞之世，与天子议大事者为四岳。"《尚书·周官》："唐、虞稽古，建官惟百，内有百揆、四岳，外有州牧、侯伯。"四岳为四方诸侯之长。

③ 司空：西周始置。现存《周礼》已失去“冬官司空”部分，仅存《考工记》一篇，故司空之职不详。《后汉书·百官志》“司空”条下原注说：“掌水土事。凡营城起邑、浚沟洫、修坟防之事，则议其利，建其功。凡四方水土功课，岁尽则奏其殿最而行赏罚。凡郊祀之事，掌扫除乐器，大丧则掌校复土。凡国有大造大疑、谏争，与太尉同。”这虽是东汉的制度，但也可大体了解司空之职掌。

④ 共工：中国古代神话中的天神，为西北的洪水之神。传说他与黄帝族的颛顼发生战争，不胜，怒而头触不周山，使天地为之倾斜，后被颛顼诛灭。此外还有一说，共工是尧的大臣，与驩兜、三苗、鲧并称“四凶”，被尧流放于幽州。《书·尧典》记载：“流共工于幽州，放允兜于崇山，窜三苗于三危，殛鲧于羽山，四罪而天下咸服。”《山海经·海内经》记载：“炎帝之妻，赤水之子，听沃生炎居，炎居生节并，节并生戏器，戏器生祝融，祝融降处于江水，生共工。”又《天文训》：“昔者共工与颛顼争为帝，怒而触不周之山，天柱折，地维绝。天倾西北，故日月星辰移焉；地不满东南，故水潦尘埃归焉。”

第二章　夏、商、周、春秋战国时期的工官

夏、商是中国奴隶社会的形成和发展时期，国家的权力掌握在王族和少数世袭的巫史手中。当时政治生活中的两件大事是祭祀和战争，国家机构比较简单，还没有明确的分工，王的亲族成员和巫史构成了国家官吏的主体，总数约一百多人。西周是中国奴隶社会的发展和兴盛时期，其政治制度体现了与以往不同的特点。西周统治阶级的政权是通过战争和流血取得的，西周的政治制度和社会制度是因袭夏、商，经武王、周公、成王和康王几代建立起来的，在总结商王朝灭亡经验教训的基础上，以礼治国，制定了名目繁多的礼仪以维护贵族等级制度和维持统治者的长治久安。《尚书·立政》有西周官吏设置的记载，与商朝官制相比，更加完备。东周包括春秋和战国两个阶段，是西周王朝进入分裂的时代，也是奴隶制社会向封建社会转变的时代，社会经济的迅速发展，各国之间的政治和经济发生了新的不平衡，大国之间出现争霸的局面，王权的变化给各国的官制带来了新的影响。

一 夏代

1. 夏朝的建立

部落首领禹死后，其子启杀了各部落首领推举出的继承人伯益，袭取了禹原来的位置，夺取了帝位，建立了夏朝，中国历史上开始了《礼纪·礼运》上所谓的“天下为家，各亲其亲，各子其子，货、力为己”的局面[①]。从此，中国历史上的王位制度由“禅让”制变成了“世袭”制，公天下变成了家天下，这是国家形成的一个重要信号，历史的发展进入了一个新的阶段——奴隶社会。

夏是由夏后氏、有扈氏等十个部落组成的部落联盟名称，是中国第一个奴隶制王朝的代号。据《史记·夏本纪》和《竹书纪年》记载，夏朝的建立在公元前2100年左右，从禹到桀，共传14代17王，历时471年[②]。夏朝的国家范围北到山西长治，南达河南尹水流域，西到陕西华山一带，东至山东河济。据历史记载，夏禹定都阳城（今河南登封县境内），后迁至阳翟（今河南禹县），夏王朝曾先后六次迁都，据《古本竹书纪年》中的传说，其顺序分别为阳城、斟寻（今河南巩县西南）、帝丘（今河南濮阳县西南）、原（今河南济源县西北）、老丘（今河南开封市东）、西河（今河南安阳市东南），其他文史资料中也提到夏的都城，如晋阳、平阳（今临汾市西南）及安邑（今山西夏县北）。史籍中提到的夏都城都位于今河南省北部及山西省南部，可见夏朝的活动区域在黄河中下游一带，都城所在位置是夏的活动中心。王国维《殷周制度论》曰：“见于经典者，率在东土，与商人错处河、济间盖数百岁。”但是上述都城的遗迹至今尚未发现，所以有关夏代城市的建制及形态还有待考古发掘资料的进一步证实。

2. 夏代中央政府机构的形成

夏朝是中国由原始社会向奴隶社会过渡历史进程中形成的最早的奴隶社会国家机器，是中国古代文明史的开端，探索夏朝国家政权的建立和职官的产生，对于研究中国古代文明的起源有重要意义。杜佑《通典》曰："夏后之制，亦置六卿，其官名次，犹承虞制。"[③]另《礼记·明堂位》记载："有虞氏官五十，夏后氏官百，殷二百，周三百。"这些记载表明，夏王朝中央政府机构起源于虞时代，官的数量呈增长趋势，也表明公共事务增多了。

随着奴隶社会的发展和阶级矛盾的不断激化，奴隶制国家机器也不断完善和强化起来，逐渐形成了正如恩格斯在《家庭、私有制和国家的起源》中所说的"从社会中产生但又自居于社会之上并且日益同社会脱离的力量"。列宁曾指出，国家"是从社会中分化出来的一种机构，一直是由一批专门从事管理，几乎专门从事管理或主要从事管理的人组成。人分为被管理者和专门的管理者，后者居于社会之上，称为统治者，称为国家的代表。"[④]

启建立夏朝后，设立百官作为国家的统治者，治理国家，统治人民。对于夏朝官吏的设置，孔子说："夏礼，吾能言之，杞不足征也；殷礼，吾能言之，宋不足故也。文献不足征也。足，则吾能征之矣。"[⑤]生于春秋时期的孔子已感到文献不足的困难，今天文献的不足就更加显现。但是从古代传说记载中，我们还是可以了解夏朝设官的大致情况。

夏朝奴隶制国家建立后，设立了最高统治者"后"，以后称"王"。"后"字的本意是生育，也含有祖先的意思。这表明夏朝刚从原始社会的氏族部落组织中脱离出来，最高统治者是以祖先的身份行使权力的。"王"字的本意，据董仲舒分析，三横代表天、地、人，一竖是贯通三者之间的人，也就是王。《说文解字》中说：

"王，天下之所归也"，是人间最高权力的代表。为了实现国家统治和管理人民的职能，夏朝统治阶级设官分职，迅速建立了以国君夏后氏为核心的中央政府机构，其中夏王左右设有前疑、后丞、左辅、右弼四辅臣，为夏王的高级顾问，以下还设有六卿政务官署、宗教历法官署、王室事务官署等，具体设置如下表所示：

夏代中央政府机构设置一览表

官署	官职名	具体执掌
辅弼顾问（四辅丞、四岳）	前疑、后丞、左辅、右弼	夏王的高级顾问，重大国务的被请教者和共同商议对策者
六卿政务	司空	掌土地，宗百揆
	后稷	掌管农业
	司徒	掌民政与教化
	大理、士	掌司法刑狱
	司马	掌征伐
	共工	掌百工营建
宗教历法	秩宗	掌典宗庙祭祀
	太史令	掌占卜祭祀、记事与图籍
	羲和	掌四时历法
王室事务	纳言	王室宣令官
	苞正	掌管饮食
	御龙	掌饲养蛇
	太史令	王室机密事务官
	啬夫	王室督察官
	农率	主农之官
	牧正	牧官之长
	虞人	掌山泽之利
	车正	王室车官

有关辅弼顾问，裴骃《集解》引《尚书大传》中说：“古者天子必有四邻：前曰疑，后曰丞，左曰辅，右曰弼。”这里所说的疑、丞、辅、弼是辅佐君主的官职，也是后世宰相制度的渊源。

六卿政务中，司空为首，为掌土地之神。土地是国家的根本，也是国君的立政之本和人民的衣食之源，司空一职的设置非常重要，六卿中的共工掌营建事务。

在夏朝的中央政府机构设置中，王室事务官较多，其中纳言和太史令为机密事务官。纳言，据张守节《史记正义》引孔安国云：“听下言纳于上，受上言宣于下”，可见这是夏王的喉舌之官。太史令是史官，掌占卜、祭祀、记事簿册。王国维在《观堂集林》卷六《释史》中对“史”这一官职是这样认为的：“史为掌书之官，自古为要职。殷商以前，其官之尊卑虽不可知，然大小官名及职事之名多由史出，则史之位尊地要可知矣。”王室事务官除上表中所列的国家官员外，还有外廷官的设置，如统兵打仗的六事，管理水利工程的水官，主百工的工，掌山泽的虞，负责占卜的官占以及负责礼乐的瞽等。

夏朝的这些官名，有的在尧舜时期已经设立，到夏朝时仍因袭，如司徒、司空、后稷、秩宗、纳言等，这就是杜佑所说的“夏后氏之制，其官名次，犹承虞制”⑥。为了更好地实现国家机器的统治效能，夏朝对官吏实行考核和赏罚制度，每三年对官吏考核政绩一次，考核三次之后，根据考核情况，对明察者升，对昏庸者降，正如《尚书·尧典》所记载：“三岁考绩，三考，黜陟幽明，庶绩咸熙。”其目的是“信敕百官，众功皆兴”，国家的政治、经济实力等功业也因任官得当而振兴起来。

3. 夏代的营造活动

夏王朝中央政府机构中设有专门负责百工营建的官职“共工”，但是，历史文献对共工一职在城市营造和宫室建造中所起的作用记载很少，具体情况不详。

考古资料表明，夏代已经开始使用铜器，并且有规则地使用土地，天文历法知识也逐渐积累起来，人们不再消极适应自然，而是积极整治河道，防范洪水，挖掘沟洫灌溉，以保障生命安全、农业丰收和扩大生产活动范围。《论语》中有“夏卑宫室，而尽力乎沟洫”的记载，由此得出夏朝的中心任务是积极进行河道整治，防范洪水、挖掘沟洫、兴修农田水利。山西夏县东下冯遗址出现了相当于夏代的铜镢、石范和青铜质的镞、锥、刀等工具，表明青铜器已经开始用于生产。大量奴隶劳动和青铜器生产工具的出现，促使农、牧、手工业分工深化，并使大规模的营建活动得以实现。

夏桀在中国历史上是以暴君著称的，沉溺于奢华和享乐，《史记·夏本纪》中有“夏作璇室”的记载，虽然没有对其进行更多的描述，但至少可以证明，夏朝末期的部分宫室建筑是朝着浮华方向发展的。《周礼·考工记》记载：“夏后氏世室。堂脩二七，广四脩一。五室三四步，四三尺。九阶。四旁两夹窗。白盛。门堂，三之二。室，三之一。”王昭禹曰：“明堂之中，有世室，有重屋。夏曰世室，商曰重屋，周曰明堂。……君子将营宫室，宗庙为先，故夏后氏以世室为始也。”陈用之曰：“夏谓之世室，商谓之明堂，其名虽殊，其实一也。所谓世室，非庙。所谓重屋，非寝。以其皆有所谓堂者也，言夏后氏世室矣。”东西言广，即为阔，南北言脩，即为深。古人以六尺为步，以九尺为筵，以八尺为一寻。所谓“脩二七”，即堂深为两个七步。“五室”象征五行，木室于东北，火室于东南，金室于西南，水室于西北，土室于中央。“三四步”是指室的深，“四三尺”是指室的广。“白盛”是指用蜃灰垩墙。“门堂，三之二，室，三之一”，是指门堂和室的深、广均分别为正堂的三分之二和三分之一。《考工记》使我们认识到，夏对明堂营建有了制度，并对明堂进行装饰。

夏朝的城郭修建和宫室台榭营建体现了其建筑技术的重大进步。据历史文献记载，夏代或更早已经建有城郭。夏王国的建造者禹的父亲鲧就开始了筑城活动，对此《吴越春秋》予以记载：“鲧筑城以卫君，造郭以守民，此城郭之始也。”《淮南子》曰：“夏鲧作三仞之城”；《管子》又曰：“夏人之王（城），外凿二十七虻韘，十七湛，……道四经之水……民乃知城郭、门闾、室屋之筑。”从1959年开始，考古工作者对河南西部“夏墟”展开调查。60年代在偃师二里头文化晚期遗址中发现了一处大型宫殿建筑群基址，规模较大，布局完整，显然属于大奴隶主统治者所有。基址普遍经过垫土夯筑，由一周廊庑环绕成一个庭院，院内是一座大型殿堂。考古研究表明，这是一处廊庑式的建筑群，全部建在一个低矮而广大的土台之上，由堂、庑、门、庭等单体建筑组成，布局严谨，主次分明。从宫殿檐柱的布列来看，是一处坐北朝南、面阔八间、进深三间的宫殿建筑群，基本上具备了宫殿建筑的特点和规模。既然夏王朝已经有了掌百工营建的共工一职，共工在宫殿规划、设计、营建及管理中就必然发挥了决定性的作用。夏朝的宫、室、台等营建均以奴隶为劳力，残酷的使用引起奴隶们的痛恨和反抗。启的儿子太康荒淫无度，夏朝末年，社会矛盾更加尖锐，国王孔甲“好方鬼神，事淫乱”，桀继位期间，暴虐无道，荒淫无耻，“残贼海内，赋敛无度，万民甚苦”，夏朝在下坡路上越滑越远，夏朝内部也离析崩溃，给商汤王灭夏造成了有利的机会。

二 商代

1. 商朝的建立

商朝兴起于黄河下游，相当于现在的河南和山东一带。商是一个古老的部落，其历史可以追溯到母系氏族公社时期，始祖为契，传说他曾做过夏朝的农官“稷”。商部落的畜牧业发展很快，到成汤为王时，已经很强盛，而且其农业和手工业都有很大发展，经济实力超过了夏朝。成汤积极采取措施准备灭夏，先后出兵攻击了夏朝的所属国葛、韦、顾、昆吾等，而且越战越强，“十一征而无敌于天下”，使夏桀陷于孤立的境地。成汤停止了对夏朝的纳贡，夏桀大怒，召集诸侯在有仍（今山东济宁）地方会盟，准备进攻成汤。但是夏桀的指挥失去了作用，有缗氏带头反对，成汤向夏发起了进攻，两军在鸣条山（今河南封丘东）大战，夏桀大败并逃亡，最后死于亭山，夏朝随之灭亡。成汤在推翻夏朝的过程中，向四方征伐，极大地扩大了奴隶制王朝的统治区域，其统治区域以河南中部为中心，东达山东，南达湖北、安徽以及江南部分地区，西达陕西，北达河北、山西、辽宁，建立了我国历史上第二个奴隶制王朝——商朝，成为当时世界上具有高度文明的奴隶制大国。

商定都于亳（今河南商丘附近），商朝存在的历史约为公元前16世纪到公元前11世纪，大约600余年，据《史记·殷本纪》记载，商朝自汤至殷纣王，凡传17代31王，历时496年，是我国奴隶社会的发展时期。到第十一位王仲丁以后，奴隶主贵族之间的矛盾表面化，并连续发生争夺王位的斗争，政局动荡不安，对外控制也越来越弱。原来臣服于商的方国，纷纷脱离了它。商王朝逐渐衰弱下来。在前后不到一百五十年的时间中，相继四次迁都，从亳开始到奄（今山东曲阜），势力范围逐渐缩小。商朝第十九位王阳甲死后，其弟盘庚继位。为了摆脱国家的混乱局面和巩固奴隶制国家的政权，盘庚决定再次迁都到殷（今河南安阳），但是这一决定遭到了大部分奴隶主贵族的强烈反对。盘庚冲破了种种阻拦，最终迁都成功，这就是历史上所说的“盘庚迁殷”。从此以后到商朝灭亡的二百七十多年中，商朝的都城一直都在殷。所以，商朝又称“殷”或“殷商”。

盘庚迁殷以后，统治也逐渐稳定下来，政治、经济得到进一步发展，到了第二十三位王武丁时，连接征服了西北的𢀛方、土方和鬼方、西部的羌方以及淮河流域的夷方，扩大了统治区域。

2. 商代中央政府机构的设置

商朝的国家形式是以国王为中心的贵族政体，其最高统治者是国王，是奴隶主贵族阶级的总代表。随着奴隶制政权的巩固和发展，在商王之下逐渐建立起一套比夏朝复杂得多的官僚机构。商朝在官吏建制上分“内服”和“外服”两类，大盂鼎铭文记载：“殷边侯甸与殷正百辟”，这里的“殷边侯甸”是外服官的概括，“殷正百辟”是内服官的概括，“百辟”是百官、众官之意，是商王朝中央政府设置的百官之长。所谓内服官是指中央和王畿以内的各种官吏，外服官是指王畿以外及边区的各种官吏，《尚书·酒诰》云：“越在外服，侯、甸、男、卫、邦伯；越在内服，百寮、庶尹、惟亚、惟服、宗工、越百姓、里居。”

商代中央政府机构设置一览表

官署	官职名	具体执掌
师保辅弼	太师、太保	商王顾问
	尹、相、左相	掌理国政
	冢宰、卿事	执政
中央政务	食	主管农业
	货	主管财政
	司空	主管土地、营建
	司徒	掌管民政与教化
	司寇	主管刑狱
	宾	主管外事
宗教事务	祀	总管祭祀
	太史	掌祭祀、历法
	卜	掌占卜
	巫	掌充鬼神的使者
军事机关	师	主管军事
	马	掌骑兵，受命征伐
	亚	受命征伐或射猎
	射	掌弓箭手部队
	戍	掌戍边与征伐
王室事务	小臣	王室主管，主持祭祀、传令、受命征伐
	乍册	史官，掌记事、典册
	廪人	掌仓储
	卫	王的卫戍官

内服官中最重要的是“尹”、“冢宰”、“卿事”等。尹是治理的意思，辅助王治理国家。冢宰是主管内廷事务的官员，《论语·宪问》记载，武丁为商王时，“百官总己，以听于冢宰三年”。卿事，后世亦作“卿士”，是对高级官吏的泛称。外服官

中，除侯、甸外，还有男、卫、邦伯，多由商王的诸妻、诸子、功臣及臣服于商的部族首领担任，平时为商王守边，有戎事时听调随征，并向王室进贡。商朝统治阶级为了更好地巩固统治地位，官僚机构的设置进一步复杂，在各种政务官下还设有若干具体办事的事务官。根据陈梦家《殷墟卜辞综述》，事务官分为三类：第一类为臣正，包括臣正、臣、小臣、多臣等官；第二类为武官，包括多马、多服、射、卫、犬、多犬、戎、五族戍等官；第三类为史官，包括尹、多尹、乍册、卜、多卜、工、多任务、史（史、北史、卿史、御史）、吏（御吏、大吏、我吏、上吏、东吏、西吏）等。这些政务官在不同层面辅助君主进行执政，表明商朝统治阶级非常重视国家政务的管理，同时标志着社会文明的进步。

《洪范》是中国历代统治者极为重视和奉行的统治大法，其内容分为九个部分，所以又称“洪范九畴”，书中有“八政”之说。所谓“八政”是治理国家所需要的八种主要政务，并针对这八种政务设置了八种政务官，其先后顺序分别是：

食——掌管民食；

货——掌管财务；

祀——掌管祭祀；

司空——掌管土地工程及人民住处；

司徒——掌管教育；

司寇——掌管捕审盗贼；

宾——主管诸侯朝觐外事；

师——主管军务。

从中看出，把社会经济的“食”、“货”排在了首要位置，掌管土地及人们居住的司空排在仅次于宗教政务官“祀”之后，这种排列方法体现了奴隶社会发展到商朝，统治阶级在国家管理和官员设置上发生了重大变化，认识到国家的兴盛在于社会经济的发展，在于人们的衣食住行，体现了商朝对国家管理和官制设置的正确认识。

3. 商代的工官及营造活动

《史记·周本纪》记载："于是古公乃贬戎狄之俗，而营筑城郭室屋，而邑别居之，作五官有司。"《礼记·曲礼下》记载："天子建天官，先六大，曰大宰、大宗、大史、大祝、大士、大卜，典司六典。天子之五官，曰司徒、司马、司空、司士、司寇，典司五众。天子之六府，曰司土、司木、司水、司草、司器、司货，典司六职。天子之六工，曰土工、金工、石工、木工、兽工、草工，典制六材。五官致贡曰享。"这里的"众"谓群臣，"府"为藏物之所，主藏六物之税，"六材"为六工之所用，"致贡"相当于现在的年终总结和述职⑦，表明五官在年终要向天子总结和汇报一年的工作。

《大戴礼记·盛德》记载："古者御政以治天下者，冢宰之官以成道，司徒之官以成德，宗伯之官以成仁，司马之官以成圣，司寇之官以成义，司空之官以成礼。"卢辩注："司空不主智者已兼司马。凡宗社之设，城郭之度，宫室之量，典服之制，皆冬官所职也。""宗社"是指宗庙社稷。古人以宗庙社稷为立国之要，所以比喻国家。司空不但掌握着国家社稷、城市建设规模、宫室营造体量，而且连典服都要掌控。《大戴礼记·盛德》又载："百度不审，立事失礼，财物失量，曰贫也。贫则饬司空。"又说，冬官司空"以之体则国定"，可见司空一职关系着国家的安定。

商代的手工业种类很多，分工很细，具体在营造方面，司空的执掌范围包括了六工，即土工、金工、石工、木工、兽工和草工的所有专业范围。郑玄对六工是这样注解的："此亦殷时制也，周则皆属司空。土工，陶旊也。金工，筑、冶、凫、栗、锻、桃也。石工，玉人、磬人也。木工，轮舆弓庐匠车梓也。兽工，函鲍韗韦裘也。唯草工职亡，盖谓作萑苇之器。”

商代的甲骨卜辞中已屡见“司工”之名，是商代的营造工官。“在西周的金文中，司空均作司工，东周金文或作司攻。”[8]

商代的文字是中国已知最早的象形文字，文字的数目多达四千以上，其中有一些关于建筑的文字。《中国古代建筑》第二章“夏、商、西周、春秋时期的建筑”中列举了“甲骨文中有关建筑的一些文字”，如下图所示。商代的建筑虽然没有遗迹遗留下来，但是通过商代的文字可以看出商代的建筑形式已经非常丰富。

商代的城市遗址考古发掘较多，已发掘的有河南洛阳市偃师县商城遗址、河南郑州市商城遗址、河南安阳市殷墟遗址、湖北黄陂县盘龙城遗址等。商代早期都城遗址的发掘表明，商代的宫城建于都城之内，而且已被划分为独立的三区，并建有都垣。建于商代中期的郑州商城也建有都垣。考古发掘资料表明，安阳殷墟中的宫城已经将后宫、朝廷与皇室祭祀建筑集中在一起，其组合方式与后代的宫室制度大体相同，只是后代以宫墙代替了壕堑。这表明至少从商代开始，筑城以“城以卫君，郭以守民”的原则为指导，逐渐形成了构筑内外二重城垣的制度，并且

成为之后中国古代城市建设的重要指导思想和城市营造必须遵循的原则。城市中已经有了简单的功能分区，官舍、民居、作坊和道路以宫城为中心进行设置，显然是经过初步规划的。在商代各期的宫室遗址中，考古发掘资料表明已经有了以庭院和廊院为单元的建筑组合。在商代后期宫殿遗址中，宫室组群沿中轴线作对称布置，并成为中国古代建筑尤其是皇室和宫殿建筑千年不变的布置原则。

史料中有关商代的宫室记载不多，《周礼》中有“商人四阿重屋”的记载，表明重层的四坡屋盖已经在商代建筑中使用，这种屋盖形式的出现和使用，是统治阶级政治、经济地位在建筑中的体现，直到封建社会的晚期，这种形式的屋顶仍为官式建筑中最高等级的屋顶形式。《史记·殷本纪》中有“商纣作倾宫”的简单记载，与《史记·夏本纪》中的“夏作璇室”相比，同为简单的记载，但却用了不同的文字表达建筑形式，夏用的是室，商用的是宫，从甲骨文中的象形文字中我们看到两者也是有别的，《尔雅》曰：“别而言之，论其四面穹隆则曰宫，因其贮物充实则曰室。”宫与室相比，其规模要大，其造型要华丽。从室到宫，是建筑的进步。

三 周代

1. 周朝的建立

周朝定都镐京（今陕西西安），因为这一地方在东都洛邑（今河南洛阳）西边，历史上称之为西周，存在时间为公元前 11 世纪至公元前 771 年。由于阶级矛盾的发展、国内叛乱和戎族的侵扰，被迫于周平王元年（前 770 年）迁都洛邑，中国历史上称此后为东周。东周存在的时间为公元前 770 年至公元前 256 年。东周是一个徒有虚名的王朝，分春秋和战国两个时期。东周的前半期自公元前 770 年至前 476 年称为“春秋时代”。这个名称因与当时鲁国历史书《春秋》记事的时间大体相当而得名。之后至公元前221年秦始皇统一六国的这一阶段称为战国时代。整个周王朝自武王立国到秦昭襄王五十一年灭周，共立主37位，历时791年。

周族原来生活在陕西、甘肃一带，其农业水平较高，但手工业发展水平较商代要低。灭商以后占有了商朝的全部领土，此外攻灭了许多方国，并分封王族和贵族到各地建立若干诸侯国来统治全国。最初为了控制中原地区，除首都镐以外，还建立了东都洛邑。在经济和文化等方面继承了商代的成就并有所发展。由于青铜器工具的增多和大量奴隶的使用，农业生产有了巨大的发展，手工业种类增多，分工更细致，号称“百工”。农业生产和手工业技术的发展，为建筑技术的发展开辟了广阔的前景，以庭院为单元的组群布局、斗栱和瓦的制造，都是这个时期建筑技术的巨大成就。

2. 西周中央政府机构的构成

周王又称“天子”，是西周王朝的最高统治者。周天子既是中央政权“内服”百官的最高首脑，又是“外服”众诸侯的共主，周天子之下是庞大而又冗杂的官僚机构。西周是我国奴隶社会的发展和兴盛时期，其政治制度体现了与以往不同的特点，最大的特点是以礼治国，制定了名目繁多的礼仪，以求通过礼来维系贵族等级，消除内部纷争，做到“贵贱有等，长幼有序，贫富轻重皆有称者，使各色民等安于本分”，以维护统治阶级的长治久安。另外西周的官职权限发生了很大变化，商代神通广大的巫史在西周已无足轻重，沦为掌管历法、记事、策命、保管档案、记事等的官吏，并从神权中分化出来，抹去了神的色彩，成为正式的国家官职。西周的政权机构比较完善，官职设置比较健全，工官制度也更加完备。

西周中央政府机构一览表

<table>
<tr><th>官署</th><th colspan="2">官职名</th><th>具体执掌</th></tr>
<tr><td rowspan="3">师保辅弼</td><td colspan="2">太师</td><td rowspan="3">天子最高辅弼顾问大臣</td></tr>
<tr><td colspan="2">太傅</td></tr>
<tr><td colspan="2">太保</td></tr>
<tr><td rowspan="6">中央政务</td><td colspan="2">卿士</td><td>总管王政的冢宰</td></tr>
<tr><td colspan="2">司徒</td><td>掌土地与农业</td></tr>
<tr><td colspan="2">司马</td><td>掌军队与军事行政</td></tr>
<tr><td colspan="2">司空</td><td>掌工程营建与工匠</td></tr>
<tr><td colspan="2">司寇</td><td>掌司法刑狱</td></tr>
<tr><td colspan="2">尹伯</td><td>中央政府长官</td></tr>
<tr><td rowspan="6">宗教神职</td><td rowspan="3">三右</td><td>太宰</td><td>天子助手，百官之长</td></tr>
<tr><td>太宗</td><td>掌宗庙祭祀礼仪</td></tr>
<tr><td>太士</td><td>助祭祀官</td></tr>
<tr><td rowspan="3">三左</td><td>太史</td><td>掌文书起草、策命诸侯、主持典礼、历法、记事</td></tr>
<tr><td>太祝</td><td>掌祭祀、宣读祭文</td></tr>
<tr><td>太卜</td><td>掌占卜、询问吉凶</td></tr>
<tr><td rowspan="10">王室事务</td><td colspan="2">内宰</td><td>王室总管</td></tr>
<tr><td colspan="2">内史</td><td>掌档案</td></tr>
<tr><td colspan="2">师氏</td><td>王的老师</td></tr>
<tr><td colspan="2">膳夫</td><td>掌天子饮食</td></tr>
<tr><td colspan="2">虎贲</td><td>掌天子安全警卫</td></tr>
<tr><td colspan="2">庶府</td><td>掌王库藏</td></tr>
<tr><td colspan="2">左右携仆</td><td>掌王用的器物</td></tr>
<tr><td colspan="2">太仆</td><td>传递王命、侍从出入</td></tr>
<tr><td colspan="2">趣吗马</td><td>掌马政</td></tr>
<tr><td colspan="2">小尹</td><td>王室众小臣之长</td></tr>
</table>

在西周中央政府机构中，师保辅弼官属在协助国王治理国家和稳定政权方面发挥了重要甚至是决定性的作用。师保辅弼官属中的太师、太傅、太保即是所谓的“三公”，是西周最高国事顾问。众多历史文献记载也表明，三公在周初建立国家制度和巩固国家政权的斗争中发挥过重要作用。

负责营建工程的仍是司空，凡营建城郭、建都邑、造宫室、车服器械、监督百工之政务，都在司空的执掌范围，此外兼司寇、司居、司甸等职责。《荀子·王制》记载：司空“修堤梁，通沟浍，行水潦，安水藏，以时决塞，岁虽凶败水旱，使民又所耕艾，司空之事也。”所以铜器铭文中，还能见到司空司籍田，其职掌与司徒相同。这是因为在古代制度中，职权的界限并不十分严格，官职互兼、职务相连是常见的现象。以营造为例，当时营造在人们生活中发挥着重要作用，因而成为一项颇为重要的事务，受到了特别的重视。所以除司空之外的职官，如大司徒也分掌了一部分营造事务。《周礼·地官·大司徒》中记载：“大司徒之职，掌建邦之土地之图与其人民之数，以佐王安扰邦国……以土宜之法，辨十有二土之名物，以相民宅而知其利害，以阜人民。……以土圭之法测土深，正日景，以求地中……凡造都鄙，制其地域而封沟之，以其室数制之……”虽然大司徒分掌了部分营造事务，但是营造事务主要还是以司空为主。

据《书经》载：周官司空，掌邦土，居四民，时地利。《礼记·王制》记载：“司空执度度地，居民山川沮泽，时四时，量地远近，兴事任力。凡使民任老者之事，食壮者之食。凡居民材，必因天地寒暖燥湿，广谷大川异制。民生其间者异俗，刚柔、轻重、迟速异齐，五味异和，器械异制，衣服异宜。修其教，不异其俗。齐其政，不宜其宜。……凡居民，量地以制邑，度地以居民，地邑民居必参相得也。无旷土，无游民，食节事时，民咸安其居，乐事劝功，尊君亲上，然后兴学。”孔颖答疏：“司空执丈尺之度，以量度于民，观山川高下之宜，沮泽浸润之利，又必以时候此四时，知其寒暖。”孙希旦集解：“山川有阴阳向背之宜，沮泽有水泉灌溉之利，候四时以验其气候寒暖之异，量远近以定其庐、井、邑、居之处，此皆度地之事也。度地既定，然后兴役事，任民力，而筑为城郭宫室以居之。”另据《礼记·月令》：季春之月命司空曰：“时雨将降，下水上腾。循行国邑，周视原野。修利堤防，道达沟渎，开通道路，毋有障塞。……是月也，命工师，令百工，审五库之量，金、铁、皮、革、筋，角、齿、羽、箭、干、脂、胶、丹、漆，毋或不良。百工咸理，监工日号：‘毋悖于时，毋或作为淫巧，以荡上心！’”司空的职掌是修堤防、通沟渎和道路，另外命百工审核五库所藏物品数量，并检查物品的质量。

另据《诗经》记载：周先公亶父在岐山周原筑室，“有皋门、应门之制。”“乃召司空，乃召司土，俾立室家，其绳则直[9]。郑笺：“司空掌营国邑，司徒掌徒役之事。”一方面表明营造事务由司空和司土（徒）共同参与和管理，但两职官有明确的分工，司空掌管土木，司徒号召人民；另一方面也表明当时的营造活动是靠管理工程的人来组织进行的。由于大王得人心，民众的营建积极性很高。除司空之外，史籍中记载了其他与营造有关的职官，如《周官新书》记载：“小司徒则与均人、遂人、遂师皆均其土地人民以兴徒役，而攻木、攻金、攻皮、设色、刮摩、抟埴之工皆隶于冬官。”这里提及到了小司徒、均人、遂人、遂师。据《中文大辞典》，小司徒为周官之名，地官之属，其职为掌建帮之教灋；均人为官名，也为地官之属，主平土地之力政者，均人掌均地政、均地守、均地职、均人民牛马车辇之力政。孙诒让正义：均人者，掌均乡遂公邑、土地征役，爵虽卑而职甚重；遂人掌邦之野。郑康成曰：郊外曰野，谓甸、稍、县、都。郊外至县都为遂，在远郊百里之外即遂人所掌；遂师则掌其遂之政令、戒禁。

3. 百工

百工是中国古代主管营建的工官名称，以后沿用为对各种手工业者和手工业行业的总称。百工要从工说起。工是官吏。《小尔雅·广言》曰："工，官也。"《书·尧典》曰："允厘百工，庶绩咸然。"唐柳宗元《行路难》其二有这样一句："虞衡斤斧罗千山，工命采斫杙与椽。"《礼记·少仪》曰："士依于德，游于艺。工依于法，游于说。"郑玄注："法，谓规矩尺寸之数也。说，谓鸿杀之意所宜也。"孔颖达疏："工，依于法者，谓规矩尺寸之法，或言工巧皆当依附于法式。游于说者，说论规矩法式之辞言，游息于规矩法式之文书。"据《古今图书集成·经济汇编·考工总部》记载："依者，据以为常。游，则出无定。工之法，规矩尺寸之制也。说，则讲论变通之道焉。严陵方氏曰：依则无日不然，游者有时而已。依于法，常法也。所谓说则有变通存焉。若规矩准绳所谓法也，故依之而不可违。若器或利于而害于今，则有说，故游之而不泥。"

西周和东周时期百工的社会地位不同。西周时期的百工，据《考工记》记载："知者创物，巧者述之，守之世，谓之工。"而对于"工"，当时是十分敬重的，但到东周时期，百工地位有了沦落。

《考工记》中说："百工之事皆圣人之作也。"在生产力低下的时期，创造某种器物的人被称之为"圣人"或"君子"。《墨子·非儒》提出："君子循而不作。"应子曰："古者羿作弓，伃作甲，奚仲作车，巧垂作舟。然则今之鲍函车匠皆君子也，而羿、伃、奚仲、巧垂皆小人邪？且其缩循人，必或作之。然则其所循皆小人道也？”

《周礼·天官》曰：“大宰以九职任万民。……五曰百工，饬化八材。”郑康成对八材的注解为：珠曰切，象曰磋，玉曰琢，石曰磨，木曰刻，金曰镂，革曰剥，羽曰析。八材虽有自然之质，必人工加焉然后可适用，故待百工而饬化者。饬而后化之，致力以饬之谓之饬，因形移易谓之化。如致力以饬木，则化之而为舟车之属，致力以饬金，则化之而为鼎量之属，皆是也。

《周礼·冬官·考工记》是我国最早述及建筑的专门文献，书中记载：“国有六职，百工与居一焉。……审曲面埶，以饬五材，以辨民器。凡攻木之工七，攻金之工六，攻皮之工五，设色之工五，刮摩之工五，搏埴之工二。攻木之工轮、舆、弓、庐、匠、车、梓，攻金之工筑、冶、凫、栗、段、桃，攻皮之工函、鲍、韗、韦、裘，设色之工画、缋、钟、筐、慌，刮摩之工玉、楖、雕、矢、磬，搏埴之工陶、旊……”从书中记述的各种工种，可见“百工”是担任实际工程的“匠人”。范文澜先生的《中国通史》第一册对百工有叙述：“百姓是百工的首领，他们掌握制器材料并占有工作者的身体，因而百姓也称为百工。百工制造各种物品供国王贵族享用，……百姓是怎样一种人呢？盘庚说他们是共同掌管政治的旧人，是邦伯、师长、百执事（百官、百工）之人，他们的祖先，立有功劳，商王大祭先王时，他们的祖先配享商先王。他们有货宝。他们与商王一心，民就得顺从；他们与商王离心，民就会变乱。显然，百姓是贵族。民是怎样一种人呢？盘庚把民叫做畜民，又叫做万民，畜民是说民贱同牲畜，万民是说人多，数以万计。……民是生命毫无保障、与百姓完全不同的一种人。……商朝生产比夏朝进步，特别是手工业，比夏朝有更大的进步，并且有更大的重要性。在屋下作工的罪人（奴隶）叫做宰，宰是手工业奴隶。管宰的大官叫做冢（大）宰，是百官中权力最大、地位最高的一个官。商亡国后，周分商遗民六族给鲁，分七族给卫。十三族中至少有九族是工：索氏（绳工）、长勺氏、尾勺氏（酒器工）、陶氏（陶工）、施氏（旗工）、繁氏（马缨工）、锜氏（锉刀工或釜工）、樊氏（篱笆工）、终葵工（椎工），这大概是百工的一部分。百工各占有一批技术奴隶，生产各种手工业品。百工率领工奴，冢宰率领百工，所以冢宰能辅佐国王管理国政。……百工有传世的专门技术，周人农业胜于商业，手工艺却远不及商人，周人俘虏商百工以后，文化开始作飞跃的发展。百工有技术，为周人所重视，因而农业奴隶可释放为农奴，手工业奴隶直到春秋时才有一部分得到自由，经营私人生产。春秋以前，作工匠的照例是'皂隶之事'。……（商）奴隶劳动又培养出一群掌握正门技术的百工。百工是百姓中占有手工业奴隶的奴隶主。他们世代相传，积累起工业技术方面的专门知识，为当时各侯国所望尘莫及。"⑩"百工是掌握手工业技术，管理工奴的低级百姓。周工不杀犯了酒禁的百工，足见周特别重视商百工的技术。西周的百工，成为王官的重要部分，文化迅速发展起来。东周王室衰落，百工散到大诸侯国（如楚器铭文上的铸客，即周游各国的一种百工），诸侯国文化才开始发展。"⑪《墨子·法仪篇》记载："虽至百工从事者，亦皆有法。百工为方以矩、为圆以规、直以绳、正以线、平以水，无巧工不巧工，皆以此五者为法。巧者能中之，不巧者虽不能中，放依以从事，犹逾已。故百工从事，皆有法所度。"百工中的大官称为工正、工师或工尹，工正管理多种手工业。由于百工在社会中的重要作用，使其成为西周统治阶级的组成部分之一。

东周百工开始沦为被统治阶层。《论语·子张篇》中记载："百工居肆以成其事"，这正是《墨子·尚贤篇》中所说的"工肆之人"。"他们制造物品时是工，陈列制成物品出卖时是商，统称为工商、百工或工肆之人。工商地位和低级庶民一样，不得仕进上升为士。这种民间百工和小商贾以及贵族所占有的工业商业奴隶，大都居住在都邑中。他们受严重的剥削和压迫，往往起来反抗暴政杀逐国君。属于低级贵族的百工之长也有因丧失官职而叛逃的。如前五二〇年（鲁昭公二十二年），周失职的百工叛变，悼王'盟百工于平宫'（平王庙），要求他们不要叛逃。衰国与亡国的百工丧职后变为民间百工，战国时民间大手工业者，当是出于这一类人。"⑫

百工的职业是世代相传的，《左传·昭公二十六年》记载："在礼，家施不及国，民不迁，农不移，工贾不变"，一定程度上有利于各项技术的发展和继承，对此《韩非子·解老》有同样的认识："工人数变业，则失其功。"

4. 西周的工官与营造活动

据历史文献和考古发掘资料，西周的建筑活动非常活跃，涉及的范围也十分广泛，有城邑、宫殿、坛庙、陵墓、园囿、边塞、道路、民居、水利等，成为当时社会生活的重要组成部分。西周的建筑设计、技术和艺术不但推动了当时建筑的进步，而且为后代建筑的发展起了重要引导作用。

司空量地远近，兴事任力，调度民力从事不同的营造活动，又有”地官小司徒"，另外属官"均人"、"遂人"也具有分配力役、从事营造的职能；"若起野役，则令各帅其所治之民而至"。奴隶们则带工具、粮食、车乘、畜力前往服役。《诗·小雅·黍苗》所描写的周宣王时期召公为申伯营城邑之事，正是对这种力役情景的具体描写。《诗经》中描写周初召来"司空"、"司徒"，证明也有了管工程的人，有了某种工程组织指导建筑活动，所谓"营国筑室"也是有计划地营造一座城市。《诗经·大雅·绵》对古公亶父迁岐时营造宫室的过程有生动描绘，“乃召司空，乃召司徒。俾立室家，其绳则直。缩版以载，作庙翼翼。捄之陾陾，度之薨薨。筑之登登，削屡冯冯。百堵皆兴，鼛鼓弗胜。乃立皋门，皋门有伉。乃立应门，应门将将。乃立冢土，戎丑攸行。”所谓“作庙翼翼”，立“皋门”、“应门”等，显然是对建筑物的结构、形状、类型和位置都作了艺术性的处理。

西周初年，随着封建制度的推行和发展，分封到全国各地的诸侯首领在领地上建造了大小不同的许多城邑，并严格按照等级制度进行。周代的城市大体上可以分为周王都城、诸侯封国都城、宗室或卿大夫封地都邑三类。从当时的都邑和城市建设来看，司空在选址、规划和营建中发挥了极大作用。首先重视都邑建造地的选择，如周公营筑洛邑时，对城址进行了认真规划，首先选定地区，丈量尺寸，测定宫室、宗庙的位置，立契标记，然后驱使殷人筑城[13]。西周还设有专司丈量各种建筑尺度的官吏——量人。《周礼·夏官·司马》中记载：“量人掌建国之法，以分国为九州。营国城郭，营后宫，量市、朝、道、巷、门、渠，造都邑亦如之。营军之垒舍，量其市朝、州涂、军舍之所里，邦国之地与天下涂数，皆书而藏之……”可见当时对建筑营造尺度已有非常严格的规定，并将其上升为国家制度，同时将城市的修建时间制度化。据《胡传》记载：“城者，御暴民之所，而城有制，役有时，大都不过三国之一，邑无百雉之城，制也。凡土工，龙见而戒事，火见而致用。水昏正而栽，日至而毕，时也。隐公城中丘城郎，而皆以夏，则防农务而非时矣。城不踰制，役不违时。又当分财用，平板干，称畚筑，程土物，议远迩，略基址，揣厚薄，仞沟洫，具糇粮，度有司，量功命，日不衍于素，然后为之，可也。况失其时制，忘兴大作，无爱养斯民之意者，其罪之轻重见矣。”据《礼记·月令》记载：孟秋之月，修宫室，坏墙垣，补城郭；仲秋之月筑城郭，建都邑；孟冬之月坏城郭，戒门闾，修键闭，慎管龠，备边境，完要塞，谨关梁，塞傒径。其中“坏墙垣”、“坏城郭”中“坏”的意思为益，孔疏：“城郭当需牢厚，故言坏。”

《周礼·冬官·考工记》对西周的营城建邑制度有较为全面的记载：“匠人营国，方九里，旁三门，国中九经九纬，经涂九轨。左祖右社，面朝后市，市朝一夫。”其中的“匠人营国，方九里”体现了王城的营建规模；“国中九经九纬，经涂九轨”体现了王城道路的设置；“左祖右社，面朝后市”体现了以宫为中心的王城规划。这一制度被后世历代所继承，成为营国的理念和必须遵守的原则，而这一制度的制定者正是营造工官——匠人，为周官名，冬官之属。《中文大辞典》对匠的一种解释为筹划、计划制作。攻木之工凡七，其中之一为匠人，主营造宫室城郭及沟恤。

《考工记》对西周的王城也有较多记述，包括城的形状、面积、城门数量、道路宽度、王宫与宗庙、宫苑和角楼的高度以及它们和诸侯门、垣、角楼的对应关系，反映了齐国人对西周建筑的一些认识，同时对于我们认识和了解西周建筑有很大帮助。“周天子布政于明堂，其内为六寝，六宫，九室。有东宫、西宫。其别宫又有蒿宫。”⑭《考工记》记载：“周人明堂，度九尺之筵，东西九筵，南北七筵，堂崇一筵。五室，凡室二筵。室中度以几，堂上度以筵，宫中度以寻，野度以步，涂度以轨。庙门容大扃七个，闱门容小扃三个。路门不容乘车之五个，应门二彻三个，内右九室，九嫔居之。外有九室，九卿朝焉。九分其国，以为九分，九卿治之。王宫门阿之制五雉，宫隅之制七雉，城隅之制九雉，经涂九轨，环涂七轨，野涂五轨。门阿之制以为都城之制，宫隅之制以为诸侯之城制，环涂以为诸侯经涂，野涂以为都经涂。”⑮《考工记》中提到的建筑都受礼制的严格约束，同类建筑以封建等级而定，厅堂大小以铺席的多少而定，道路宽窄以并行车辆的多寡而设。这些尺度的规定从实际出发，有一定的科学依据，离不开匠人的指导。

5. 春秋、战国时期的中央官制

公元前770年周平王迁都洛阳，开始了中国历史上的东周时代。东周是由统一的西周王朝而进入分裂时代，是奴隶制社会向封建社会转变的时代，同时也是各民族社会经济和文化的发展时代。这一时代包括春秋和战国两个阶段，由于社会经济的迅速发展，各国和各民族之间的政治、经济发生了新的变化，各国的势力随之出现了强弱之分，强大的国家开始争霸，经过春秋时期的兼并战争，到战国时形成了齐、魏、赵、韩、秦、楚、燕的战国“七雄”。

春秋战国时期是中国由奴隶社会向封建制社会转变时期，旧王朝一统天下的局面结束，出现了礼崩乐坏的政治局面，作为政治制度核心的官制随之发生了巨大变化。以分封制为基本特征的地方诸侯分权体制开始转向君主专制的中央集权制，郡县制代替了分封制，官吏任免代替了世卿世禄制度。相职最终确立，并成为中央政府的首脑，总理国家政务。诸侯大国中的政务大臣，发展演变为后来秦汉时代中央政府的主干“三公九卿”体制。世卿制度逐步瓦解，各国诸侯在对本国世卿大族进行无情打击的同时，大量任用非世卿出身的士人到政治机关任职，以起到逐步瓦解世卿制度的目的。对任官制度进行改革，使贵族的世袭制变成了官僚制。文武分职得到确立，一方面造成大臣权力分散和相互牵制，有效地防范和制止了大臣的揽权自重，另一方面适应了当时复杂的政治形势，使文武之才各专其职，各尽其能。

春秋、战国时期各诸侯国政府机构一览表

官署	官职名	具体执掌	
辅弼大臣	相、左右相、相国	总理政务，为百官之长	
	左右丞相、丞相		
	令尹、当国		
政务大臣	司徒	掌土地与人民	旧四司
	司空	掌工程营建	
	司马	掌军事行政	
	司寇	掌刑狱治安	
	廷尉	掌司法刑狱	新五卿
	卫尉	掌宫廷警卫	
	内史	掌租税财政	
	少府	掌宫廷财货	
	典客	掌外交礼仪	
军事官署	大将军	最高军事统帅	
	柱国	位高望重的将领	
	将军	军事将领，多主征伐	
	国尉	高级参谋	
	都尉	低于将军的武官	
监察官署	御史	掌记事、典籍、巡查郡县	
	左右司过	掌谏议	
国君侍从官员	太宰	宫廷事务总官	
	大夫	参与谋议，分上、中、下大夫	
	郎中令	侍从国君、宿卫宫殿	
	宦者令	宫内侍从长	
	太仆	传达君命，侍从出入	
	太卜	主占卜	

春秋战国时期，诸侯国的重要职官是司徒、司马、司空、司寇，掌管诸侯朝政。其中司空管土地，主要职责是测量土地的远近，辨别土地的好坏，以便授予民众耕种，并编定赋税征收数额。这一时期，铜制工具得到广泛使用，铁器的发明和牛耕的推广以及大量私田的出现，促进了农业和手工业的发展。手工业奴隶在斗争中逐渐挣脱出“工商食官”制的枷锁，得到解放，成为个体手工业者，生产兴趣大幅提升，不断改进生产工具，生产技术水平得以提高，推动了手工业不断向前发展。当时的手工业分工已经十分精细，诸侯国中，以鲁、齐两国的手工业为最好。《墨子·节用篇》中称：“凡天下百工、轮、车、鞼、匏、陶、冶、梓匠，使各以事其所能。”

6. 春秋、战国时期的营造活动

春秋时期政治和经济的重大变化为建筑技术的发展创造了有利条件，城邑建筑频繁，营造施工计划周密，组织严密。各诸侯国之间的战争频繁，因此夯土筑城成为当时一项重要的国防工程，开工前必委一名工官或良工，筹划设计和施工。《左传·昭公三十二年》中的《士弥牟营成周》是一篇关于制订筑城方案的短文。公元前520年，周景王崩，王子猛与王子朝争夺王位，斗争激烈。是年八月，猛进入王城，未及即位，便于十一月卒。当月王子丐即位，是为周敬王。鲁昭公三十二年（前510年），周敬王为了躲避城内王子余党的干扰，拟迁都于成周。成周当时规模小，就遣使赴晋，请晋定公帮助修建成周。晋遂汇合诸侯之大夫，盟于狄泉，决定建成周。是年十一月中，由晋大夫士弥牟制定修建方案，韩简子负责督造。文中记载：晋，“弥牟营成周，计丈数，揣高卑，度厚薄，仞沟洫，物土方，议远迩，量事期，计徒庸，虑财用，书糇粮。以令役于诸侯，属役赋丈，书以授帅，而效诸刘子；韩简子临之，以为成命。”这篇短文较为详细地记载了营城的规划和分工，不仅计算了城墙的长度、高度和厚度，并量取了沟渠的深度，考察了取土方向，使取土远近得宜，计算好了沟渠土石方数量、完工日期、用工人数和使用材料，甚至连各国劳动力的往返里程和干粮数量都作了详细计算。次年正月隆重开工，诸侯大夫会齐，参与营城工程，由于工程计划精确，各国承担任务明确，实行分段包干，各负其职，“三旬而毕”。《左传》有记载宣公十一年的“令尹蒍艾猎城沂”一事，“使封人虑事，以授司徒。量功命日，分材用，平板干，称畚筑，程土物，议远迩。略基址，具糇粮，度有司。事三旬而成，不愆于素。”令尹为春秋时期楚国最高官职，相当于上卿或相。蒍艾猎为楚国期思人，蒍贾之子，相传他曾开凿芍陂灌田万顷。令尹和蒍艾猎共同承担了建造沂城城墙的任务，于是命封人开始执行。封人是地官司徒的属官，掌管守护帝王社坛和京畿疆界。春秋时期各国也设封人，掌管各自的疆界以及筹办筑城墙事宜，然后将筹划方案交给司徒进行具体实施。令尹和蒍艾猎确定了用工数量，安排了施工日期，分配了材料和工具，并妥善安排夯筑用的木板和立柱数量，使运土和夯土有效配合，对筑城的土方量和工具器材数量进行了估算，准确计算取土、运土距离，以便合理安排劳动力，并对建城基址的地形、地貌进行了考察，对服役人员的粮食作了充分准备，审查确定筑城负责人选。这两个事例说明当时人们已经有相当广泛的工程统计经验，并在营造活动中有良好的应用。

管子为春秋时期政治家，著有《管子》，其中第五十七篇《度地》主要了论述国都选址和治水除害等问题。《度地形而为国》是《度地》中有关选定国都基址方面的论述：“昔者，桓公问管仲曰：‘寡人请问度地形而为国者，其何如而可？’管仲对曰：‘夷吾之所闻，能为霸王者，盖天子圣人也。故圣人之处国者，必于不倾之地，而择地形之肥饶者。乡山，左右经水若泽。内为落渠之写，因大川而注焉。乃以其天材、地之所生，利养其人，以育六畜。天下之人皆归其德而惠其义。乃别制断之，州者谓之术，不满术者谓之里。故百家为里，里十为术，术十为州，州十为都，都十为霸国。不如霸国者，国也，以奉天子。天子有万诸侯也，其中有公、侯、伯、子、男焉，天子中而处。此谓因天之固，归地之利。内为之城，城外为之郭，郭外为之土阆，地高则沟之，下则堤之，命之曰金城。树以荆棘，上相穑著者，所以为固也。'" 文中提出了国都选址与山川、自然环境的关系。《立国》是《管子》第五篇《乘马》中的一章，文中提出了国都选址和规划的一些原则问题："凡立国都，非于大山之下，必于广川之上。高毋近旱而水用足；下毋近水而沟防省。因天材、就地利，故城郭不必中规矩，道路不必中准绳。"文中的观点与《考工记·匠人》中"匠人营国，方九里，旁三门，国中九经九纬"的制度要求完全相反，可见在营造国都问题上是有不同观点的。

河北省平山县中山国墓出土的兆域图

1977 年在河北平山县战国时期中山国墓第一号墓葬中出土了一幅陵园总图——宫堂图，原称兆域图。墓主是战国时期一个小诸侯国“中山国”的第五代国王。“兆”是中国古代对墓域的称谓，“兆域图”则是标示王陵方位、墓葬区域及建筑面积形状的平面图，是目前发现的中国最早的建筑总平面图。图制作在一块长96厘米、宽48厘米的铜板上。面呈长方形，背面两侧中腰各有一兽面衔环铺首。正面是用金银片镶错而成的王陵平面布局图，表明了兆域内地面各建筑物的平面形状、大小和所处位置。图中各部均有阳文标明名称、大小和间距。图向为上南下北，图的中心部分是用金片嵌成五个方形的轮廓线：王堂居中，对称排列有哀后堂、王后堂和两个夫人堂。堂外以银丝或银片镶嵌出“丘”（墓的封土底边）、“内宫垣”、“中宫垣”图线各一周。沿内宫垣北线外，由东向西等距离分布着“诏宗宫”、“正奎宫”、“执帛宫”和“大将宫”。两道宫垣南面正中开有门阙。王堂上部铸有国王诏书3行42字。虽然我们不知道该图的作者，但应该是懂得建筑设计的人员。

春秋战国时期的频繁营造活动造就了许多能工巧匠，如杰出的建筑匠师鲁班，公输氏，名般，般与班同音，故名鲁班。当时尊称他为“公输子”，清同治九年（1870年）勒刻的《石作同业先后重修公输子庙乐输碑》对鲁班的身世有较为详细的记述。鲁班所处的时代大约为春秋末年至战国初年，是奴隶制逐步瓦解，封建生产关系逐步建立的时期，社会上出现了独立的手工业者，如冶金工、车工、皮革工、木工、陶工、漆工等，鲁班就是这一历史时期中能工巧匠的代表人物。鲁班的事迹在先秦的《墨子》、《孟子》、《战国策》以及后来的《汉书》注、《文选》注、《史记集解》等历史典籍上多有记载，两千年来历代相沿。据史料记载和民间传说，鲁班有许多发明创造，如云梯、钩强、木鹊、鲁班尺、墨斗、铺首等。宋元时期，营造业开始奉鲁班为祖师，明清之后各地出现以鲁班命名的庙、祠、殿以及馆等，成为木工、瓦工、水作、石作行业公所的所在地，鲁班也成为中国古代建筑各专业能工巧匠智慧的化身。

夏、商、周在建筑上所取得的成就无疑与夏朝掌管营建的“共工”和商朝掌管营建的“司空”有极大的关系，但是由于史料中对于“共工”和“司空”的具体执掌没有详细记载，对认识他们在营造活动中的实际运作带来一定困难，但可以肯定，无论是在城市建设还是宫室营造活动中，他们所起的作用是很大的。

注　释

① 陈戍国《礼记校注》，岳麓书社，2004 年。
② 《史记·夏本纪》集解引《竹书纪年》。
③ 《通典》卷十九《职官》一。
④ 《列宁选集》第四卷，第 47 页。
⑤ 《论语·八佾》。
⑥ 《通典》卷十九《职官》一。
⑦ 陈戍国《礼记校注》，岳麓书社，2004 年。
⑧ 曹春平《中国建筑理论钩沉》，湖北教育出版社，2004 年。
⑨ 《诗经·大雅·绵》。
⑩ 范文澜《中国通史》第一册，第 45 ~ 60 页，人民出版社，1978 年。
⑪ 范文澜《中国通史》第一册，第 82 页，人民出版社，1978 年。
⑫ 范文澜《中国通史》第一册，第 112 页，人民出版社，1978 年。
⑬ 《尚书·召诰》。
⑭ 《古今图书集成》784 册，第 14 页，中华书局、巴蜀书社，1985 年。
⑮ 《四库全书》95 册，第 74 ~ 76 页，上海古籍出版社，1987 年。

第三章　秦汉时期的工官

公元前221年，秦灭六国，结束了诸侯割据称雄的时代，建立了一个前所未有的封建大帝国。为了巩固新政权，秦王朝采取了一系列重大措施，并创建了更加完备的君主专制主义的中央集权政治制度——皇帝制度，极大地推进了中国古代文明。

秦始皇统一六国后，首先重议尊号。《史记·秦始皇本纪》记载："寡人以眇眇之身，兴兵诛暴乱，赖宗庙之灵，六王咸伏其辜，天下大定。今名号不更，无以称成功，传后世。其议帝号。"群臣称赞秦王功业"今陛下兴义兵，诛残贼，平定天下，海内为郡县，法令由一统，自上古以来未尝有，五帝所不及。臣等谨与博士议曰：古有天皇，有地皇，有泰皇，泰皇最贵"，群臣建议选用泰皇。秦王自以为德兼三皇，功过五帝，乃更号曰"皇帝"，命为"制"，令为"诏"，自称为"朕"。自此以后，其言以"制书"或"诏书"形式颁布全国。所谓"制书"是有关国家典章制度的命令，"诏书"是皇帝诏告天下臣民之言。皇帝名号既定，随即颁令天下："朕为始皇帝，后世以计数，二世、三世至于万世，传之无穷。"[①]从此，中国历史上有了皇帝的称号，并成为秦汉以后历代皇朝的最高统治者，拥有至高无上的权力。正如《史记·秦始皇本纪》所说："天下之事无大小皆决于上，上至以衡石量书，日夜有呈，不中呈不得休息。"政事无论大小，全由皇帝裁决。创始于秦始皇而健全于汉代的皇帝制度，构成了中国封建社会君主专制政体的核心。

一　秦代

1. 秦代中央政府机构的构成

秦是在各国诸侯战乱之后建立的，仅 16 年就归于崩溃。在当时以农业和手工业为主的条件下，在短暂的 16 年内，社会生产不可能有重大的飞跃和发展。因此可以认为秦统一全国后直至灭亡期间，各项生产技术和生产工具仍停留在战国末期的水平上。为了巩固庞大帝国中央集权制的绝对统治，秦始皇借助了非同一般的强制手段，所以在历史上，秦的法令条律不但苛刻严厉，而且执行很严格。由于权力的高度集中，政务与事务之间的关系，君主与臣下之间的关系以及许多沿袭于战国时期的制度都不可避免地有所更张，进而形成一套更加严密的新制度，即三公九卿制，并为以后历代王朝所沿袭。

三公九卿制中的三公是指丞相、太尉和御史大夫。丞相也称相国、相邦、中丞相，其职掌为承天子之命，督率百官，执行政务。对此《通典·职官》记载："秦省司徒，置丞相"，可见秦的丞相相当于战国时的司徒。太尉为武官之首，掌管武官的任命和黜陟。对于太尉和御史大夫，《汉书·百官公卿表》记载："太尉，秦官，金印紫绶，掌武事。""御史大夫，秦官，位上卿，银印，青绶，掌副丞相。"九卿是指丞相以下的中央高级官吏，即指奉常、郎中令、卫尉、太仆、延尉、典客、宗正、治粟内史、少府。卿分掌国家的一部分事务，根据众卿所承担的职务性质，基本上分为两类。一类是专门服务于皇室，另一类是分理国家事务。三公九卿分工清晰，各有职掌，共同行使中央大权。

秦代中央部门职官简表

部门	主要职官	品级（秩）	执掌
三公	相国、丞相	金印紫绶	承天子之命，督率百官，执行政务
	太尉	金印紫绶	掌武事
	御史大夫	银印青绶	掌副丞相，有两丞，秩千石
九卿	奉常	银印青绶	掌宗庙礼仪，有丞，秩千石
	郎中令	同上	掌宫殿掖门户
	卫尉	同上	掌宫门卫屯兵，有丞
	太仆	同上	掌舆马，有两丞
	廷尉	同上	掌刑辟，有正、左右监，秩千石
	典客	同上	掌少数民族之事，有丞
	宗正	同上	掌亲属，有丞
	治粟内史	同上	掌谷货，有两丞
	少府	同上	掌山海池泽之税，以给供养，有六丞
中央其他职官	中尉	银印青绶	掌缴循京师，有两丞
	将作少府	同上	掌治宫室，有两丞、左右中候。
	詹事	同上	掌皇后太子家，有丞
	典属国	同上	掌少数民族之事
	水衡都尉	同上	掌上林苑，有五丞
	内史	同上	掌治京师
	主爵中尉	同上	掌列侯

（本表参照陈茂同，《中国历代职官沿革史》，百花文艺出版社，2005 年 11 月）

2. 秦代的工官及营造活动

从“秦代中央部门职官简表”中可以看出，负责掌管宫室和陵寝建筑的部门是将作少府，不在三公、九卿的管辖范围，但属于中央职官。据《汉书·百官公卿表》记载：“少府，秦官。掌山海池泽之税，以给供养。有六丞。”应邵对此有注：“一名钱禁，以给供养，自别为藏。少者，小也，故称少府。”师古曰：“大司农供军国之用，少府以养天子也。”少府掌君主私产，据《史记·秦始皇本纪》记载，二世二年（前208年），有少府章邯。秦代负责供应皇帝生活之需的诸官吏，大都是少府属官，其机构庞大，事务繁杂。其中将作少府，据《汉书·百官公卿表》记载：“秦官。掌治宫室。有两丞、左右中候。”属官有石库、东园主章、左右前后中校七令、丞，又主章长丞。其中石库掌管宫室的石料，东园主章掌管材料，以供东园大匠，中校署掌舟车杂兵仗厩牧等事，主章长丞掌大木。

秦代宫室之鼎盛，在中国古代建筑史上可用“罕见”一词来形容，所建宫殿规模宏伟壮丽，离宫别馆数量众多，被众多文史资料津津乐道。秦代建造的城市有咸阳、栎阳、夏阳，城内的宫殿规模大，数量多，《三辅旧事》记载：“始皇表河以为秦东门，表汧以开秦西门，中外殿观百四十五。”《史记·秦始皇本纪》记载：“关中计宫三百，关外四百余……乃命咸阳之旁二百里内，宫观二百七十复道甬道相连。”《史记》正义引《庙记》云：咸阳“北至九嵕甘泉，南至长杨、五柞，东至河，西至汧、渭之交，东西八百里，离宫别馆相属望也。”建于渭水南岸的有甘泉宫、林光宫、兴乐宫、信宫、章台宫、上林苑等，建于其他地方的有兰池宫、望夷宫、长杨宫、梁山宫、蕲年宫、虢宫、碣石宫等，可以想象当时咸阳城及附近宫苑的规模是何等宏阔。

在秦始皇统一战争的过程中，每灭东方一国，都要仿照其国的宫殿式样在咸阳建造同样的宫殿。对此，《史记·秦始皇本纪》有记载：“秦每破诸侯，写放其宫室，作之咸阳北阪上，南临渭，自雍门以东至泾、渭，殿屋复道周阁相属。所得诸侯美人钟鼓，以充入之。”这里的“写放”就是测绘，“写”是用图描绘记录，“放”是按图仿建，这是关于建筑图的最早记载。对此，《三辅皇图》也有记载，“每破诸侯，彻其宫室，作之咸阳北阪上”，使用的是“彻”字，与《史记·秦始皇本纪》中的“写放”不同，“彻”有拆除之意。据此，秦始皇每灭掉一个诸侯国，便将其宫室拆除并移建于自己的领地“咸阳北阪”，而不是将其宫室进行测绘、进行仿建。从秦朝暂短的历史和拥有的宫殿数量来分析，并综合当时宫殿建筑所需的人力、物力和建造时间等多种因素，秦宫殿移建加改建或扩建的可能性要大。

无论是移建加改建或扩建，秦始皇的这种行为极好地向臣下和战败者显示了自己威风临四海的气势。从建筑历史发展的角度来看，这种做法集当时建筑之大成，首次将不同地方特色的建筑进行了集中，使不同的建筑技术和艺术得到融合，是对当时建筑技术和建筑艺术的空前总结，促进了建筑的进一步发展，不但为随后西汉王朝的建筑提供了宝贵的可行经验，而且为中国建筑的进步起了积极的推进作用。

在秦始皇建造的众多宫殿中，以咸阳宫和阿房宫最为著名。咸阳宫是秦在咸阳的朝宫，是秦国国君主持朝政的地方，是秦国政治、经济和文化的中枢和心脏。“始皇穷极奢侈，筑咸阳宫。因北陵营殿，端门四达，以制紫宫，象帝居。引渭水灌都，以象天汉，横桥南渡，以法牵牛。桥广六丈，南北二百八十步，六十八间，八百五十柱，二百一十二梁。桥之南北堤，缴立石柱。咸阳北至九嵕甘泉，南至鄠杜，东至河，西至汧渭之交，东西八百里，南北四百里，离宫别馆，相望联属，木衣绨绣，土被朱紫。”②

秦始皇还建造了历史上著名的朝宫——阿房宫。《史记·秦始皇本纪》卷六记载：“三十五年，除道，道九原，抵云阳，堑山堙谷，直通之。于是始皇以为咸阳人多，先王之宫廷小，吾闻周文王都丰，武王都镐，丰镐之间，帝王之都也。乃营作朝宫渭南上林苑中。先作前殿阿房，东西五百步，南北五十丈，上可以坐万人，下可以建五丈旗。周驰为阁道，自殿下直抵南山。表南山之巅以为阙。为复道，自阿房渡渭，属之咸阳，以象天极阁道绝汉抵营室也。阿房宫未成；成，欲更择令名名之。作宫阿房，故天下谓之阿房宫。隐宫徒刑者七十余万人，乃分作阿房宫，或作丽山。发北山石椁，乃写蜀、荆地材皆至。关中计宫三百，关外四百余。于是立石东海上朐界中，以为秦东门。因徒三万家丽邑，五万家云阳，皆复不事十岁。”《三辅黄图》对阿房宫也有记载：“阿房宫，亦曰阿城。惠文王造，宫未成而亡。始皇广其宫，规恢三百余里。离宫别馆，弥山跨谷，辇道相属，阁道通骊山，八十余里。表南山之颠以为阙，络樊川以为池。作阿房前殿，东西五十步，南北五十丈，上可坐万人，下建五丈旗。以木兰为梁，以磁石为门，周弛为复道，度渭属之咸阳以象太极，阁道抵营室也，阿房宫未成，欲更择令名名之。作宫阿基旁，故天下谓之阿房宫，隐宫徒刑者七十余万人乃分作阿房宫。”[③]《汉书·贾山传》记载：秦“起咸阳，而西至雍，离宫三百，钟鼓帷帐不移而具。又为阿房之殿，殿高数十仞，东西五里，南北千步。从车罗骑，四马骛弛，旌旗不桡，为宫室之丽至于此，使其后世曾不得聚庐而讬处焉。”后人曾经绘制过“阿房宫图”，虽不足以证史，却也可窥其宏大之气魄。由于阿房宫规模庞大，其营造在始皇在世期间并没有完成，到秦二世元年（前209年）下诏复作，终未完而秦亡。

在大规模修建地上宫殿的同时，秦始皇从即位起，就开始在骊山脚下大规模建造坟墓。《史记·秦始皇本纪》记载：“始皇初即位，穿治骊山，及并天下，天下徒送诣七十余万人，穿三泉，下铜而致椁，宫观百官奇器珍怪徒藏满之。令匠作机弩矢，有所穿近者辄射之。以水银为百川江河大海，机相灌输，上具天文，下具地理。以人鱼膏为烛，度不灭者久之。”骊山陵规模空前宏大，不但创建了中国古代帝陵的典型范例，而且还创造了中国古代帝王陵墓的新格局和形制，长期影响着后世。《汉旧仪》记载秦始皇陵的修建是“凿以章程”，我国著名考古学家袁仲一先生结合文献资料和多年对秦始皇陵的勘探发掘研究，在《秦始皇兵马俑研究》中得出如下结论：秦始皇陵是“按照一定的规划设计蓝图施工，蓝图具有法律效力，施工人员不得随意更改”，证实了《汉旧仪》中的记载。

为了巩固封建统治，秦始皇还下令将原来燕、赵和秦国的长城连接起来，并加以补筑和修整，补筑的部分超过原来三段长城的总和，筑长城成为秦代大规模的营造活动内容之一。修筑长城时，征调几十万人，经过多年的艰苦劳动，以死亡无数生命为代价，修筑了西起甘肃临洮，东到辽宁东部的万里长城。

秦始皇在统一全国后的第二年，便开始修筑全国性的、规模巨大的“弛道”供皇帝巡狩使用。弛道以咸阳为中心，东边展伸到燕齐地区，南方达到吴楚一带，对于加强军事和交通发挥了重要积极作用。几年后，又开始了南北一千八百余里“直道”的修建。在水利工程方面也进行了较大的建造活动，如建造了郑国渠、灵渠。

秦始皇在较短的时间里修宫殿，造坟墓，筑长城，修驰道和河渠，在建筑工程领域方面所取得的成就对后世影响深远。从主观上来讲，这些营造活动是为了满足秦始皇本人的各种欲望以及显示帝国的强大，但客观上却创造了中国历史上亘古未有的建筑奇迹，将中国建筑推向了一个高峰。“秦时全中国的人口约二千万左右，被征发造宫室坟墓共一百五十万人，守五岭五十万人，蒙恬所率防匈奴兵三十万人，筑长城假定五十万人，再加其他杂役，总数不下三百万人，占总人口百分之十五。使用民力如此巨大急促，实非民力所能胜任。”④这段研究文字表明，秦代的营造活动致使每年至少二百万丁男被征用，这个数字约占当时人口总数的十分之一，动用人力、物力之多是中国历史上任何一个朝代都无法相比的。在建造阿房宫和骊山陵时，共征集国内的军工、匠师、人夫、刑徒七十余万人，又调运各地建筑材料于咸阳，如此大规模的建设，无论在人员调度、运输安排和施工组织，还是在材料与构件的预制与加工、装配等方面，一定有一套尚未为世人所知的制度和方法。从秦代的官员设置来看，掌握营造活动的是将作少府，府中设有营造官员，史籍中仅有简单的记载。但是从秦所完成的营造内容来判断，将作少府在营造活动中所起的作用是不言而喻的，秦始皇对将作少府的重视也是肯定的。但将作少府的官位并不高，整个营建计划、财政开支均受少府的节制，将作少府仅仅掌握具体的施工和组织监督。

由于营造活动规模大，内容多，营造工程及管理不仅仅只局限于营造类官员，有其他官员从事营造的现象。蒙恬为战国后期秦将蒙武之子，据《汉书·百官公卿表》记载："始皇二十六年（前221年），蒙恬因家世得为秦将，攻齐，大破之，拜为内史。秦已并天下，乃使将三十万众北逐戎狄，收河南。"蒙恬以内史身份统兵出征，此外还率兵筑长城，筑巡游之道，自九原，抵甘泉，壍山烟谷，千八百里。蒙恬虽然不是营造类官员，但却从事了营造长城和筑巡游之道工程。一方面反映了营造工程的庞大，另一方面表明当时营造类官署的设置还没有完全制度化。再者，庞大的营造工程使用了大量的兵役和刑徒，作为兵将，所统部队参加营造工程成为必然。

秦代刑徒特别多，秦始皇采取的是"以刑杀为威"的统治政策，到二世时，诛罚更加严重，人民动辄犯法，以致出现"储衣塞路，囹圄成市"。这些所谓的刑徒，其实就是贫苦的农民，由于丧失了人身自由，从事各种无偿劳役，如筑城、修路、营造宫室，修阿房宫和骊山墓时，使用的刑徒多达数十万人。因此管理刑徒的狱吏自然成为管理工程的负责人，但他们在营造工程中的具体运作，史籍中没有给予更多的记载。

二　汉代

1. 汉朝的建立

秦始皇自称"始皇帝"，表达了欲传国久远乃至无穷的意愿。

但是在其统治期间，穷奢极欲，横征暴敛，给社会经济和生产带来极大灾难，之后的秦二世更是昏庸残暴，采用的刑法更苛刻，统治手法也更残酷，他继续修建未完成的阿房宫，进一步加重了百姓的徭役赋税。不可一世的秦王朝仅存在了暂短的十六年，就在陈胜、吴广领导的农民起义中覆亡了。刘邦乘时而起，于公元前206年建立了汉朝，建都长安，史称前汉或西汉。公元25年刘秀重建汉朝，建都洛阳，史称后汉或东汉。公元220年东汉亡于曹魏，历时196年。两汉共历时427年。

2. 西汉中央政府机构的构成

西汉是继秦以后建立的第二个强大封建王国，其版图东、南两面濒临渤海、黄海、东海及南海，东北延伸至辽东与朝鲜半岛的北部，北界直达阴山下，西北远抵酒泉、敦煌一带，西南遥及交趾（今越南），统治范围较秦相比扩大了许多。东汉则保持西汉之版图，没有大的变化。

刘邦称帝以后，为巩固地主阶级政权，建立了一系列制度。在官僚机构设置上，基本上沿袭秦制，但又有所更新。西汉中央政府官员分为外朝官、内朝官和宫廷官三部分。所谓外朝官包括自丞相以下至六百石官。丞相府中设百官朝会殿，皇帝有时会亲临并与丞相商议国事，或由丞相主持廷议，然后领衔上奏。内朝官也称中朝官，是与有正规官称的外朝官相对而言的官吏，由皇帝直接差遣，但并不专任行政职务。宫廷官是专门处理皇室家庭事务的官吏。事实上，在皇帝专政期间，宫廷官已经介入政治活动中，掌握了部分权力，也属于中央政府官僚机构。

西汉中央政府组织庞大，皇帝之下依次分为三公、九卿、列卿、宫官四大部分。汉代在继承秦三公九卿制度的同时，并使其有了一定的发展。

西汉三公的称谓与秦代不同，分别是丞相（又称大司徒）、太尉（又称大司马）、御史大夫（又称大司空）。汉高祖时置丞相，高祖十一年（前196年）更名为“相国”，哀帝时改称“大司徒”。《汉书·百官公卿表》中对这一职官有陈述：“相国、丞相，皆秦官。金印紫绶，掌丞天子助理万机。”可见丞相是总理庶政、辅佐皇帝、督率百官和执行政务。丞相之佐官有长吏、司直、诸曹掾属等，由丞相直接委任。掾是各曹的主官，诸曹为分曹办事之所，各置掾属，而以长史总执诸曹事。据《汉书·翟方进传》记载，丞相掾多达三百余人。太尉（大司马），武帝建元二年（前139年）省去太尉，后又置大司马，是武官之首，掌管军事以及武官的任命和黜陟。御史大夫（大司空），成帝绥和元年（前8年）改为大司空，《汉书·百官公卿表》记载：“御史大夫，秦官。位上卿，银印青绶，掌副丞相。”掌握监察百官，为丞相之佐贰。丞相位缺，往往以御史大夫继任，所以有了丞相、御史大夫为二府的俗称。

西汉的九卿基本上沿用了秦代九卿，只是九卿中有四卿的名称有所更改。

秦汉两代九卿设置对照表

秦代九卿	秦代九卿职掌	汉代九卿	汉代九卿职掌
奉常	掌祭祀礼仪	太常	管宗庙礼仪
郎中令	掌守卫宫殿门户	光禄	掌宫殿门户和守卫
卫尉	掌门卫	卫尉	掌宫门卫屯兵
太仆	掌车马	太仆	掌车驾和马政
廷尉	掌刑辟	廷尉	掌司法平狱
典客	掌少数民族之事	大鸿胪寺	掌少数民族事务及诸王列侯朝聘宴飨郊迎之礼
宗正	掌亲属	宗正	掌皇族事务
治粟内史	掌谷货	大司农	掌财政谷物
少府	掌皇帝私产	少府	掌皇室经费，是皇室的财政官

从上表看出，汉代九卿的执掌范围在原来的基础上更广了，权力也增大了。上表似乎没有设立专门从事与营造有关的机构，事实上与营造有关的机构在少府中设立。少府组织十分庞杂。颜师古说："大司农供军国之用，少府以养天子也。"汉景帝将秦官治粟内史改为大司农，掌天下经费，少府掌皇帝私奉养。"私奉养是皇帝私人的收入，其中少府掌山林、海川泽地、公田、苑囿、蔬果园的产物和商市的租税以及水衡铸钱的赢利。""大司农从百姓赋敛来的钱，一岁为四十余万万，少府从园池工商收来的税钱，一岁为十三万万。"⑤另据汉哀帝时的王嘉说，汉元帝时都内积钱四十万万，水衡积钱二十五万万，少府积钱十八万万。从中可以看出，少府收入占国家收入的三分之一。由于在制度上皇室不能用大司农的钱，少府成为皇室的财政官，掌管皇室经费。

《汉书·百官公卿表》记载："少府，秦官，掌山海池泽之税，以给共养⑥，有六丞。属官有尚书、符节、太医、太官、汤官、导官、乐府、若卢、考工室、左戈、居室、甘泉居室、左右司空、东织、西织、东园匠十六官令丞⑦，又胞人、都水、均官三长丞⑧，又上林中十池监⑨，又中书谒者、黄门、钩盾、尚方、御府、永巷、内者、宦者八官令丞⑩。诸仆射、署长、中黄门皆属焉⑪。武帝太初元年更名考工室为考工，左戈为佽飞，居室为保宫，甘泉居室为昆台，永巷为掖廷。佽飞掌弋射，有九丞两尉，太官七丞，昆台五丞，乐府三丞，掖廷八丞，宦者七丞，钩盾五丞两尉。成帝建始四年更名中书谒者令为中谒者令，初置尚书，员五人，有四丞。河平元年省东织，更名西织为织室。绥和二年，哀帝省乐府。王莽改少府曰共工。"从少府的属官来看，这是一个精细、复杂、奇特的机构，将皇室的食、住、行、器用、医疗、享乐以及公文处理等事务统统包揽下来。其中住与营造有关，居室令、丞室即为管理宫内房屋而设。凡宫内建筑、房屋维修、居住安排都属于居室令的执掌范围。汉武帝时又设置了甘泉居室令、丞，专门负责避暑离宫甘泉宫的管理。左右司空令、丞负责掌管宫殿营建所用的陶瓦。在考古发掘中能见到许多由左右司空令、丞监造的瓦片、瓦当[12]。少府以外，皇帝又在著名的手工业地区设工官。为少府做工的主要是徒和奴。

两汉少府机构的设置基本相当，但又有不同之处。在营造机构设置上尤其明显。从历代有关两汉少府设置的记载来看，西汉少府中没有设置专门负责营造的机构，东汉在少府官署尚书台中专门设置了民曹尚书，主缮修、功作、盐池、园囿之事。

现参照王超《中央历代官制史》中所列的《西汉、东汉少府机构组织系统对照表》制下表：

西汉、东汉少府机构组织系统对照表

<table>
<tr><th colspan="3">西汉少府官署</th><th colspan="3">东汉少府官署</th></tr>
<tr><th colspan="2">官署名称</th><th>职掌</th><th colspan="2">官署名称</th><th>职掌</th></tr>
<tr><td colspan="2">少府卿</td><td>掌山海池泽之税，以供皇室之用</td><td colspan="2">少府卿</td><td>掌供皇室服御诸物衣服宝货珍膳之属</td></tr>
<tr><td colspan="2">少府丞</td><td>佐卿治事</td><td colspan="2">少府丞</td><td>佐卿治事</td></tr>
<tr><td colspan="2">符节令</td><td>为符节台率，主符节事</td><td colspan="2">符节令</td><td>为符节台率，主符节事</td></tr>
<tr><td colspan="2">御师中丞</td><td>领殿中兰台，掌图书秘籍，受公卿奏事，纠举非法</td><td colspan="2">御师中丞</td><td>掌兰台，督诸州刺史，纠举百寮</td></tr>
<tr><td rowspan="3">兰台</td><td>侍御史</td><td>分令、印、供、尉马、乘五曹办事，给事殿中</td><td rowspan="3">兰台</td><td>治书侍御史</td><td>凡天下谳疑事，掌以法律当其是非</td></tr>
<tr><td>御史员</td><td>留台治百官事</td><td>侍御史</td><td>察举非法，受公卿群吏奏事</td></tr>
<tr><td></td><td></td><td>兰台令史</td><td>掌奏及印工文书，掌书劾奏</td></tr>
</table>

续表

西汉少府官署			东汉少府官署		
官署名称		职掌	官署名称		职掌
尚书台	尚书令	掌上章奏及王命出纳	尚书台	尚书令	掌凡选署及奏下尚书曹文书众事
	尚书仆射	主章奏文书，令不在，代行之		尚书仆射	署尚书事，令不在则奏下众事
	尚书丞	佐仆射治事		尚书左右丞	掌典台众纲纪，财用库藏，无所不统
	侍曹尚书	主丞相御史事		三公曹尚书	主考课、诸州事
	二千石曹尚书	主刺史二千石事		吏曹尚书	主选举、祠祀事
	户曹尚书	主吏民上书事		民曹尚书	主缮修、功作、盐池、园苑事
	客曹尚书	主外国四夷事		客曹尚书	主护驾、边疆少数民族朝贺事
	三公尚书	主断狱事		二千石曹尚书	主词讼事
				中都官曹尚书	主水、火、盗贼事
太医令		掌诸医	太医令		掌诸医，下有药丞、方丞
协律都尉		掌校正乐律			
供皇室	织室令史	主织	供皇室	中藏府令	掌宫中币帛金银诸货物
	东园匠令	作陵内器物，有十六丞		守宫令	主御用纸笔墨
	钩盾令	主苑囿，有五丞两尉		钩盾令	典诸近池苑囿游观之处，有六丞两监
	尚方令	主作禁器物，属官有尚方待治		尚方令	掌上御刀剑诸好器物，有丞
	御府令	主天子衣服		御府令	宦者，典作衣服，补浣之属
	采珠宝金玉令	主采某珠宝金玉		内者令	掌宫中布张诸亵物

续表

<table>
<tr><th colspan="3">西汉少府官署</th><th colspan="3">东汉少府官署</th></tr>
<tr><th colspan="2">官署名称</th><th>职掌</th><th colspan="2">官署名称</th><th>职掌</th></tr>
<tr><td rowspan="14">服服御诸令丞</td><td>太官令</td><td>主膳食，属官有尚食、尚席、食盐、二丞</td><td rowspan="14">服御诸令丞</td><td>太官令</td><td>掌御饮食，有左丞、甘丞、汤官丞、果丞</td></tr>
<tr><td>汤官令</td><td>主饼饵</td><td>左丞</td><td>主饮食</td></tr>
<tr><td>导官令</td><td>主择米</td><td>甘丞</td><td>主膳具</td></tr>
<tr><td>若卢令</td><td>主藏兵器</td><td>汤官丞</td><td>主酒</td></tr>
<tr><td>水衡都尉</td><td>掌上林苑，有五丞</td><td>果丞</td><td>主果</td></tr>
<tr><td>上林令</td><td>主上林，有八丞、十二尉</td><td>上林苑令</td><td>主苑中禽兽，有丞、尉各一人</td></tr>
<tr><td>均输令</td><td>有四丞</td><td>掖庭令</td><td>宦者，掌后宫贵人采女事</td></tr>
<tr><td>御羞令</td><td></td><td>永巷令</td><td>宦者，典宫卑侍使</td></tr>
<tr><td>禁圃令</td><td></td><td></td><td></td></tr>
<tr><td>辑濯令</td><td>主船</td><td></td><td></td></tr>
<tr><td>钟官令</td><td>主铸钱</td><td></td><td></td></tr>
<tr><td>技巧令</td><td></td><td></td><td></td></tr>
<tr><td>六厩令</td><td>掌天子六厩</td><td></td><td></td></tr>
<tr><td>辨铜令</td><td>主分辨铜之种类</td><td></td><td></td></tr>
<tr><td rowspan="5">黄门令丞</td><td>黄门令</td><td rowspan="5">掌侍左右，通报内外</td><td rowspan="5">黄门令丞</td><td>侍中</td><td>掌侍左右、赞导众事、顾问应对</td></tr>
<tr><td>中黄门</td><td>中常侍</td><td>宦者，掌侍左右赞导众内事</td></tr>
<tr><td>黄门驸马</td><td>黄门侍郎</td><td>掌侍左右给事中，关通中外</td></tr>
<tr><td>中谒者</td><td>小黄门</td><td>掌侍左右，受尚书事，关通中外</td></tr>
<tr><td>黄门署长</td><td>黄门令</td><td>主省中诸宦者，有丞一人</td></tr>
</table>

汉朝掌治宫室的是将作大匠。《汉书·百官公卿表》记载："将作少府，秦官，掌治宫室，有两丞、左右中候。景帝中六年更名将作大匠。属官有石库、东园主章、左右前后中校七令丞，又主章长丞[13]。武帝太初元年更名东园主章[14]为木工。成帝阳朔三年省中候及左右前后中校为五丞。"将作大匠是一个特殊的官职，由于汉代营造活动较多，其职掌就显得非常重要，从其秩禄为犀印青绶比二千石来看，地位与九卿相当，正因如此，《史记》和《汉书》称其为"列于九卿"，或"备位九卿"。

上林苑是汉武帝刘彻于建元二年（前138年）在秦代的一个旧苑址上扩建而成的宫苑，规模宏伟，宫室众多，苑内放养禽兽，以供皇帝射猎，并建离宫、观、馆数十处，司马相如还作了《上林赋》。为了管理好这一宫苑，汉武帝元鼎二年（前115年）设置了水衡都尉，具体管理苑内事务。应邵注曰：古山林之官曰衡，掌诸池苑，故称水衡。张晏曰：主都水及上林苑，故曰水衡。主诸官，故曰都，有卒徒武事，故曰尉。师古曰："衡，平也，主平其税入。"属官有上林、均输、御羞、禁圃、辑濯、钟官、技巧、六厩、辨铜九官令丞。另外衡官、水司空、都水、农仓、甘泉上林、都水七官长丞都为其属官。其中上林有八丞十二尉，均属四丞，御羞二丞，都水三丞，禁圃两尉，甘泉上林四丞。成帝建始二年（前31年）省技巧、六厩官。这其中的一些官职，如上林、御羞、衡官原本属于少府，后来属于水衡都尉。这里的御羞为地名，在蓝田，其土地肥沃，多出御物。在《三辅黄图》中，御羞谓苑名，辑濯谓船官，钟官主铸钱，辨铜则辨别铜的种类。

西汉有较大规模的官营和私营手工业，另外在全国的城市和农村中还设有小手工业和家庭手工业。为了便于管理，从中央到地方都设置了一套专门管理手工业生产、城市建设的官署和官吏。秦汉管理官营手工业的官署已经相当严密，云梦秦简的《秦律》中有《均律》、《均工》、《工人程》等法规，表明秦汉统治阶级已将手工业管理纳入法制范围。

大司农在郡国设立铁官、铜官、盐官、服官、均输官等，具体负责手工业生产和商业。一些地方郡国也拥有各种官营手工业作坊，并制定管理和监造制度。据《汉书·地理志》记载，朝廷在民间手工业特别兴盛的地区特设工官，列出如下八郡：

1. 河内郡怀县（河南武陟县西南）
2. 河南郡荥阳县（河南荥阳）
3. 颍川郡阳翟县（河南翟阳）
4. 河南郡宛县
5. 济南郡车平陵县（山东历城县东）
6. 泰山郡奉高县（山东泰安县东北）
7. 广汉郡雒县（四川广汉县）
8. 蜀都成都县（四川成都市）

但是，这些地区的工官与负责专门制作宫廷用品的工官不同，主要承担收税的重任。

3. 西汉的工官与营造活动

汉代强大的国势、繁荣的经济和进步的科学文化为建筑活动提供了良好的物质基础。因此汉代兴造的各项建筑，其规模之大、数量之多，在历代王朝中少有。城市、宫殿、坛庙、寺观、民居、园林的建造达到了较高的技术和艺术水平。《古今图书集成·考工典》对汉的宫殿营建有如下记载："高祖五年，迁都长安，始治长乐宫。高祖七年二月，长乐成，命萧何治未央宫，九年末，未央宫成。惠帝二年，起黄山宫。景帝元年，改崇芳阁为猗兰殿。武帝建元年，增广甘泉宫。建元三年，起集灵宫、兰池宫。元光三年夏五月，起龙渊宫。元鼎六年，起扶荔宫。元封二年夏四月，作长乐飞廉宫。太初元年春二月，起建章宫。太初三年，起迎年宫。太初四年秋，起光明宫及桂宫。神爵四年作凤凰殿，时又有昭灵、宣曲诸宫。成帝建始元年秋，罢上林馆希御幸者二十五所。平帝元始元年六月，罢光明宫。光武帝建武十四年起南宫前殿。明帝永平三年起北宫，八年冬十月北宫成。顺帝阳嘉元年装饰宫殿，立长秋宫。桓帝延熹二年考濯龙宫。灵帝中平二年造万金堂于西园。中平三年修玉堂殿。”以下对其中的一些营建活动进行叙述。

《史记·项羽本纪》记载：项羽率部入关时，“引兵西屠咸阳，杀秦降王子婴，烧秦宫室，火三月不灭。”秦朝的宫殿，如著名的咸阳宫、阿房宫等遭殃，但并不是全部的宫殿被付之一炬，有些宫殿未遭厄运，如离宫。汉高祖刘邦建国以后，首先对离宫兴乐宫进行扩建，并改名长乐宫，作为临时施政和王室居留之地，之后开始兴建未央宫，成为西汉正式的朝廷所在。从营造顺序来看，是先宫殿，后城垣、道路、肆市、坊里等，对于全城的建设并没有一个全盘周详的计划。

汉长安城的建造有对秦都城继承的一面，也有革新的一面。在继承秦咸阳格局的基础上，又将中国古代帝都的新格局和新设想贯彻其中。咸阳是一座地跨渭河南北的大城市，渭北的咸阳宫已化做灰烬，但是渭南尚存有兴乐宫。于是，以渭南为基础，制定了向北、向西的发展规划。在具体实施中，沿袭秦人利用地形地貌的传统，在地势高亢的城南建造宫室，在地势低平的城北建市里和作坊，形成了宫南市北的规划格局。城内按功能进行分区规划，城南为政治活动中心，城北为经济活动中心。《三辅黄图》对“汉长安故城”有这样的记载：“汉之故都，高祖七年方修。长安宫城自栎阳徙居。此城本秦离宫也，初置长安城，本狭小，至惠帝更筑之。按惠帝元年正月初城长安城，三年春发长安六百里内男女十四万六千人，三十日罢。城高三丈五尺，下阔一丈五尺。六月发徒隶二万人，常役至五年，复发十四万五千人，三十日乃罢。九月城成，高三丈五尺，下阔一丈五尺，上阔九尺，雉高三坂。周回六十五里。城南为南斗形，北为北斗形。至今人呼汉京城为斗城是也。汉旧仪曰，长安城中经纬各长三十二里十八步，地九百七十二顷，八街九陌，三宫九府，三庙，十二门，九市，十六桥。”⑮

《史记》卷九《吕后本纪》记载：“（孝惠帝）三年方筑长安城，四年就半，五年、六年城就。”《前汉书》卷二《惠帝纪》记载：“（孝惠帝）三年春，发长安六百里内男女十四万六千人城长安，三十日罢。……六月，发诸侯王、列侯徒隶二万人城长安。”“五年……春正月，复发长安六百里内男女十四万五千人城长安，三十日罢。……九月长安城成。”《史记》与《前汉书》对筑长安城的时间和人数都有详细记载，最初动用了十四万六千人进行为期一个月的营造，后又使用徒隶二万进行营建，最后动用十四万五千人突击完成营造，长安城的营造何等壮观！对于长安城建设的施工情况，《史记》索引引《汉宫阙疏》：孝惠帝“四年筑东面，五年筑北面”，虽然与上述两处史料记载在时间上有出入，但至少给我们提供了长安城的筑城工程是依次分筑，是有计划、有步骤地进行，因此可以认为长安城的营造工程是经过科学安排，集中使用了人力，缩短了运输线路，有利于工程的进展和工程的管理监督。建成后的城垣，《三辅黄图》有记载：“城高三丈五尺，下阔一丈五尺”，与长安城垣考古发掘报告大体相侔。对于城门的设置，《三辅决录》有记载：“长安城面三门，四面十二门……三涂洞辟，隐以金椎，周以林木”，与班固《西都赋》中的“披三条之广路，立十二之通门”的记载一致。

汉长安城的兴建和策划是丞相萧何和梧齐侯阳城延。在初期建设中，由梧齐侯阳成延具体负责。《汉书》卷十六《高惠高后文功臣表》记载，梧齐侯阳成延“以军将从起郏，入汉后为少府，作长乐、未央宫，筑长安城，先就，功侯，五百户。”[16]从这一历史记载来看，阳成延是以少府官职从事营造活动的。

在长安城的营造中，不仅有阳成延这样的高官，更多的是默默无闻的微官、匠人和不同的力役。汉高祖定都长安后，其父太上皇居住在长安深宫，由于思念故乡，常常凄怆不乐。于是高祖诏匠人胡宽按照“丰”的城市街里格局进行建造，并命名新丰，将“丰”的居民迁来居住，致使男女老幼各知其室，甚至连各家所放养的犬、羊、鸡都通途，认识自家门户。这是一次比较完美的城市街里仿建行为，表明中国古代建筑的发展史是各类工官、匠人、营造者共同谱写的历史。

汉初国力未复，在城市、宫殿和苑囿的建设上是依次建造的，从建造时间顺序上为长乐宫、未央宫、建章宫。到汉武帝时，国力有了极大提高，正如《汉书·食货志》所记载：“非遇水旱，则民人给家足，都鄙廪庾尽满，而府库余财。京师之钱累百巨万，贯朽而不可校。太仓之粟陈陈相因，充溢露积于外。”如此强大的实力为开始规模宏大的建设奠定了基础。

长乐宫是汉王朝建立的第一座正式宫殿，是在秦兴乐宫的基础上改扩而成的。《三辅黄图》记载：长乐宫“周回二十里，前殿东西四十九丈七尺，两杼中三十五丈，深十二丈。长乐宫有鸿台，有临华殿，有温室殿，有信宫、长秋、永寿、永宁四殿。”宫中还有神仙殿、建始殿、广阳殿、中室殿、月室殿、温室殿、大厦殿等殿堂，另外还有着室台、坛台、射台、钟室等附属建筑。根据考古资料，长乐宫东西长2900米，南北宽2400米，面积约7平方公里，占全长安城面积的六分之一。

未央宫是一座规模华丽的新宫，在长乐宫以西，由萧何所造。萧何为沛县人，二世元年（前209年）随刘邦在沛县起事，为沛吏，专督诸事。攻克咸阳后，收集秦丞相御史所藏律令图书，使刘邦具知天下厄塞、户口多少、强弱之处。劝刘邦受项羽封，经营巴蜀，以图天下。后以丞相镇抚巴蜀。汉高帝二年（前205 年），佐太子守关中，制法令，立宗庙、社稷、宫室、县邑。高祖十一年（前 196 年）封为相国。从史籍记载来看，萧何参与和领导了当时的宗庙、社稷和宫室营造等活动，因此可以说，萧何不但对刘邦战胜项羽、建立汉朝起了重要的作用，而且在汉代建筑活动中发挥了重要主导作用。

未央宫主体建筑历时二年竣工，后有多位皇帝陆续建造，大约在汉武帝时全部落成。其范围、规模、布局及华丽程度，史籍中多有记载。据《西京杂记》记载："未央宫周回二十二里九十五步五尺。街道周回七十里。"据目前未央宫考古发掘报告，未央宫东西宽约 2250 米，南北长约 2150 米，周回约 8800 米，占地面积约 5 平方公里，大约相当于长安全城面积的七分之一，其范围可谓宏阔。其规模，《三辅黄图》引《西京杂记》有记载："营未央宫……台殿四十三，其三十二在外，十一在后宫。池十三，山六。池一，山一亦在后。宫门阙凡九十五。"其布局及华丽，《三辅黄图》有记载："营未央宫因龙首山以制前殿，至孝武以木阑为棼橑，文杏为梁柱，金铺玉户，华榱璧珰，雕楹玉碣，重轩镂槛，青锁丹墀，左碱，右平，黄金为壁带，间以和氏珍玉，风至其声，玲珑然也。"《西都赋》记载："重轩三阶，闺房周通，门闼洞开，列钟虡于中庭，立金人于端闱。"《西京杂记》记载："温室以椒涂壁，被之文绣，香桂为柱，设火齐屏风，鸿羽帐规，地以罽宾氍毹"；"以画石为床，文如锦，紫琉璃帐，以紫玉为盘，如屈龙，皆用杂宝饰之"，"又以玉晶为盘，贮冰于膝前，玉晶与冰相洁。"最华丽者当属中庭，"中庭彤朱而庭上髹漆。切皆铜沓，黄金涂。白玉阶壁带。往往为黄金釭函蓝田璧，明珠翠羽饰之，自后宫未尝有焉。"未央宫中还有一些特殊的建筑：如清凉殿，"中夏含霜，夏居之则清凉也"；天禄阁"以藏秘书，处贤才也"[17]；石渠阁"藏入关所得秦之图籍"[18]；承明殿"著述之所也"；金马门，为

“宦者署，武帝得大宛马，以铜铸像立于署门，因以为名”[19]；麒麟阁，为“宣帝图画功臣像”之地[20]；织室，为“织作文绣郊庙之服”的场所[21]；凌室，为藏冰之地[22]。

未央宫建成后，汉高祖见其壮丽，甚怒，据《汉书·高帝纪》记载：高祖“谓何曰：‘天下匈匈，劳苦数岁，成败未可知，是何治宫室过度也！’何曰：天下方未定，故可因以就宫室。且夫天子以四海为家，非令壮丽无以重威，且亡令后世有以加也’。上悦。”萧何的“天子以四海为家，非令壮丽无以重威”之句是营造华丽宫室的充分理由，也可以认为是营造宫殿建筑的理念，正是这一理念促使中国宫殿建筑朝着华丽的方向发展。

太初元年（前104年），汉武帝为显示大汉的国威和富足，重新在城外修建朝宫——建章宫。《史记》卷十二《孝武本纪》记载：建章宫“度为千门万户。前殿度高未央。其东则凤阙，高二十余丈。其西则唐中，数十里虎圈。其北治大池，渐台高二十余丈，名曰泰液池。中有蓬莱、方丈、瀛州、壶梁，象海中神山龟鱼之属。其南有玉堂、璧门、大鸟之属。乃立神明台，井干楼，度五十余丈，辇道相属焉。”其中的“度高未央”表明其规模比未央宫还大。文中的泰液池是座宽广的人工湖，池中筑有三神山，这种“一池三山”的布局对后世园林有深远影响，并成为创作池山的一种模式。建章宫门的设置，《汉书》有记载：“南有玉堂，璧门三层，台高三十丈，玉堂内殿十二门，阶陛皆玉为之。铸铜凤，高五尺，饰黄金栖屋上，下有转枢，向风若翔，椽首薄以璧玉，因曰璧门。”所属宫殿则有“骀荡、馺娑、枍诣、天梁、奇宝、鼓簧等宫，又有玉堂、神明台、疏圃、鸣銮、奇华、铜柱、函德二十六殿”，气魄十分雄伟。中国社会科学院考古研究所汉长安城工作队在汉长安城建章宫区域进行了考古发掘，通过对建章宫一号建筑遗址的初步勘探，发现了史籍上记载的前殿、泰液池、神明台、双凤雀等遗址，为认识西汉皇宫的建筑布局提供了部分实物依据。

除宫殿建筑外，汉武帝之时还对离宫苑囿进行大规模修建，据《三辅黄图》记载："汉畿内千里，并京兆治之内外，宫馆一百四十五所……秦离宫二百，汉武帝往往修造之。"在这些离宫苑囿中，当属上林苑最著名。上林苑本为秦时旧苑，建元二年（前138）在旧苑址上扩建而成，规模宏伟，宫室众多，"周袤三百里。离宫七十所，皆容千乘万骑。"对于其庞大的规模多处史料都有大致相同的记载，班固《两都赋》记载："西郊则有上囿禁苑，林麓薮泽，陂池连乎蜀汉，缭以周墙，四百余里，离宫别馆，三十六所，神池灵沼，往往而在。"因苑中地域广大，山林陂泽，成为田猎之地，《汉旧仪》中有"上林苑方三百里，苑中养百兽，天子秋天涉猎取之"的记载。为标其异，群臣竞献大约三千余种名果异卉于苑中。如此庞大的离宫园囿，需要设官管理，汉武帝元鼎二年（前115年）设水衡都尉，掌都水及上林苑。

上林苑虽然规模庞大，但利用率却不高。汉武帝之后，文史资料中对于新建离宫苑囿的记载很少，相反却屡见罢御苑地以资贫民以及停修"诸宫馆"的举措。例如汉元帝初元元年（前48年）由于疾病水灾，采取"江海陂湖园池属少府者以假贫民"的行动，同时"令诸宫馆希御幸者勿修治"。汉成帝更是于建始元年（前32年）秋，诏"罢上林宫馆稀御幸者二十五所"。

这里要重点提及晁错，汉文帝时，因文才出众任太常掌故，后历任太子舍人、博士、太子家令、贤文学。景帝即位，升为内史，后迁御史大夫。他力主振兴汉室经济，同时主张将内地游民迁到边塞屯田，为汉初的经济发展和"文景之治"奠定了重要的物质基础。为抵御匈奴的侵略，曾建议在边积谷、移民、修筑城堡、加强守备等建议。《汉书》卷四十九《晁错传》有这样一段记载："选常居者，家室田作，且以备之。以便为之高城深堑，具蔺石，布渠答，复为一城其内，城间百五十步。要害之处，通川之道，调立城邑，毋下千家，为中周虎落。先献为室屋，具田器，乃募罪人及免徒复作令居之；不足，募以丁奴婢赎罪及输奴婢欲以拜爵者；不足，乃募民之欲往者。皆赐高爵，复其家。予冬夏衣，廪食，能自给而止。郡县之民得买其爵，以自增至卿。其亡夫若妻者，县官买予之。人情非有匹敌，不能久安其处。塞下之民，禄利不厚，不可之久居危难之地……臣闻古之徙远方以实广虚也，相其阴阳之和，尝其水泉之味，审其土地之宜，观其草木之饶，然后营邑立城，制里割宅，通田作之道，正阡陌之界。先为筑室，家有一堂二内，门户之闭，置器物焉，民至有所居，作有所用，此民所以轻去故乡而劝之新邑也。为置医巫，以救疾病，以修祭祀，男女有昏，生死相恤，坟墓相从，种树畜长，屋室完好，此所以使民乐其处而有长居之心也。”从边疆一城的选址、防御设置、道路规划、民居建造乃至家具陈设都有详细安排，反映了边疆建设中的整体规划思想和有序建设过程，从一个侧面反应了当时内地城市的规划和建设水平。

陵墓是建筑中的一个重要门类，历代皇帝生前享受到了人间的富贵，对最后的归宿同样重视。《荀子·礼论》说：“礼者，谨于治生死者也。生，人之始也；死，人之终也，终始俱善，人道毕矣。故君子敬始而慎终，终始如一，是君子之道，礼仪之文也。”“丧礼者，以生者饰死者也，大象其生以送其死也。故事死如生，事亡如存，始终一也。”中国是一个礼仪之邦，《左传·哀公十五年》有“事死如事生，礼也”之说，这就成为历代帝王仿宫室制度建造陵寝的理论依据。

两汉时期继承秦朝的制度，建造大规模的陵墓，尤其是西汉，陵墓建造成为其重要的建筑活动，建造的帝陵规模宏大，往往一陵役使数万人，营造数年才得以完成[23]。根据有关文献记载和汉代墓葬统计资料，两汉时期墓葬形制之多、变化之复杂，在中国历史上以罕见著称，其基本情况如下表所示：

两汉诸帝陵墓基本情况一览表

序号	时代	陵墓名称	所在位置	陵邑尺度
1	西汉	高祖长陵	渭水北，离长安城约40余里	东西1245米，南北2200米。北、西、南三面置门，守陵户五万余
2		惠帝安陵	长安北35里	东西1550米，南北445米
3		文帝霸陵	长安西南	因山为坟，不起坟
4		景帝阳陵	渭水北，离长安城约45余里	东西1150米，南北1000米，守陵户五千
5		武帝茂陵	长安西北80里	东西1500米，南北700米，守陵户六万余
6		昭帝平陵	长安西北70里	平面方形，边长约1500～2000米，守陵户三万
7		宣帝杜陵	长安东南50里	东西2100米，南北4000米
8		元帝渭陵	长安北56里	平面方形，边长约400米
9		成帝延陵	去长安62里	东西382米，南北400米
10		哀帝延陵	去长安46里	平面方形，边长420米
11		平帝康陵	长安北60里	平面方形，边长420米
1	东汉	光武帝原陵	洛阳西北，离洛阳15里	山方320步，高6丈
2		明帝显节陵	洛阳东南，离洛阳39里	山方300步，高8丈
3		章帝敬陵	洛阳东南，离洛阳39里	山方300步，高6.2尺丈
4		和帝慎陵	洛阳东南，离洛阳41里	山方380步，高10丈
5		殇帝康陵	在慎陵中庚地，（一说离洛阳48里）	山周208步，高10丈
6		安帝恭陵	洛阳西北，离洛阳15里（一说27里）	山周260步，高15丈（一说11丈）
7		顺帝宪陵	洛阳西北，离洛阳15里	山方300步，高8.4丈
8		冲帝怀陵	洛阳东南，离洛阳15里	山方183步，到4.6丈
9		质帝静陵	洛阳东，离洛阳32里（一说在洛阳东南30里）	山方136步，高5.5丈
10		恒帝宣陵	洛阳东南，离洛阳30里	山方300步，高12丈
11		灵帝文陵	洛阳西北，离洛阳20里	山方300步，高12丈
12		献帝禅陵	洛阳南310里	陵周回200步，高2丈

这些陵墓建筑都是利用自然地形，靠山而建，四周筑墙，四面开门，四角建造角楼。陵前建有甬道，甬道两侧有石人、石兽雕像，陵园内松柏苍翠、树木森森，给人肃穆、宁静之感。其目的一方面是渴望永生，另一方是对死亡的恐惧，其中还掺杂着对来生、死后灵魂生天的向往，为此，不惜动用巨大财力和人力予以建造。《汉旧仪》记载：前汉“天子即位明年，将作大匠营陵地。”《晋书·列传第三十·索靖》记载：“汉天子即位一年而为陵。”这些记载表明，皇帝一般在即位的第二年就开始为自己营造陵墓。《周礼·春官宗伯第三》记载：冢人“掌公墓之地，辨其兆域而为之图，先王之藏居中，以昭穆为左右。”其下设大夫二人、中士四人及府、史、胥、徒等人员，掌管皇室墓地，其中墓大夫“掌凡邦之地域为之图，令国民族藏而掌其令，正其位，掌其度数。”从中可以看出，陵址和陵区是经过认真选择确定的，陵墓的布局在营建前进行了认真的规划和设计，并绘制相关的设计图，按图施工，而且设专职官员进行管理。西汉设“园令”，其职责如《后汉书·百官志》所述：“掌守陵园，案行扫除。”其之下设“园丞”及“校长”，再下有“园郎”，一般为皇帝生前的近丞担任。每陵还设三十名“门吏”和四名“候”。因为众皇帝追求事死如生的生活场面，陵园中负责日常守卫、洒扫、种植、供奉等事务的军卒、宫女、杂役等人数众多，有的多达千人。

西汉之后是短暂的王莽新朝。王莽改制后，在政治制度上相应作了较大的变动。三公保持不变，其中司空“典致物图，考度以绳，主司地理，平治水土，掌名山川，众殖鸟兽，蕃茂草木”，继续掌握与营造有关的事务。其他从朝廷到地方郡县的行政机构、官职名称都进行了变更，并屡屡改换。如将大司农改为羲和（后改成纳言），大理改为作士，太常改为秩宗，大鸿胪改为典乐，少府改为共工，水衡都尉改为予虞。

王莽统治时，最大的营造活动是建九庙，分别为皇帝太初祖庙、帝虞始祖昭庙、陈胡王统祖穆庙、齐敬王世祖昭庙、济北愍王王祖穆庙、济南伯王尊禰昭庙、元城孺王尊禰穆庙、阳平顷王戚禰昭庙、新都显王戚禰穆庙。负责九庙营造的是都匠仇延，《汉书·王莽传》对这一事件予以记载：地皇元年“营长安城南，提封百顷。九月甲申，莽立载行视，亲举筑三下。司徒王寻、大司空王邑持节，及侍中常侍执法杜林等数十人将作。崔发、张邯说莽曰：‘德盛者文缛，宜崇其制度，宣视海内，且令万世之后无以复加也’。莽乃博征天下工匠诸图画，以望法度算，及吏民以义入钱谷助作者，骆驿道路。坏彻城西苑中建章、承光、包阳、大台、储元宫及平乐、当路、阳禄馆，凡十余所，取其材瓦，以起九庙……殿皆重屋。太祖祖庙东西南北各四十丈，高十七尺，余庙半之。为铜薄栌，饰以金银琱文，穷极百工之巧。带高增下，功费数百巨万，卒徒死者万数……三年正月，九庙盖构成，纳神主……因赐治庙者司徒、大司空钱各千万，侍中、中常侍以下皆封。封都匠仇延为邯淡里附城。”仇延是以营造官员的身份负责这一巨大营造活动的，从“征天下工匠诸图画，以望法度算”一句分析，九庙营造前有设计、有预算，无奈建造规模之大，使用材料之多，一时难以完成，不得不拆毁其他殿宇，采用旧材建造众多重屋大殿。各建筑“穷极百工之巧”，想必华丽无比，虽以万数卒徒的死为代价，仇延还是因此得到赏封为“邯淡里附城”，也就是都匠大匠。

4. 东汉的中央官制

东汉建立之后，鉴于西汉时期权丞当政，外戚篡权以及地方权重所造成尾大难以调动的教训，刘秀竭力加强皇权，采取了一系列政治措施，把专制主义的中央集权制度发展到了一个新阶段。首先给功臣以及列侯优厚的待遇，但不得参与政治。对于朝中诸臣，采取严厉的督责手段。《后汉书·申屠刚传》有这样的记载："时内外群官，多帝自选举，加以法理严察，职事过苦，尚书近臣，至乃捶扑牵曳于前，群臣莫敢正言。"为了进一步加强专制主义的封建皇权，刘秀对官僚机构作了比较明显的变动。据《后汉书·百官一》记载："汉之初兴，承继大乱，兵不及戢，法度草创，略依秦制，后嗣因循。至景帝，感吴楚之难，始抑损诸侯王。及至武帝，多所改作，然而奢广，民用匮乏。世祖中兴，务从节约，并官省职，费减亿计，所以补复残缺，及身未改，而四海从风，中国安乐者也。"首先不设丞相，一方面削弱三公的权力，另一方面扩大尚书台的权力，加强尚书台的职权，使尚书台成为皇帝发号施令的执行机构，将所有权力集中于皇帝一身。

东汉中央政府实行的仍然是三公九卿制，以太尉、司徒、司空为三公，九卿分别隶属于三公。《后汉书·百官志》对三公的执掌予以记载："太尉，公一人。本注曰：掌四方兵事功课，岁尽即奏其殿最而行赏罚。凡郊祭之事，掌亚献，大丧则告谥南郊。凡国有大造大疑，则与司徒、司空通而论之。国有过事，则与二公通谏争之。世祖即位，为大司马。建武二十七年，改为太尉。"设长史一人，掾史属二十四人，令史及御属二十三人。

"司徒，公一人。本注曰：掌人民事。凡教民孝悌、逊顺、谦俭、养生送死之事，则议其制，建其度。凡四方民事功课，岁尽则奏其殿最而行赏罚。凡郊祀之事，掌省牲视濯，大丧则掌奉安梓宫。凡国有大疑大事，与太尉同。世祖即位，为大司徒，建武二十七年，去'大'。"设长史一人，掾属三十一人，令史及御属三十六人。

"司空，公一人。本注曰：掌水土事。凡营城起邑，浚沟洫、修坟防之事，则议其利，建其功。凡四方水土功课，岁尽则奏其殿最而行赏罚。凡郊祀之事，掌扫除乐器，大丧则掌将校复土。凡国有大造大疑，谏争，与太尉同。世祖即位，为大司空，建武二十七年，去'大'。"设长史一人，掾属二十九人，令史及御属四十二人。

上述《后汉书·百官志》对三公的记载表明，三公只对日常职责范围内的事务独自处理，但每遇国家大事，即使是在自己的职责范围内，也不能独自处理，而是共同商议，制定合理可行的政策。这里的用词是不同的，太尉中说的是“凡国有大造大疑，则与司徒、司空通而论之”；司空用的是“凡国有大造大疑，谏争，与太尉同”。其中大造指大的营造活动。这表明，每当有较大规模的营造活动时，三公要共同决策，但是营造毕竟属于司空的职掌范围，于是，对大的营造活动，司空首先是“谏争”，然后才是与三公中的其他二公共同商议。对于司空的具体执掌，东汉的经学家、文学家马融曰：掌营造城郭，土以民居。《韩诗外传》曰：司马主天，司空主土，司徒主人……山陵崩阤，川谷不通，五谷不植，草木不茂，则责之司空，从另一个角度表明了司空更大的职掌范围。事实上，三公中，太尉有令史及御属 23 人，司徒有令史及御属 31 人，司空署吏有长史 1 人，掾属 29 人，令史及御属 42 人，以司空的令史及御属设置最多，显然是其职掌范围大、项目多、事务繁的缘故。三公中司空的称谓在东汉末期有所更改，但自西汉开始执行的每遇国家大事，与太尉、司徒共同商议的政策没有改变。

东汉沿袭西汉九卿制度，也置九卿，各卿的职掌与西汉略同，只是机构的裁并和属官的精简又与西汉略有不同，《文献通考·职官考九》记载如下：“太常、光禄勋、卫尉三卿，并太尉所部；太仆、延尉、大鸿胪三卿，并司徒所部；宗正、大司农、少府三卿并司空所部。”

从表面上看，东汉的中央职权似乎是三公九卿在行使，实际上，为了加强中央集权，刘秀在削弱三公权力的同时，又扩大了尚书台的权力，这样东汉的中央权力实际掌握在尚书台。尚书本来是为君主私人念文书的小官。西汉昭帝时（前 86 年 ~ 前 74

年），由于皇帝年幼不能处理国政，重用外戚，常加上“大司马大将军”领尚书事。据《文献通考·职官考五》记载：汉成帝建始四年（前29年）“置尚书五人，一人为仆射，四人分为四曹，通掌图书、秘记、章奏之事及封奏宣示内外”，开始设官分职，成立了一些具体机构，这是尚书台的最初萌芽。东汉的开国之君光武帝刘秀，为了推行绝对的独裁政治，进一步抬高尚书台地位，使之成为国家最高行政机关。扩大汉成帝设置的尚书四曹为尚书台，置尚书令、尚书仆射，下设尚书六人，称为六曹，分掌诸事宜。这样尚书台就从秦代少府属下主管殿中传达诏令的卑下官职，逐渐演变为朝廷中央办事机构。《文献通考·职官考五》记载：尚书“至后汉则为优重，出纳王命，敷奏万机，盖政令之所由宣，选举之所由定，罪赏之所由正，斯乃文昌天府，众务渊薮，内外所折衷，远近所禀仰。”由此可见，尚书台是实行中央集权政治的重要机构，是皇帝宫廷的办公厅，取代了中央政府。尚书台长官尚书令和尚书仆射“出纳王命，赋政四海”，职权隆重，成为事实上的宰相。刘秀又将尚书台扩大为六曹机构，设六曹尚书，虽然地位低微，但“天下枢要，在于尚书”，职权极为重大。

东汉尚书台组织系统设置一览表

<table>
<tr><th colspan="2">机构名称</th><th colspan="2">机构名称</th><th>人数</th><th>秩</th></tr>
<tr><td rowspan="8">尚书台</td><td rowspan="8">六曹</td><td colspan="2">主官——尚书令</td><td>1人</td><td>千石</td></tr>
<tr><td colspan="2">副贰——尚书仆射</td><td>1人</td><td rowspan="7">六百石</td></tr>
<tr><td>1</td><td>三公曹尚书</td><td>1人</td></tr>
<tr><td>2</td><td>吏曹尚书</td><td>1人</td></tr>
<tr><td>3</td><td>民曹尚书</td><td>1人</td></tr>
<tr><td>4</td><td>二千石曹尚书</td><td>1人</td></tr>
<tr><td>5</td><td>南主客曹尚书</td><td>1人</td></tr>
<tr><td>6</td><td>北主客曹尚书</td><td>1人</td></tr>
</table>

续表

机构名称		机构名称	人数	秩
尚书台	丞郎	左右丞	各1人	四百石
		侍郎	36人（每曹3人）	
		令史	21人（每曹3人，后增剧曹3人）	

六曹中，每曹设尚书侍郎6人，秩四百石，掌各曹文书起草；每曹设尚书令史3人，秩二百石。其中民曹与营造有关，主缮修、功作、盐池、园苑事。

后汉设将作大匠一人，秩二千石。其职掌，据《汉书·百官四》记载："掌修作宗庙、路寝、宫室、陵园土木之功，并树桐梓之类列于道侧。"有丞一人，左校令一人，右校令一人，均为六百石。左校令掌左工徒，右校令掌右工徒。胡广曰："古者列树以表道，并以为林囿。四者皆木名，治宫室并主之。"可见，将作大匠除了主管木土之外，还负责管理林木工作。

两汉时期的营造属于官营手工业的一种，许多部门，如少府、大司农、水衡都尉以及太常、宗正、中尉、将作大匠等都设有工官或兼管手工业的官署。各工官、官署分别控制一些手工业作坊，从事铁器、铜器、铸钱、兵器、玉器、漆器、染织、衣服、木器、锻打、船只以及建筑材料等制造。一些有条件的郡国县也分别设立铁官、盐官和工官。官营手工业生产由护工卒史、工官长、工官丞、掾、史、令史、佐、啬夫等直接管理。在官营手工业作坊、矿场中，有工、卒、徒、隶四种不同身份地位的劳动者。

在上述四种劳动者中，"工"是具有一定的生产技术和自由身份的工匠。官营手工业生产中的工匠多是从民间手工业者和农民中征调而来。工匠中不乏能工巧匠，有的受到统治者的赏识，被提拔为管理手工业的官吏，如武帝对“工匠阳光，以所作数可意，直至将作大匠”，升迁到九卿之职。考古发掘出土的两汉器物，多勒有制造器物工匠名。如河北满城汉墓出土的铜器上就勒有“工充国”、“工丙”等字样，“充国”、“丙”当为郡国制器工匠的名字。汉代制度规定，二十三岁至五十六岁的男子需向政府服兵役和徭役，每年为封建官府服一个月的徭役，称为“更卒”；一生中还要服两年的兵役，一年为军队中的正卒，一年为戍守边境的戍卒。充当更卒是向朝廷承担的一种义务，是一种无偿劳动，需从事各种劳役及官营手工业劳动，如修桥、筑路、运输等劳役，对此，《汉书·贡禹传》有记载：“今汉家铸钱及诸铁官皆置吏，卒（更卒）、徒（刑徒）攻山取铜铁，一岁功十万人以上。”可见更卒是官营手工业的主要劳动力。“徒”是因犯法被判徒刑的人，丧失了人身自由，从事各种无偿劳役。汉承秦制，根据犯法的轻重将徒刑区分为若干等级，并在秦法基础上作了一些修改。刑徒在服役期间被押解到工地服劳役，称为“输作”，刑徒劳役最广泛的行业为营造业和冶炼业，主要是修建宫室、建造陵墓以及冶铁、冶铜。“隶”是职位低微、因罪被罚为官奴而从事劳役的人，另外，还有一部分被称为“工巧奴”的官奴婢。

汉代建筑上承秦代，下启两晋南北朝，是中国古代建筑发展史中的重要转变时期。两汉的四百年间，先后进行过各种规模庞大、数量众多的建筑活动，大量的建筑实践通过工官以及从事营造活动部门官员的管理与监督，使建筑设计和营造也有了长足的发展，对后世建筑产生了深远影响。

注 释

① 《史记》卷六《秦始皇本纪》。

② 《四库全书》468 册，《三辅黄图》卷一，上海古籍出版社，1987 年。

③ 《四库全书》468册,《三辅黄图》卷一,上海古籍出版社,1987年。
④ 范文澜《中国通史》第二册,人民出版社,1978年。
⑤ 范文澜《中国通史》第七册,人民出版社,1978年。
⑥ 少府:应劭注曰:“少者,小也,故称少府。”
⑦ 左戈:地名。东园匠,主作陵内器物。
⑧ 胞人:主掌宰割者也。胞与庖同。
⑨ 十池监《三辅黄图》云:“上林中池籞五所,而此云十池监,未详其数。”
⑩ 钩盾:师古曰:“钩盾主近苑囿,尚方主作禁器物,御府主天子衣服也。”
⑪ 中黄门:奄人居禁中在黄门之内给事者也。
⑫ 《封泥考略》卷一,《关中秦汉陶录》卷二。
⑬ 石库:拟掌营宫室的石料。
⑭ 东园主章:掌管材料,以供应东园大匠。章,大材。左右前后中校:后汉仅存左、右校,掌左、右工徒。
⑮ 《四库全书》468卷,第6页,上海古籍出版社,1987年。
⑯ 《汉书》卷十六,《高惠高后文功臣表》。
⑰ 《三辅黄图》。
⑱ 《三辅黄图》。
⑲ 《三辅黄图》。
⑳ 《汉书·苏武传》。
㉑ 《汉书·宣帝纪及外戚传》。
㉒ 《汉书·惠帝纪及注》。
㉓ 《汉书》卷二十七,《五行志》中之上。

第四章　三国两晋南北朝时期的工官

东汉后期，随着阶级矛盾的日益尖锐和激化，统治集团内部士大夫官僚与外戚、宦官之间的斗争激烈展开，汉灵帝中平元年（184 年）爆发了黄巾起义。东汉统治阶级采取各种措施对黄巾起义进行镇压，在镇压过程中，各地大小豪强势力大增，形成了军阀割据和混战分裂的动荡局面，中原地区遭受巨大破坏。初平元年（190 年），军阀董卓烧毁洛阳，迁汉献帝于长安，随即引发了军阀大混战。经过十余年的战争兼并，曹操控制了汉献帝，力量日渐壮大。公元 204 年，曹操消灭了北方最大割据者袁绍的力量，公元 208 年又南下取得荆州，成为中原地区具有合法名义的统治者。是年冬，孙权、刘备联合击败曹军，阻止了曹操势力的南下，使孙权巩固了对江南地区的占有。公元 211 年，刘备率军入川，公元 214 年取得了益州，成为西南地区的统治者。至此，在国土上形成了三股最大的政治、军事力量。公元 220 年，曹操之子曹丕代汉称帝，建立魏国，刘备于公元 221 年称帝，建立蜀国，公元 222 年孙权称王并建立吴国，正式形成魏、蜀、吴三国鼎立的局面。历史上称公元 220 年曹丕建立魏国至公元 280 年西晋灭吴的六十一年为三国时期。

一　三国的官制

魏、蜀、吴三国中孙权的统治时间最长，自公元220年孙权称吴王到280年孙皓投降西晋，共59年。其次为曹魏，从公元220年曹丕称帝，到公元265年司马炎建立西晋，共45年。最短的是蜀汉，从公元221年刘备称帝到公元263年刘禅亡于曹魏，共43年。其间蜀国辅政的诸葛亮与吴国的孙权结盟，共同抵抗曹魏。社会经济遭到严重破坏的北方政权，亦无力消灭南方蜀、吴政权，三国鼎立局面维持了相当长的一段时间。由于战争相对减少，各国经济有了不同程度的恢复和发展，并在各自的统治区域内进行了不同程度的政治改革，各自的官制基本上是东汉的缩影。

1. 魏国的官制

曹操对东汉官制进行了改革，建立了以丞相为首的外戚台阁制，消除了中央权移宦官、外戚，地方权移州牧的弊端。《宋书·百官制》记载，建安十三年（208年）“复置丞相”，曹操以魏公兼丞相。丞相之下设东曹、西曹和法曹等，后又将西曹省去。这一设置是列曹尚书由内廷转到外曹、由少府属下转为丞相属下的开端，是中央官制的重要改革举措。曹丕称帝后，改相国为司徒，以节制相权，据《三国志·魏书·文帝纪》记载：“黄初元年十一月……改相国为司徒，御史大夫为司空，奉常为太常，郎中为光禄勋，大理为延尉，大农为大司农。郡国县邑，多所改易……”直到高贵乡公（曹髦）甘露五年（206年），才复置相国。自文帝以后，相国、丞相废置无常。

据《三国志·魏书·武帝纪》记载：“魏国置丞相以下群卿

百僚，皆如汉初诸侯王之制。”魏国仍以太尉、司徒、司空为三公，但三公实际上不参与朝政，因而没有实际职务，只是在每月初一和十五特诏入殿廷，议论得失。当时总理全国政务的机构实际上是尚书台，基本上取代了三公的事权，九卿的职权也有相当一部分转移到尚书台诸曹。曹丕称帝后，为了节制尚书台的权力，另设中书省，长官称中书监，掌管机要，起草并发布诏令，逐渐成为事实上的宰相府。自中书省设立后，尚书省就成为一个执行机构，设尚书令一人，尚书左右仆射各一人。尚书省分曹办事，下设五曹，分别为吏部曹、左民曹、客曹、五兵曹和度支曹，与营造有关的是左民曹。五曹尚书与尚书台的尚书令和左右二仆射合称“八座”。每曹设尚书一人，其中左民曹尚书掌户籍和工官之事[①]，“工官”之事即修缮功作、苑池等事务。每曹另设侍郎、郎中等，掌管各曹事务。列曹之下设二十三郎，即为殿中、吏部、驾部、金部、虞曹、比部、南主客、祠部、度支、库部、农部、水部、仪曹、三公、仓部、民曹、二千石、中兵、外兵、都兵、别兵、考工、定课。青龙二年（234 年）尚书陈矫奏置都官、骑兵二郎，合凡二十五郎。其中与营造有关的是民曹郎、考工郎。每有空缺，先进行考试，以能结文案者补充。

魏初置六卿，曹丕称帝后置九卿，即为太常、光禄、卫尉、延尉、太仆、宗正、大司农、少府、中尉。九卿中，少府变化较大，尚书台、御史台等机构完全从少府独立出来，这种设置对后世影响很大。

2. 蜀国的官制

蜀承汉制，设丞相，以诸葛亮为之。诸葛亮地位特尊，权力极大，“政事无巨细，咸决于亮”[②]，诸葛亮死后，不再设丞相。

蜀虽有三公名号，但基本上是功勋大臣的虚衔。蜀国亦备九卿。蜀国虽设尚书台，但尚书仆射不分左右，也不见尚书分曹办事的记载。尚书台置选部、民曹、三公曹、二千石曹、客曹五曹尚书，主管营造的同为民曹。尚书属下的郎中仅见吏部、选曹、左选、右选、度支等，与曹魏的二十三（后增至二十五）郎中相比，数量要少。

3. 吴国的官制

吴国设丞相，有时分置左、右丞相，有时不分置左、右丞相。三公不常设，黄武七年（228 年）置大司马，赤乌九年（246 年）分置左右司马，又置上大将军和大将军，并在吴国中枢机构中占有重要一席之地。景帝时不置司空，置左右御史大夫。据《三国会要·职官》记载，“吴初亦六卿，孙休永安二年始备九卿”，由此可见，孙吴前期并没有九卿之称。吴国的尚书台分选曹、户曹、左曹、贼曹四曹，分曹掌事。

二 三国时期的营造活动

魏、蜀、吴三股政治力量的建设活动在其形成过程中就已经开始。曹操早在公元 196 年统一北方的过程中就对许昌进行建设，公元 204 年得邺城后又逐渐将其改建成王都。公元 208 年孙权自吴迁京时即筑京城，公元 211 年建设建业，以后发展成吴国的都城。这些建设都是在三国正式形成之前进行的，并对三国时期和以后都产生了重要影响。

三国建立之前的频繁战争致使两汉四百年来建设的都城和各级郡国州县城市多遭毁坏。东汉首都洛阳毁于初平元年（190 年）三月董卓迁都之役，据《资治通鉴·汉纪五十一》记载，董卓“悉烧宫庙、官府、居家，二里百内，室屋荡尽，无复鸡犬。"[3]对于董卓这次毁洛阳、扶献帝西迁所带来的破坏，曹操在《薤露》一诗中写道："贼臣持国柄，杀主灭宇京。荡覆帝基业，宗庙以燔丧。播越西迁移，号泣而且行。瞻彼洛城郭，微子为哀伤。"曹植对当时洛阳是这样描写的："洛阳何寂寞，宫室尽烧毁。垣墙皆顿擗，荆棘上参天。"[4]建安元年（196 年）七月，汉献帝重返洛阳看到的是"宫室烧尽，百官披荆棘依墙壁间"[5]。长安城同遭厄运，毁于兴平二年（195 年）三月的李傕、郭汜之乱。《资治通鉴·汉纪五十三》记载：兴平二年汉献帝"至傕营，傕又徙御府金帛置其营，遂放火烧宫殿、官府、民居悉尽。"[6]

三国鼎立局面形成后，各国营造活动随着国内经济的恢复，也不同程度地开展起来，建立了各自的都城、宫殿以及若干城市，如曹魏建了许昌、邺和洛阳三都，孙吴建了京、武昌、建业三都，蜀改建了成都等，使这些城市从汉末以来的破坏中逐渐恢复过来。

1. 魏国的营造活动

建安元年（196 年），曹操迎汉献帝，定都许昌，建宗庙和社稷，成为汉末的临时都城。公元 230 年曹丕定都洛阳后，以许昌为五座陪都之一。魏明帝曹叡修洛阳宫殿时，曾暂居许昌宫，并建许昌宫主殿景福宫，使之成为魏国著名的壮丽宫殿之一，三国时期的韦诞曾撰有《景福殿赋》，赞美了其壮丽雄姿。

建安九年（204 年），曹操攻克邺城后，以邺为基地并逐步加以建设，使其形成政权中心地。当时曹操的官号是司空、冀州牧。《三国志·魏书·武帝纪》中说曹操"为人多机智，才力绝人，及造作宫室，善治器械，无不为之法则，皆尽其意。"可见曹操不仅有杰出的政治、军事和文学才能，在营造方面同样具有较高的造诣，古代文学作品对魏国都城和城市的描述以及曹操执政时期的营造活动均表明，曹操在建筑方面有极高的鉴赏力。

公元213年5月，曹操为魏国公，以邺为都城，并按照国都体制对邺城进行建设。《魏都赋》在描写邺都建设之初时说："爰初自臻，言占其良，谋龟谋筮，亦既允藏。修其郛郭，缮其城隍，经始之制，牢笼百王。画雍豫之居，写八都之宇，鉴茅茨于陶唐，察卑宫于夏禹。"表明曹操在营建邺城时继承了尧舜禹的宫室形制，参考了汉长安、洛阳的规划制度，并对邺城城墙、城隍进行修缮。《魏都赋》中同时有张载所作的注，详细记述了邺城的城池、宫室、官署、坊市、街道等情况，为后人提供了邺城的基本资料。20世纪80年代初，中国社会科学院考古研究所和河北省文物研究所对邺城遗址进行了发掘，并发表了发掘报告，使我们对邺城的整体轮廓有了大致的认识：邺城分南北两大部分，北部是宫殿、官署和贵族居住区，南部是民居和商业区。其中宫城在北半城的西部，魏王的行政办事机构都设在宫城的东部，对此，《魏都赋》也有描写："设官分职，营处署居，夹之以府寺，班之以里闾。"园林西侧建三座高台，分别为冰井、铜雀和金虎，对外有防御功能，对内则有观赏和检阅作用。邺城的规划将居民区和宫殿区进行了分隔，对随后曹魏洛阳和孙吴建业的规划都有影响，后代都城都对这一规划特点进行了继承和发展，使得中国古代都城呈现分明、严整、壮观的特征。邺城这种方正有序，但又不机械遵循《考工记》城市布局的做法，正是对曹操"无不为之法则，皆尽其意"才能的最佳诠释。

建安二十四年（219年）曹操留居洛阳时，就明显有了以洛阳为都之意。当时的洛阳在汉末的战争中惨遭毁坏，十分残破，尤其是南北两宫在初平元年（190年）遭董卓毁灭性破坏后，迫切需要改造。曹操开始着手修复洛阳宫殿，并在北宫的西北建造建始殿。公元220年曹操死后，其子曹丕代汉为帝，建立魏朝，定都洛阳，以建始殿为临时朝会正殿，以后陆续兴建了凌云台、嘉福殿、崇华殿，并建了芳林园以及园中的仁寿殿。《三国志·魏书·武帝纪》记载："初平……十八年秋七月，始建魏社稷宗庙……九月，作金虎台，凿渠引漳水入白沟以通河。"《三国志·魏书·文帝纪》记载："黄初元年……十二月，初营洛阳宫，戊午幸洛阳。"大约到曹丕末年（226 年），洛阳已重新建成宫阙、庙社、官署，库厩、第宅等建筑，并拥有了较为完善的道路系统，符合帝都规制。公元 227 年，曹丕死后，其子曹叡即位，是为魏明帝。魏明帝本身好治宫室，在位十三年，进行了一系列大规模的营造活动，全面兴建洛阳宫殿，先后建了太极殿、昭阳殿、崇华殿等，其中太和元年至青龙二年（227 年 ~ 234 年）以修宫殿为主，青龙三年至景初三年（235 年 ~ 239 年）以建宗庙、社稷和修整街道为主。青龙三年（235 年）"大治洛阳宫"，前朝正殿为建始殿，后寝大殿为崇华殿，之后还有秋华林园，总体呈前朝后寝及皇苑的序列。在兴建宫殿时，其他苑囿、坛庙、城池、道路的营建同时展开，役使工徒多达三四万人，甚至连王公大臣也参与建苑负土劳作。经魏明帝大规模营建后的洛阳，借鉴了邺城开创的都城规划特征，同样形成了宫室在北，官署、居里在南的格局，并影响了随后北齐邺南城和隋唐长安、洛阳的规划。

魏明帝时期的连年营造，多项工程并举，造成经济困难，民怨不断，大臣们的进谏从明帝即位之日起，就没有间断过。《资治通鉴》记载：明帝太和元年（227 年）王朗上疏谏营宫室，说"今建始之前，足用列朝会；崇华之后，足用序内宫；华林、天渊，足用展游宴。若且先成象魏，修城池，其余一切须丰年。"[⑦]司空陈群上疏曰："昔汉祖唯与项羽争天下，羽已灭，宫室烧焚，是以萧何建武库、太仓，皆是要急，然犹非其壮丽。今二虏未平，诚不宜与古同也……汉明帝欲起德阳殿，钟离意谏，即用其言，后乃复作之。殿成，谓众臣曰：‘钟离尚书在，不得成此殿也。’夫王者岂惮一臣，盖谓百姓也。今臣曾不能少凝圣听，不及意远矣。”[8]于是，明帝有所减省。延尉高柔上疏曰：“昔汉文惜十家之资，不营小台之娱。去病虑匈奴之害，不遑治第之事。况今所损者非惟百金之费，所忧者非徒北狄之患乎？可粗成见所营立，以充朝宴之仪。乞罢作者，使得就农。二方平定，复可徐兴。”[9]少府杨阜上疏曰：“尧尚茅茨而万国安其居，禹卑宫室而天下乐其业；及至殷、周，或堂崇三尺，度以九筵耳。古之圣帝明王，未有极宫室之高丽以凋弊百姓之财力者也。桀作璇室、象廊，纣为倾宫、鹿台，以丧其社稷，楚灵以筑章华而身受其祸。秦始皇作阿房而殃及其子，天下叛之，二世而灭。夫不度万民之力，以从耳目之欲，未有不亡者也。陛下当以尧、舜、禹、汤、文、武为法则，夏桀、殷纣、楚灵、秦皇为深诫。高高在上，实监后德，慎守天位，以承祖考，巍巍大业，犹恐失之。不夙夜敬止，允恭恤民，而乃自暇自逸，惟宫台是侈是饰，必有颠覆危亡之祸。……”[10]明帝感其忠言，手笔诏答。大臣们在进谏中列举营造过度则造成国家灾难的事例规劝魏明帝节制营造，从另一个侧面体现了魏国营造活动数量多、规模大，为魏国建筑史的研究提供了一定的历史参考价值。

负责魏国工程营造和监督的是尚书台中主管缮修功作、苑池等事的左民曹，另还设右校令和材官校尉，具体职掌营缮活动。据《唐六典》记载：后汉有材官校尉，魏并右校于材官署。魏晋以后之材官校尉、材官将军，其职专掌营缮，故取材木之意为名[11]。

2. 蜀国的营造活动

建安二十五年（220 年），刘备在成都即位，国号汉，史称蜀汉（221 年～263 年），并将成都定为都城。但由于经济实力所限，蜀国并没有对成都进行大规模的改造，只是按照都城的体制和实际需要开始建宫室、宗庙、社稷和官署，对此，史籍中记载的不多。左思的《蜀都赋》对成都城市格局和宫室形制的描写也不是很具体，宫内布置不详。其中有“营新宫于爽垲，拟承明而起庐”之句，其中的“承明庐”是西汉未央宫中皇帝文学侍从的办公处，这里比喻蜀宫中的办事机构。据此推测，蜀国在大城内的高地上营建了新宫，宫内设大量的办事机构。

蜀国的诸葛亮（181 年～234 年）不仅是蜀汉的政治家和军事家，而且在营造方面也有杰出才能。刘备在成都即位时，诸葛亮只有 39 岁，在成都的营造和建设中，诸葛亮的营造才能必定会有较好的体现，否则，史籍不会用“好治官府、次舍、桥梁、道路”来记述他。但是，他的营造才能被历史上广为人知的政治和军事才能光环所遮盖，加上古代人们对营造才能的不重视，对于他在官府次舍方面和桥梁道路方面的营造，史籍没有更多的记载。

3. 吴国的营造活动

吴国是孙权在其父孙坚、兄孙策开创的基业上建立的政权，共存在 81 年，是三国中存在时间最长的，先后以吴、京（镇江）、武昌、建业为基地和都城。孙权初立后，全力和谐内部，巩固政权，并没有投入太多的财力和民力进行营造。吴以京为都的时间很短，在以武昌为都的九年中，也没有进行大规模的建设，只兴筑了城池和宫城。只有建业作为吴国的国都历时最长，达 51 年之久。建业是三国时唯一新建的都城，其地理位置，正如诸葛亮在观览其山川形势后所说：“钟山龙盘，石头虎踞，此乃帝王之宅也。”而实际地理表明，此处是被东、南、北三面起伏的低山丘陵环抱的盆地，山环水绕，物产丰富，交通便捷，凭借江山之险可自固。黄龙元年（229 年），孙权迁回建业。但是从历史记载来看，孙权并没有对建业进行大规模建设，赤乌十年（247）重修太初宫时，使用的还是武昌宫的旧材瓦。公元 252 年孙权死后，其子孙才开始在建业建宗庙和新宫，使建业的规模和形制逐渐符合帝都体制。左思的《吴都赋》对建业盛况有较多描写："高闱有闶，洞门方轨。朱阙双立，弛道如砥。树以青槐，亘以绿水。玄荫眈眈，清流亹亹。列寺七里，侠栋阳路。屯应栉比，解署棊布。"另外《景定康志》引《吴纪》："天纪二年修百府，自宫门至朱雀桥，夹路作府舍。又开大道，使男女异行。夹道皆墙高筑，瓦覆，或作竹藩。"从这些描述中可知，建业有良好的中轴线对称布局，御道两侧设有大量排列整齐的官署，并种植青槐有绿化，同时设计了排水沟。

三国虽然进行了程度不同的营造活动，但是，各国毕竟处在汉末农民起义和军阀混战之后，社会经济普遍遭到巨大破坏。各自立国后，虽然对各自都城进行了不同程度的营造，但其规模远不能与汉代相比。

三　西晋和东晋时期的官制

自曹丕死后，魏国的政治越来越腐败。魏明帝在位期间，在洛阳和许昌大修宫殿，早已怨声载道。为了防止反抗，采用严刑峻法镇压人民，阶级矛盾日趋尖锐。与此同时，统治阶级内部也发生了矛盾。为了缓和中央政府与世家大族的矛盾，从世家大族的政治要求出发，便出现了"九品官人"之法，逐渐形成了"上品无寒门，下品无势族"[12]的现象，门阀士族纷纷上升到统治集团上层。当时士族官僚首领为河南温县著名士族司马懿，曹操在任用他做官时对他特别防范，曹丕以后，他的地位才逐渐上升。魏明帝景初二年（238 年），司马懿灭辽东割据者公孙渊，北部中国完全统一。高贵乡公甘露五年（260 年）司马昭杀魏帝曹髦，司马氏集团势力日益巩固。元帝景元四年（263 年）灭蜀，原定灭吴的计划由于咸熙二年（265 年）司马懿的去世而搁浅，同年其子司马炎废魏帝，建立晋朝，史称西晋，定都洛阳，经 4 帝，历时 50 年。

东晋是由西晋皇室后裔在南方建立起来的小朝廷，虽然在今天我们将其作为一个朝代写进中国的古代历史，但事实上东晋的统治范围仅限于秦岭淮河以南的土地。公元 316 年，西晋末代皇帝司马邺被俘，宣告西晋灭亡。但一些晋朝的旧臣并不甘心亡国的命运，仍在全国各地积极活动，准备恢复晋朝的统治。次年，琅玡王司马睿在南渡过江的中原士族和江南士族的拥护下，在建康称帝，国号仍为晋，司马睿是为晋元帝，史家称之为东晋。公元 346 年，东晋安西将军桓温伐蜀，次年三月克成都，统一了南方，与后赵隔秦岭淮河对峙。东晋建立的时间一般以公元 317 年司马睿称帝为始，以公元 420 年被刘裕取代为止，经 11 帝，历时 103 年而亡。

1. 西晋的官制

西晋的官制大多遵循曹魏制度，重要官员多来源司马宗室和士族阶层。西晋初年不设丞相，惠帝永康元年（300 年）改司徒为丞相，永宁元年（301 年）又罢丞相，复置司徒。其后宋、齐、梁、陈各朝司徒与丞相的废置不一。丞相以下有八公，但徒有虚名，《晋纪总论》六臣注中说："皆萧然自放，机尔无为，名称摽著，上议以正朝廷者，则蒙虚谈之名。"

西晋的朝政总领于尚书台，与中书省、门下省共同成为西晋最重要的中央机构。尚书台为处理行政事务的机构，中书省为机要之司，门下省是皇帝的近侍机构。尚书台以尚书令为首，尚书仆射为副。尚书令、仆射办公处称座，有左、右丞。其中左丞负责尚书台内部禁令及庶务，右丞负责库藏庐舍及远道文书奏章。西晋初期设有吏部、三公、客曹、驾都、屯田、度支六曹，后改为吏部、殿中、五兵、田曹、度支、左民六曹，每曹设列曹尚书，并置三十四曹郎，分别为直事、殿中、祠部、仪曹、吏部、三公、比部、金部、仓部、度支、都官、二千石、左民、右民、虞曹、屯田、起部、水部、左右主客、驾部、车部、库部、左右中兵、左右外兵、别兵、都兵、骑兵、左右士、北主客、南主客，后来又设运曹，共三十五曹郎。从组织构成上可以看出，尚书省是朝廷内外、中央地方各项政务的集会处。

中央机关的主要权力逐渐转移到中书省，中书省受到重视。《通典·职官三》记载："魏晋以来，中书监、令掌赞诏命，记会时事，典作文书，以其地在枢近，多承宠任，是以人固其位，谓之凤凰池焉。"晋朝中书监、令大多出自高门华阀，常由三公兼任。

门下省是由东汉的侍中演化而来，曹魏时已有"门下"之名，西晋正式称门下省，是皇帝的近侍顾问机构，凡涉及重要的政令和军国大事，皇帝一般都要向门下省咨询。门下省有"驳奏"之权，即尚书台奏事在呈报皇帝前，须先经门下省审阅，如有不同意见可以进行论驳，或另拟方案，与尚书台奏事同呈皇帝定夺。

西晋，尚书省机构繁密，权力扩大，国家庶政由尚书统领，机要重任由中书统领，三省各有分工，彼此制衡 是继宰相制度之后，辅政形式的一个重大变化。虽设列卿，但朝中庶政总领于尚书台，地位明显下降，职务也有所并省。与营造有关的少府、将作大将属于列卿，其中少府统辖材官校尉、中左右尚方、中黄左右藏、左校、甄官、平准、奚官等令以及左校坊、邺中黄左右藏、油官等臣。将作大匠不是一个常设职位，有事则设，无事则罢。

2. 东晋的官制

西晋在阶级矛盾和民族矛盾的激化中灭亡。建武元年（317年），晋愍帝投降，消息传到建业，司马睿称晋王，第二年称帝，史称东晋，建都建康（今南京）。东晋王朝是琅琊王氏、颍川庚氏、谯国恒氏、陈郡谢氏四大族势力平衡下的产物，是西晋门阀士族统治者的继续和发展。当时除了士族地主和庶族地主的矛盾外，在士族地主内部也有南北之分，南方士族比北方士族要低一等，只能做较低的官吏，没有资格做诸如仆射一类的高级官员，因此南、北士族地主之间的矛盾一直很激烈，且终东晋之朝。在北方士族中又有渡江早晚之分，从而导致渡江早晚者之间的矛盾。门阀政治发展的结果使东晋形成了几家北方士族轮流执政的局面，皇帝实际上没有多大权力，正如《晋书·姚兴载记》所记载的："晋主虽有南面之尊，无总御之实，宰辅执政，政出多门，权去公家，遂成习俗。刑网峻急，风俗奢宕。"这又造成士族当权派和皇权之间的尖锐矛盾，诸多因素造成东晋政治的不稳定。

东晋承汉魏，以司空列于三公，设左民尚书，庐舍器用归右丞。东晋的尚书台设吏部、祠部、五兵、左民、度支五曹。东晋省西晋三十四曹郎中的直事、右民、屯田、车部、别兵、都兵、骑兵、左右士、运曹等十曹郎，保留二十五郎。晋康帝以后，精简为十八曹，最后又减为十五曹。

东晋中央机构中，与营造有关的是将作大将和少府，据《唐六典》记载：晋将作大将，置功曹主薄五官等员掌土木之役，过江后不常置。少府掌王室财政，《晋书》卷二《职官·少府》记载其执掌为："统材官校尉、中左右三尚方、中黄左右藏、左校、甄官、平准、奚官等令。"少府属官有左校无右校，将右校之职并于左校。又设材官校尉为将军，后罢左校令，设甄官署掌砖瓦之任。从工官的设置来看，晋国的营造活动不多。

四　西晋和东晋时期的营造活动

1. 西晋的营造活动

西晋以洛阳为都城，经过曹魏大规模的改造和建设，基本上具备了都城的规模，西晋对洛阳都城的营造活动没有投入太多的财力和人力。不过，洛阳东宫的营造始于西晋。据《晋书·赵王伦传》记载，伦杀贾后掌握政权，"起东宫三门，四角华橹，断宫东西道为外徼"，可见东宫不仅规模大，而且还设了防护，使之成为相国府。另从史籍记载来看，西晋较大规模的营造活动是宣帝庙、太庙以及更营新庙等营造，均由"以工巧见知"的陈勰领导。陈勰，西晋太康间（280 年 ~ 289 年）都水使者，据《晋书·五行志》记载："太康五年五月，宣帝庙地陷，梁折。八年正月，太庙殿又陷，改作庙筑基及泉。其年九月，遂更营新庙，远致名材，杂以铜柱。陈勰为匠，作者六万人。至十年四月乃成，十一月庚寅，梁又折……明年帝崩，王室遂乱。"这段记载体现了西晋宣帝庙、太庙地基方面存在着缺陷，在修复残损时，陈勰在材料上进行了更新，但无奈因力学结构方面的计算不周，在建成后仅半年的时间内，又遭梁折的命运。

西晋仍以洛阳宫北的华林园为内苑。华林苑最初由魏文帝和魏明帝两帝营建，晋武帝又予以扩建。《建康实录》卷十二《宋文帝》元嘉二十三年华林园条自注云：华林苑"吴时旧宫苑也。晋孝武帝更筑，立宫室。元嘉二十二年重修，广之。又筑景阳、武壮诸山，凿池名天渊，造景阳楼以通天观，至孝武大明中，紫云出景阳楼，因改为景云楼。又造琴堂，……又造灵曜前后殿，又芳香堂、日观台。元嘉中，筑蔬圃又筑景阳东岭，又造光华殿、设射堋。又立凤光殿、醴泉堂、花萼池。又造一柱台、层城观、兴光殿。”之后的宋、齐、梁、陈在此基础上又有构造，使这一名园尽显古今之妙。

2. 东晋的营造活动

东晋在历史上存在的时间较西晋长一倍，其营造活动与西晋相比，要活跃。东晋都城建康是三国时吴的都城建业，因避晋愍帝司马邺的名讳，改建业为建康。建康的营建与东晋王朝相始终，经过百余年的建设，基本形成了都城的规模。东晋在立国之初，由于经济能力所限，只对建康旧有的城市和宫殿进行简单维修。成帝咸和五年（330 年），在名相王导主持下开始新宫营造活动，可见对新宫营造的重视和营造规模的宏阔。

孝武帝太元三年（378 年），因宫室有朽败，在名相谢安的主持下，以毛安之为大匠，重修宫殿。谢安在太元元年（376 年），进中书监、骠骑将军、录尚书事。肥水之役，以总统之功进位太保，都监十五州军事。毛安之，荥阳阳武（今河南原阳）人，有武干，累迁抚军参军、魏郡太守。据《晋书·孝武帝》记载，咸安二年（372 年），“妖贼卢悚晨入殿庭，游击将军毛安之等讨擒之。”通过平定卢悚之乱，迁右卫将军，后领将作大匠。当时，简陋的宫室多已朽坏，谢安提议重建。据《晋纪》记载：“孝武宁康二年，尚书令王彪之等改作新宫。太元三年二月内外军六千人始营筑，至七月而成。太极殿高八丈，长二十七丈。”《建康实录》卷九又记载：谢安与毛安之“皆仰模玄像，体合辰极，并新制省阁堂宇名署。……又起朱雀门、重楼，皆绣栭藻井，门开三道，上重名朱雀观，观下门上有铜雀，悬楣上刻木为龙虎，左右对”，日役“内外军六千人”，共建宫室三千五百间，历时五个月完工。由于营造功绩，谢安赐爵关内侯，毛安之赐爵关中侯。因营造有功得迁升的还有王廙，赐爵关内侯，迁尚书右仆射。

从官职来看，谢安和毛安之都非专业工官，但却决定了新宫的规划和建筑。古代宫室重体制、礼仪，并非随意建造，应是深通典章制度和礼仪的文官与工官参议，所以在改筑新宫的营造活动中还是有诸如大匠王廙等文官和工官的参与与领导，但这些文官和工官却已不可考了，只留下率兵建宫的军官名字。

五　南北朝时期的官制

公元5世纪初至6世纪末，鲜卑族以拓跋部为核心，在中国北部建立魏国，后分裂为北齐、北周，与中国南部汉族建立的宋、齐、梁、陈南北对峙，史称这一时期为南北朝时期。南朝的宋（420年~479年）、齐（479年~502年）、梁（502年~557年）、陈（557年~589年）总计169年。四朝更替虽然频繁，但从形式上看，各自的官制基本上沿用魏晋制度，所以《隋书·百官制序》中说：“魏、晋继及，大抵略同，爰及宋、齐，亦无改作。梁武受终，多循齐旧。然而定诸卿之位，各配四时，置戎秩之官，百有余号。陈氏继梁，不失旧物。”

1. 南朝的官制

（1）刘宋的官制

刘宋设官与晋大致相同，但从官员实际权力的运作来看，又有明显的变化，以下为刘宋中央官制简表：

刘宋中央官制简表

部门	官名	品级	执掌
三公	太宰、太傅、太保	第一品	
三司	太尉、司徒、司空	第一品	太尉掌武事，司徒掌民事，司空掌水土之事
二大	大司马、大将军	第一品	大司马掌武事，大将军掌征伐
相府	相国、丞相	第一品	相国不常设，往往以权臣任之。丞相也不常设
特进	特进	第二品	
尚书省	尚书令（1人）	第三品	
	尚书仆射（2人）	第三品	仆射分左右，分领诸曹
	尚书（5至6人）	第三品	
	左右丞（各1人）	第六品	
	尚书郎		
中书省	中书监、令（各1人）	第三品	
	中书侍郎（4人）	第四品	
	通事舍人（4人）		
门下省	侍中（4人）	第三品	
	散骑常侍（4人）	第三品	

刘宋官制中变化最大的是中书省，自刘宋以来，实权逐渐转移到中书舍人。由于南朝建国的几任皇帝都是寒门出身的武将，无法指挥士族出身的尊官，不得不使用寒门出身、地位较低的中书舍人。所以宋、齐、梁、陈四朝的中书舍人号为“恩幸”，拥有很高的权威。清代学者赵翼概括南朝官制的特点是“寒人掌机要”⑬。这一特点反映了当时社会士族衰落、寒族崛起的趋势。

刘宋仍以司空掌营造活动，据《宋书·百官志》记载：司空一人，掌水土事。祠祀掌扫除乐器，大丧掌将校复土。另置材官将军一人，司马一人，主工匠土木之事。将作大将一人，丞一人，有事则置，无事则省。另据《通志》记载，晋宋以来有起部尚书，不常置，每营宗庙宫室则权置之，事毕则省，以其事分属都官左民尚书，起部郎隶于度支尚书。

（2）萧齐的官制

萧齐官制与刘宋大致相同，正如《南齐书·百官制》所说："齐受宋禅，事遵常典，既有司存，无所偏废。"只是设官比刘宋更加繁密。中枢机构设尚书台，设尚书令一人，总领尚书台二十曹。左仆射领殿中、主客二曹；吏部尚书领吏部、删定、三公、比部四曹；度支尚书领度支、金部、仓部、起部四曹；左民尚书领左民、驾部二曹；都官尚书领都官、水部、库部、功论四曹；五兵尚书领中兵、外兵二曹；祠部尚书领祠部、仪曹二曹。主土木的是将作大将和起部尚书，据《南齐书·百官制》记载：将作大将一人，不常置，掌宗庙土木。材官将军一人，司马一人，属起部。起部尚书，兴立宫庙权置，事毕省。

萧齐中央官制简表

部门	官名	品级	执掌
尚书省尚书台	录尚书事		特命，不常置
	尚书令（1人）	第三品	尚书令总令尚书台二十曹。无令时，则以左仆射为台主
	左右仆射（各2人）		
	吏部尚书（1人）		领吏部、删定、三公、比部四曹
	度支尚书（1人）		领度支、金部、仓部、起部四曹
	左民尚书（1人）		领左民、驾部二曹
	都官尚书（1人）		领都官、水部、库部、功论四曹
	五兵尚书（1人）		领中兵、外兵二曹
	祠部尚书		祠部与右仆射通职，领殿中、主客二曹，不俱置
	起部尚书		兴建宫庙时设，事毕省去
	左右丞（各2人）		
	郎中	第六品	各曹均设郎中

（此表引自陈茂同《中国历代职官沿革史》，百花文艺出版社）

（3）萧梁的官制

梁武帝在位四十八年，采用各种方法维护其统治。其残暴统治得到士族、亲属和僧徒的共同拥护，维持了境内将近半个世纪的表面平静。梁最初实行九品制，大体上如宋、齐。《隋书·百官制上》记载："梁武帝受命之初，官班多受宋、齐之旧，有丞相、太宰、太傅、太保、大将军、大司马、太尉、司徒、司马、司空、开府仪同三司等官。"梁代职官的品级与秩禄并行，梁武帝于天监七年（508 年）定百官九品为十八班，同班者以班多者为贵，以居下为劣。

萧梁的中枢机构有尚书省、门下省、集书省、中书省、秘书省、御史台、诸卿和国学等，

以下为萧梁中央官制简表：

萧梁中央官制简表

部门	官名	品级
尚书省	尚书令（1 人）	十六班
	左右仆射（各 1 人）	十五班
	六部尚书（左右臣各 1 人）	十四班至十三班
	左右丞（各 1 人）	九班至八班
	郎（23 人）	
门下省	侍中（4 人）	十二班
集书省	散骑常侍（4 人）	十二班
	通直散骑常侍（4 人）	十一班
中书省	中书监（1 人）	十五班
	中书令（1 人）	十三班
秘书省	秘书监（1 人）	十一班
	秘书丞（1 人）	八班

续表

<table>
<tr><th colspan="2">部门</th><th>官名</th><th>品级</th></tr>
<tr><td colspan="2" rowspan="5">御史台</td><td>御史大夫（1人）</td><td>十一班</td></tr>
<tr><td>治书侍御史（2人）</td><td></td></tr>
<tr><td>侍御史（9）</td><td></td></tr>
<tr><td>殿中御史（9人）</td><td></td></tr>
<tr><td>符节令史员</td><td></td></tr>
<tr><td rowspan="3">春卿</td><td>太常</td><td>卿</td><td rowspan="12">十四班至九班</td></tr>
<tr><td>宗正</td><td>卿</td></tr>
<tr><td>司农</td><td>卿</td></tr>
<tr><td rowspan="3">夏卿</td><td>太府</td><td>卿</td></tr>
<tr><td>少府</td><td>卿</td></tr>
<tr><td>太仆</td><td>卿</td></tr>
<tr><td rowspan="3">秋卿</td><td>卫尉</td><td>卿</td></tr>
<tr><td>延蔚</td><td>卿</td></tr>
<tr><td>大匠</td><td>卿</td></tr>
<tr><td rowspan="3">冬卿</td><td>光禄</td><td>卿</td></tr>
<tr><td>鸿胪</td><td>卿</td></tr>
<tr><td>太舟</td><td>卿</td></tr>
<tr><td colspan="2" rowspan="5">国学</td><td>祭酒（1人）</td><td></td></tr>
<tr><td>博士（1人）</td><td></td></tr>
<tr><td>助教（10人）</td><td></td></tr>
<tr><td>太学博士（8人）</td><td></td></tr>
<tr><td>五经博士（各1人）</td><td></td></tr>
</table>

在上述中央机构中，尚书省设吏部、祠部、度支、左户、都官、五官六尚书各一人，左右臣各一人。又有吏部、删定、三公、比部、祠部、仪曹、虞曹、主客、度支、殿中、金部、仓部、左户、驾部、起部、屯田、都官、水部、库部、功论、中

兵、外兵、骑兵等郎二十三人，令史一百二十人，书令史一百三十人。与营造有关的是起部，每当有大的营建活动时则置起部尚书，起部诸曹事分属都官、左户。又设掌土木的大匠卿，掌土木工程，统领左右校诸署。

萧梁的诸卿按照春、夏、秋、冬划分，其中春卿为太常卿、宗正卿、司农卿；夏卿为太府卿、少府卿、太仆卿；秋卿为卫尉卿、延尉卿、大匠卿；冬卿为光禄卿、鸿胪卿、太舟卿，共十二卿。

（4）南陈的官制

陈霸先在梁末大乱中起兵，于梁景帝太平二年（557 年）灭梁称帝，建立了陈朝。陈朝历史短暂，共计 35 年。在官制上承袭梁朝，变动很小。国家政务归中书省，分掌二十一局事，相当于尚书诸曹，总理国内机要。南朝职官有清、浊之分，所谓清官是指职务清要的官位，浊官则指武官或职位繁杂的官位。负责营造工程的是大匠及材官将军。陈朝虽然历史短暂，但却营造了东晋以来少有的奢华建筑，尤其是陈后主大造宫室，尤以临泰、结绮、望仙阁最为壮丽。三阁高均为十丈，采用香木建造，并装饰大号金玉珠宝，奢侈至极。

2. 北朝的官制

自西晋八王之乱（291 年～306 年）之后，中国北方出现了大小不等的二十多个区域性政权，史称“五胡十六国”。北朝包括北魏（386 年～534 年）、西魏（534 年～550 年）、东魏（535 年～556 年）、北齐（550 年～577 年）、北周（557 年～581 年），总计 195 年。这一时期的官制基本上有两种类型：一种是汉人或受汉族文化影响较深的少数民族建立的政权，大多模仿西晋官制；另一种是内迁较晚、保留本民族特点的少数民族建立的政权，实行“胡汉分治”的体制，即以“胡官”管理本族，以类似西晋的官职管理新开拓的疆域，两套官制杂糅并存。直到北朝，北方官制才趋于统一。

（1）北魏的官制

北魏官制大体上可以分为以下三个阶段：

第一阶段为道武帝称帝前后。道武帝建立起由鲜卑人和汉人组成的大国以后，迫切寻求稳定其统治的措施，任用大批汉官为魏国制定各种制度。北魏初年，朝仪典章尚不完备，设官分职多沿袭晋代旧制。《魏书·官氏志》对其官制进行了概括："魏氏世君玄朔，远统（阙）臣，掌事立司，各有号秩。及交好南夏，颇亦改创……余官杂号，多同于晋朝。"但是，北魏统治者由于既统治鲜卑族，又统治占领地区的汉族和其他少数民族，所以官分南北两部，并置两部大人以统摄。对此《魏书·官氏志》予以记载："太祖登国元年，因而不改，南北犹置大人，对治二部。是年置都统长，又置幢将及外朝大人官。其都统长，领殿内之兵，直王官。幢将员六人，主三郎、卫士直宿禁中者。自侍中已下，中散已上，皆统之外朝大人，无常员。主受诏命外使，出入禁中，国有大丧大礼，皆与参加，随所典焉。"道武帝皇始元年（396 年）始建曹省，备置百官，封拜五等。道武帝用汉族人士，建立了尚书、中书、门下三省之类的官署，但不常设，徒有虚名，真正占主导地位的是鲜卑官制。北魏初设八部大人，《魏书·官氏志》记载："天兴元年十二月，置八部大夫、散骑常侍、待诏等官。其八部大夫于皇城四方四维面置一人，以拟八座，谓之八国。"天兴二年（399 年）又设尚书三十六曹及诸外署，共三百六十曹，每曹令大夫主之，大夫各有属官。这种制度时有改易，但三十六曹的设置比较固定。

第二个阶段为太武帝时期，实行的是胡汉双轨运行的管理机制。

第三个阶段为孝文帝时期，期间由于孝文帝励精图治，主张汉化，对官制进行了较大的变革。其中官秩变化较大，对后世影响较大。官分九品，每品各设正、从，四品以下，每品正、从再分上、下，凡三十阶。《魏书·官氏志》中说：“前世职次皆无正从品，魏氏始置之，亦一代之别制也。”孝文帝太和二十三年（499 年）又将每品分上、下阶，《通典·职官一》载：“后魏置九品，品各置从，凡十八品，自四品以下，每品分上、下阶，凡三十阶。”其官制全部仿南朝，直到北魏亡，也没有变动，南北文化因此得到融合。

北魏中央官制简表

<table>
<tr><th>名称</th><th colspan="2">具体官职</th><th>品级</th></tr>
<tr><td rowspan="3">三师</td><td colspan="2">太师</td><td rowspan="3">位高不列品</td></tr>
<tr><td colspan="2">太傅</td></tr>
<tr><td colspan="2">太保</td></tr>
<tr><td rowspan="2">二大</td><td colspan="2">大司马</td><td rowspan="2">第一品</td></tr>
<tr><td colspan="2">大将军</td></tr>
<tr><td rowspan="3">三公</td><td colspan="2">太尉</td><td rowspan="3">第一品</td></tr>
<tr><td colspan="2">司徒</td></tr>
<tr><td colspan="2">司空</td></tr>
<tr><td rowspan="9">尚书省</td><td colspan="2">尚书令</td><td rowspan="2">从二品</td></tr>
<tr><td colspan="2">尚书左右仆射</td></tr>
<tr><td rowspan="5">尚书</td><td>殿中</td><td rowspan="5">第三品</td></tr>
<tr><td>乐部</td></tr>
<tr><td>驾部</td></tr>
<tr><td>南部</td></tr>
<tr><td>北部</td></tr>
<tr><td colspan="2">尚书左右丞</td><td>从四品</td></tr>
<tr><td colspan="2">尚书郎中</td><td>第六品</td></tr>
</table>

续表

名称	具体官职	品级
中书省	中书监	从二品
	中书令	第三品
	中书侍郎	第四品
	中书舍人	第六品
门下省	侍中	第三品

东魏官制与北魏相同，变化很小。

（2）北齐的官制

北齐官制，据《隋书·百官制》记载：“后齐（北齐）制官，多循后魏（北魏）。”

北齐中央官制简表

名称	具体官职	职掌
三师	太师	位拟上公，非勋德崇者不居
	太傅	
	太保	
二大	大司马	典司武事
	大将军	
三公	太尉	
	司徒	
	司空	
尚书省	置录尚书、尚书令以及左右仆射，下置吏部、殿中、祠部、五兵、都官、度支六尚书	掌吏部、考功、主爵、殿中、仪曹、三公、祠部、主客、左右中兵、左右外兵、都官、二千石、度支、左右户17曹，又主管辖台中事。有违失者，兼纠骏之
门下省	置侍中、给事黄门侍郎、录事、通事令史、主事令史	掌献纳谏及司进御之职

续表

名称	具体官职	职掌
中书省	置监、令、侍郎	管司王言及司宫殿乐队等
秘书省	置监、丞、郎中、校书郎	典司经籍
集书省	置散骑常侍、通直散骑常侍、谏议大夫、散骑侍郎、员外散骑侍郎、通直散骑侍郎、给事中等	掌讽议左右，从容献纳
中侍中省	置中事中、中常事中、给事中等	掌出入门阁

北齐官制中最突出的是列卿各机构正式改名为寺，使得秦汉以来列卿官署所在地正式成为部分国家机构的名称。共有十二寺，分别为太常寺、光禄寺、卫尉寺、太仆寺、大理寺、鸿胪寺、司农寺、太府寺、国子寺、长秋寺、将作寺、昭玄寺。与营造有关的是将作寺，掌诸营建。其长官称大匠，一人，丞四人，亦有功曹、主簿、录事员。若有营作，则立将、副将、长吏、司马、主簿、录事等各一人。又领军主副、幢主副等。

（3）北周的官制

北周官制刻意仿古，效《周礼》六官之制。《周书·文帝纪下》记载："（西魏）恭帝三年春正月丁丑，初行《周礼》，建六官……初，太祖（宇文泰）以汉魏官繁，思革前弊。大统中，乃命苏绰、卢辩依周制改创其事，寻亦置六卿官，然为撰次未成，众务犹归台阁。至是始毕，乃命行之。"《周书·卢辩传》也予以记载：太祖欲行周官，命苏绰专掌其事，未几而绰卒，乃令辨成之，于是依《周礼》建六宫，置工卿、大夫、士，冬官府领司空等众事，魏恭帝三年（556 年）始命行之。六官制度一直保持至隋文帝杨坚称帝并恢复汉魏官制时才结束。到北周后期，尽管表面上中央政府的组织形式实行的是六朝官制，但实际上却沿袭了魏晋以来形成的三省制度。

北周官制比较完备，有三公（太师、太傅、太保）、三孤（少师、少傅、少保）、六卿及其属官上中下大夫、上中下士。官阶不称“品”，而称“命”，仿九品而定九命之制，一命之下，九命最尊，每命再分为二。

《文献通考·职官考六》记载，北周有大司空卿，掌五材九范之法，其属工部中大夫二人承司空之事，掌百工之籍而理其禁令；有匠师中大夫，掌城郭宫室之制。又有司木中大夫，掌工之政令。后周的冬官之属最为繁冗。《通典》二十一《秩品四》是记载官品的，但是却反映了冬官工种设置情况。大司空正七命，小司空等上大夫正六命。冬官工部匠师司木、司土、司金、司水等中大夫正五命。地官虞部下大夫、冬官小匠师、小司木、小司土、小司金、小司水、司玉、司皮、司色、司织、司卉等下大夫正四命，地官小虞部上士，冬官工部小匠师、内匠、外匠、掌材，小司木、小司土、小司金、鍛工、函工、小司水、典壅、小司玉、小司皮、小司色、小司织、小司卉等上士正三命。冬官工部内匠、外匠、司量、司准、司度、掌材、车工、角工、彝工、器工、弓工、箭工、卢工、复工、陶工、涂工、典丱、冶工、铸工、鍛工、函工、雕工、典壅、掌津、舟工、典鱼、典匏、瑻工、磬工、石工、裘工、履工、鞄工、韦工、毳工、胶工、缋工、漆工、油工、弁工、织丝、织彩、织枲、织组、竹工、罟工、籍工、纸工等中士正二命，工种可谓分类细致。

（4）北朝工官设置的变迁

按《通典》记载，后魏左民尚书有屯田郎、虞曹，掌地图、山川、远近、园囿、田猎、杂木等事。又有大匠卿，置丞二人。

《魏书·官氏志》记载：太和二年（478 年），复次尚书、将作等以下职令。太和中，高祖诏群僚议定百官，著于令，列曹尚书，第二品中，将作大匠，从第二品下。太和十五年（491 年）置司空虞朝官，二十三年（499 年）高祖复次职令，及帝崩，世宗初班行之，以为永制。将作大匠从第三品。

《魏书 · 李灵传》中有官尚书度支郎迁魏营构将，《魏书 · 韦阆传》中有天水姜昭为营构都将，《魏书 · 李彪传》中有李志为永宁寺典作副将等记载，这些营构将、营构都将、典作副将等官职与营造相关，但是具体从事营造的工官却不见于史志记载。

西魏时，执政的宇文泰曾下令采用《周礼》所载的官制对西魏官制进行改制，恭帝三年（556 年）正式实行。中央政务按《周礼》“六官”进行设置。所谓六官是指天官、地官、春官、夏官、秋官、冬官。各置一府，长官称卿，合为六卿。六卿主持中央政务，其中冬官府统工部、匠师、司木、司土、司金、司水、司玉、司皮、司色、司织、司卉等。冬官府长官为大司空卿，分设上大夫、中大夫、大夫、上士、中士、下士。

3. 南北朝时期的工官与营造活动

中国历史在进入南北朝以后，南北双方各统一于一个政权，之间的战争不如以前频繁，局势相对稳定，尤其是南方的经济和文化有了巨大的进步，为营造活动奠定了基础。

北魏是少数民族鲜卑族建立的政权，在汉地立国后，极力吸收汉族文化政策，尤其是孝文帝厉行的汉化政策对当时各个领域产生了相当大的影响。在城市和建筑方面，汉化政策也有很好的体现，如在城市营建中采用汉族的城市规划，在单体建筑中采用汉族的建筑结构体系以及外观形式等，洛阳是最好的实例。在保持洛阳汉、魏、西晋时期形成的基本框架基础上，改建城内宫室，拓建外部，使其形成一座规模完整、呈方格网状布局的都城。

除城市、宫殿、住宅、城市、园林等建筑以外，受统治阶级的推崇，佛教建筑和道教建筑类型有了较大发展，寺、塔建筑遍及全国，在继承秦、汉建筑成就的基础上，吸收了印度犍陀罗和西域佛教艺术因素，成为汉唐建筑之间的一个重要过渡，为中国古代建筑的第二个发展高峰——隋唐建筑的发展打下了基础。

南北朝时期的营造活动由尚书起部和将作监两套系统进行管理，从南北朝时期建筑业的成就来看，一批精通专业的工官和杰出的匠师参与了营造活动的设计、建造以及工程的管理和监督，但史籍中所记载的都是主持营造工程的贵官，而且南北两朝多以军工从事营造，工匠也取军队编制，由军官统帅，所以一批军官以建筑功绩载于史册，而真正从事营造的专职官吏见于记载的寥寥无几，更不用说工匠了，这表明南北朝时期工匠的地位还十分低下。

公元386年，拓跋部首领拓跋珪称代王，居盛乐，定国号为魏。《魏书·帝纪第一·序记》记载：穆皇帝“六年，城盛乐以为北都，修故平城以为南都。帝登平城西山，观望地势，乃更南百里，于灅水之阳黄瓜堆筑新平城。”天兴元年（398年）秋七月，迁都平城，始营宫室，建宗庙，立社稷。平城是北魏的第一个都城，是在西汉平城的基础上拓建的，作为北魏都城，经历了六代皇帝，沿用了近一百年。平城建设分为三个阶段。第一阶段为道武帝至明元帝时期（386年~416年）。道武帝时期（386年~409年），集中力量于平城建宫苑、坛庙，西宫、东宫相继建成。第二阶段为太武帝至献文帝时期（427年~467年）。太武帝在击灭北方各国期间，先后掠夺大量财富和人口，其中相当一部分人被强行迁徙到平城或其近畿。太平真君六年（446年），征盖吴，“徙长安工巧二千家于京师”，这种大规模的迁徙将中原建筑文化与技术带到了北方，对平城营造起了积极推进作用。《南齐书》卷五十七《列传·魏虏传》对太武帝时期平城的建设和设置有详尽描写。第三阶段为孝文帝迁都洛阳之前（471年~493年）。三个时期的建设重点各有不同，第一、二时期为增拓时期，第三时期为改造时期。据《魏书》卷二十三《列传·莫合传》附莫题传记载："后太祖（道武帝）欲广宫室，规度平城四方数十里，将模邺、雒、长安之制，运材数百万根。"表明平城营建规模庞大，有初步规划，借鉴了长安都城的特点。平城全城为方形，分为内城与外城两重城墙，内城平面为正方形，东、南、西、北城墙分别设两个城门，南城墙中华门之后设朝堂，朝堂之后是并列的太极殿和太和殿，太极殿两侧分别是东、西堂，太和殿东侧为紫寺，城外还有许多建筑、寺院，杨守敬《水经注图》中有具体平面布置描述。另据《魏书·太祖纪》记载：天赐三年（406 年），"规立外城，方二十里，分置市里，经涂洞达……"，表明平城外城为一个封闭的市里，内有方格网的道路系统，有穿城的横街。这一规划直至泰常六年（421 年）才得以完成。泰长八年（423 年）又在平城以北筑长城，"起自赤城，西至五原，延袤二千余里，备置戍卫。"太平真君七年（446 年），"发司、幽、定、冀四州十万人筑畿上塞围，起上谷，西至于河，广袤皆千里"，平城的防卫体系形成。

平城中的许多重要建筑，如方山诸建筑、文明太后陵园和立祇洹舍等，都是出自北魏宫室营建的重要主持人之一王遇之手。王遇，字庆时，羌族人，后改氏钳耳，所以《水经注》中称他为钳耳庆时。曾因罪受宫刑而为阉人，后逐渐显贵，官至将军、尚书，封宕昌公。孝文帝、宣武帝时多次主持大型工程，史称他"世宗初，兼将作大匠"。《魏书》卷九十四《列传》第八十二记载王遇"性巧，强于部分。北都方山灵泉道俗居宇及文明太后陵、庙，洛京东郊马射坛殿，修广文昭太后墓园，太极殿及东西堂、内外诸门制度，皆遇监作。"[14]据《魏书·冯太后传》记载："文成文明皇后，长乐信都人也。……年十四，高宗践极，以选为贵人，后立为皇后。……显祖即为，尊为皇太后。……太后与高祖游于方山，顾瞻川阜，有终焉之志。……高祖乃诏有司营建寿陵于方山，又起永固石室，将终为清庙焉。太和五年起作，八年而成。……十四年，崩于太和殿，时年四十九。……谥曰文明太皇太后，葬于永固陵。……三年初，高祖孝于太后，乃于永固陵东北里余，豫营寿宫，有终焉瞻望之志。及迁洛阳，乃自表瀍西以为山园之所，而方山虚宫至今犹存，号曰'万年堂'。""永固陵山上遗址现存有永固陵、万年堂、永固石室及西边的思远佛图、斋堂、道路、随墓葬等。永固陵上圆下方，有高大的封土堆。按照美国人温莱 1925 年的测量，封土堆高 21.96 米，基座高 0.9 米，东西宽 122 米，南北长 106 米，在距地面 3.6 米处，封土直径为 91 米。按照日本人水野清一的测量，该墓直径为 116.6 米，总高 22.5 米。1976 年，大同市博物馆与山西省文物工作委员会联合调查了方山永固陵遗址，经测量，封土堆高 22.87 米，方座边长南北为 117 米，东西宽 136 米。……该墓为砖砌多室墓，由墓道、前室、甬道、后室四部分组成，南北总长 17.6 米，墓道向南偏东 4 度。……甬道前后各有一道大型石券门，相当壮观，由尖拱门楣、门柱、门槛、户头门墩、石门五部分组成。……墓室门框上雕有口衔宝珠的朱雀和手捧花蕾的赤足童子，是北魏石雕精品。整个墓室建筑规模宏大，是已发掘的南北朝时期最大墓葬之一。"[15]永固陵的外表装饰华丽，《水经注》中有记载："羊水又东注于如浑水，乱流迳方岭，上有文明太皇太后陵，陵之东北有高祖陵，二陵之南有永固堂，堂之四隅雉列榭、阶、栏、槛，及扉，户、梁、壁、椽、瓦，悉文石也。檐前四柱采洛阳之八风谷黑石为之，雕镂隐起，以金银间云雉，有若锦焉。堂之内外四侧，结两石趺，张青石屏风以文石为缘，并隐起忠孝之容，题刻贞顺之名。庙前镌石为碑、兽，碑石至佳。左右列柏，四周，迷禽暗日。院外西侧有思远灵图，图之西有斋堂，南门表二石阙，阙下斩山累结御路，下望灵泉宫池，皎若圆镜矣。""文明太后陵的最大特色和首创布局是陵墓与佛寺相结合，即在同一陵园内，有陵有寝庙又有佛寺斋堂。之所以出现这种结构的陵园，一是和北魏时期佛教广为流传有关，皇家广修佛寺石窟；二是冯太后本人也信仰佛教，在她前身，已有孝文帝为她修建佛塔之例。”[16]王遇设计建造这座规模宏大的陵墓，还体现了其他特点：冯太后陵墓逾制，不符合北魏帝陵制度；永固堂是冯太后装修豪华的寝庙；永固陵和万年堂的设计采用象征天圆地方的宇宙观念，上圆下方，较北魏迁都洛阳之后的圆馒头形封土堆形状有所不同；永固陵山上的建筑均为坐北朝南，略向西偏，是北魏迁都之前地上地下建筑的共同特点。

王遇的建筑活动自公元479年开始，大约经历了二十五年，在平城主要从事的是石作工程，据《水经注》及石刻所载，王遇在平城兼修了云冈第九窟和第十窟，在平城东郭外建了石造的祇洹舍[17]。迁都洛阳后，王遇从事的则以木构殿堂为主，如马谢坛殿、广文昭太后陵园、太极殿及东西堂等。太和十六年（492年），孝文帝因改建太极殿而拆平城宫殿太华殿，为此还特下《营改太极殿诏》：“我皇运统天，协纂乾历，锐意四方，未遑建制，宫室之度，颇为未允。太祖初基，虽粗有经式，自兹厥后，复多营改。至于三元庆飨，万国充庭，观光之使，具瞻有阙。……将以今春营改正殿。违犯时令，行之惕然。但朔土多寒，事殊南夏，自非裁度当春，兴役徂暑，则广制崇基，莫由克就。成功立事，非委贤莫可，改制规模，非任能莫济。尚书冲器怀渊博，经度明远，可领将作大匠。司空、长乐公亮可与大匠共监兴缮。其去故崇新之宜，修复太极之制，朕当别加指授。”[18]为了更好地改建太极殿，“遣少游乘传诣洛，量准魏晋基址”，“又为太极立模范，与董尔、王遇等参建之。”太极殿的营造先是以蒋少游为将作大将，但是大殿未成，蒋少游就先卒，王遇继任将作大将并完成太极殿的营造。王遇本人并没么有深厚的文化背景，是阉人，因受冯太后及孝武帝的信任而从事营造，由于他本人有组织能力，长期受到重用，又由于对工程感兴趣，从事具体的营造工程管理，使其为北魏的建筑作出了杰出贡献。

平城营建中还涌现出了其他哲匠，如郭善明、郭安兴、茹皓、刘龙等。郭善明，据《魏书·列传》三十六记载，“给事中郭善明，性多机巧，欲逞其能，劝高宗大起宫室。允谏曰：‘臣闻太祖道武皇帝既定天下，始建都邑。其所营立，非因农隙，不有所兴。今建国已久，宫室已备，永安前殿足以朝会万国，西堂温室足以安御圣躬，紫楼临望可以观望远近。若广修壮丽为异观者，宜渐致之，不可仓卒。计斫材运土及诸杂役须二万人，丁夫充作，老小共饷，合四万人，半年可讫。’”在为高宗谋划营建宫室之初，郭善明便对用工人数和营建工期作了较准确的估算。《魏书·列传》七十九记载，“高宗时郭善明甚机巧，北京宫殿多其制作”，公元458年建造的平城宫主殿太华殿就是由郭善明主持建造的。虽然郭善明主持了平城诸多宫殿的营建，但是史籍中却没有明确记载他为营造类官员，《魏书》资料表明，郭善明是以给事中的身份参与营造工程的，是文官，但却精通营建。

北魏在建都平城之初，佛教逐渐开始发展，太武帝平梁后，一些僧众随同迁徙的民众来到平城，使平城的佛教建筑得到了发展。据《魏书·释老志》记载：“天兴元年，下诏曰：‘敕有司，于京师建饰容范，修整宫舍，令信向之徒，有所居止。’是岁，始作五级佛图、耆阇崛山及须弥山殿，加以缋饰。别构讲堂、禅堂及沙门座，莫不严具焉。”太武帝统治后期，由于僧人的诸多不法行为，于是下诏灭佛。公元452年文成帝即位，继而恢复佛教，做了三件事，首先于即位当年“诏有司为石像，令如帝身，既成颜上足下各有黑石冥，同帝体”；其次于兴光元年（454年）“敕有司于五级大寺内，为太祖已下五帝，铸释迦立像五，各长一丈六尺，都用赤金二万五千斤”，使为祈福而造的佛像与帝王圣像趋于一致；第三是“准沙门统昙曜之奏请，于京西武州塞，凿山石壁，开凿五所，镌建造佛像各一。”文成帝在下诏重建佛寺的同时，鼓励百姓出家，并将建寺、度僧与各级地方政府的建制相对应，建立了僧官制度，使佛寺、僧人形成一个相对独立的组织管理系统。继其之后的献文帝对佛教更是大崇，在平城相继建成永宁寺、三极浮图、鹿野佛图。由于文成帝和献文帝崇信佛教，大量的财富和人力随同世俗宗教热情投入到建塔、立寺、开窟、造像之中，文成帝和平元年（460 年）开凿云冈石窟；孝文帝延兴二年（472 年）建鹿野佛图；文明太后先后于承明元年（476 年）建建明寺，太和元年（477 年）建思远寺，太和四年（480 年）建报德寺；宣武帝元恪建瑶光寺，景明中（500 年 ~ 503 年）还建了景明寺。平城佛教建筑数量大增，据统计，至太和元年（477 年）新建佛寺即近百所。公元 515 年孝明帝继位，胡太后擅权，荒淫残虐，无恶不作。由于深信佛法能减轻罪过，于是大兴寺塔，熙平元年（516 年）胡太后建造了永宁寺，内建九层浮图，高九十丈，仅浮图上的相轮就高达十丈，成为佛教传入中国后建造的最宏伟塔庙。胡太后在洛阳还开凿了石窟。普泰元年（531 年）乐平王尔朱世隆建造了建中寺，尚书令王肃建造了正觉寺，北海王元祥建造了追圣寺，其他三公令使和不同等级的高级官员也建造了一定数量的佛寺。石窟的开凿和佛寺的建造成为国家或由重要官员参与的国家行为，与这一行为相关联的营造类官署相应产生，据《隋书 · 百官志》记载，北齐时在太府寺甄官署下设石窟丞，专门负责石窟工程的施工和管理，虽然北魏官制中不见相关官员的记载，但从“后齐制官，多循后魏”来看，甄官署的设立应源自北魏。

孝文帝为了适应北魏已经变化了的政治、经济形势，决计在中原立国，于太和十七年（493 年）迁都洛阳。当时的洛阳已废弃了近二百年，必须经过规划和重建。为了使洛阳重建工作致臻完美，曾发布《都城令》，充分反映了对洛阳重建工作的重视，并命穆亮、李冲、董爵负责洛阳规划和实施重建工程。

穆亮（451 年 ~502 年），山西代州人，鲜卑族，在孝文帝时历任秦州刺史、敦煌镇都大将、仇池镇将，因政尚宽简，为吏民所悦。孝文帝决定迁都洛阳后，下诏书命穆亮和李冲对洛阳营建“共监兴缮”，但是却明确指出“其去故崇新之”。太和十七年（493 年）孝文帝迁都洛阳，穆亮营造新都宫室，官至骠骑大将军，尚书令、司空公。

李冲为陇西人，为西凉王李暠的曾孙，敦煌公李宝之少子，为冯太后宠臣。太和十六年（492 年）兼将作大匠，主持改建平城宫室。孝文帝时更受宠信，为秘书中散，迁内秘书令、南部给事中，后迁中书令。李冲出生于汉族世家，熟悉汉族的传统文化和典章制度，具有深厚的汉族文化背景以及较高的汉文化修养。孝文帝初谋南迁时，李冲曾对孝文帝言：“陛下方修周公之制，定鼎成周”，充分表达了对孝文帝迁都目的的深刻理解。更由于他“机敏有巧思”，所以北魏迁都洛阳后对洛阳进行重建时，被委以修缮重任，对此《魏书·列传》第四十一《李冲》有记载：“北京明堂、圆丘、太庙及洛都初基，安处郊兆，新起堂寝，皆资于冲。勤志强力，孜孜无怠。旦理文簿，兼营匠制，几案盈积，剞劂在手，终不劳厌也。……尚书冲器怀渊博，经度明远，可领将作大匠。”“剞劂”指雕刻，泛指制作模型，可见李冲是通过模型对建筑体量和形式进行研讨的。“兼营匠制”则表明李冲除直接主持规划和建设外，还亲自参与营造实践。他本人最终位至尚书仆射，领太子少傅。李冲之所以在北魏的营造活动和规划建设中取得成就与重用蒋少游有很大关系。

蒋少游（？ ~501 年），乐安博昌（今山东寿光）人，士族出身。公元 469 年北魏平青、齐、北徐三州，并迁徙三州五万民众于平城、桑干，蒋少游北迁为云中重镇兵，在平城以为人写书为生，后为中书省写书生，即唐代所谓的“书手”之职。

他“性机巧，颇能画刻，有文思”，太和七年（483 年）平城于宫中建信堂，他奉命绘制信堂四周的古圣烈士像。蒋少游的才略受到李冲的赏识和推荐，成为中书博士。史载蒋少游“巧思多能，孝文修船乘，以其多有思力，除都水使者，迁前将军，兼将作大匠，仍领水池湖泛戏舟楫之具。”表明他在造船和营建方面有才能。太和十五年和十六年（491 年～492 年），在改建平城太庙和创建太极殿时，他被派往洛阳测量魏晋宫殿，又随李彪出使江南，调研梁朝建康的都城和宫室制度。这些考察和调研大大拓宽了蒋少游的视野，使其成为北魏最熟悉魏晋南北朝以来宫室制度及其演变的人。史称华林园及金墉门楼都出自将少游之手，《水经注》对金墉门楼有这样的描述：“金墉有崇天堂，即此地上，架木为榭，故百尺楼矣。皇居创徙，宫极未就，止跸于此。构霄榭于故台，所谓台以亭亭者也。南曰乾光门，夹建两观，观下列朱桁于堑，以为御路。东曰含春门，北有退门，城上西面列观，五十步一睥睨，屋台置一钟，以和漏鼓。西北连庑函荫，墉比广榭，炎夏之日，高祖常以避暑，为绿水池一所，在金墉者也。”他还负责建太极殿，并为之制造了模型，《魏书·列传》七十九说他“虽有文藻，而不得伸其才用，恒以剞劂绳尺，碎剧忽忽，徙倚园湖城殿之侧，识者为之叹慨。而乃坦尔为己任，不告疲耻。又兼太常少卿，都水如故”，生动地刻画了蒋少游不辞劳苦，反复研究、设计、制作模型，在营造现场观察地形和营构建筑效果的形象。太极殿营建工程量很大，因此对木构部分采用预制的办法，《魏书·高德悦传》有记载：“都作营构之材，部别科拟，素有定所。工治已讫，回付都水，用造舟舻。”可惜的是，景明二年（502 年），当太极殿落成时，孝文帝和蒋少游都已去世，未能目睹太极殿建成后的壮观景象。孝文帝按魏晋以来宫殿体制对洛阳的改造和营建计划在将少游、李冲等人的共同努力下得以实现，其规模在中国都城史上堪称第一。整体上与《考工记》中的营城原则相符合，并与孝文帝的“汉化”政策相一致，显示了继承汉族传统的决心。

在北魏以平城为都时，为平城营建作出过重要贡献的人员在迁都洛阳后，又为洛阳城和洛阳宫殿、苑囿的建筑继续发挥作用。如穆亮、郭安兴。据《魏书·列传》七十九记载：“世宗、肃宗时，豫州人柳俭、殿中将军关文备、郭安兴并机巧。洛中制永宁寺九层佛图，安兴为匠也。”柳俭、关文备事迹已无可考，但书中明确记载郭安兴为营造永宁寺的大匠。永宁寺是北魏孝文帝元宏初营洛阳宫时，首拟建造的一座皇家寺院，也是唯一一座计划在城内修建的佛寺。但北魏政权迁都洛阳后，孝文帝致力于统一中国南方大业，尚未及修建永宁寺便死于南伐途中。熙平元年（516 年），年幼的孝明帝继位，其母灵太后临朝称制，总揽朝纲，倾国家之财力、物力，选择洛阳城最繁华的地段，依故都平城永宁寺形制，修建了规模宏大的永宁寺，历时二年建成。塔身方形，为楼阁式，九级，自下而上层层收分，层高逐层递减，每面各九间，皆设三门六窗，涂以朱漆。塔的高度，文献记载不一，一般以《水经注》记载为参考，“浮图下基方十九丈，自露盘下至地四十九丈”，约合 136 米，史称“离京百里已遥见之”。作为北魏极为重要的佛教建筑营建工程，难以断定郭安兴究竟是因“机巧”而为匠，还是因殿中将军而主持营建。北齐官制多循北魏，《隋书·百官志》记载北齐将作寺时曰：“掌诸营建。大匠一人，丞四人。亦有功曹、主薄、录事员。若有营作，则立将、副将、长史、司马、主薄、录事各一人。又领军主、副，幢主、副等。”这里的将、副将、长史、司马、军主、幢主都是军官职称，可见每当有营造工程，就要按军队编制临时设置官员来完成营造。据此推测，按军队编制设置官员组织并领导永宁寺九层浮图的营建工程符合历史实际，而郭安兴为殿中将军，又性“机巧”，被选为匠是理所应当的。

永宁寺的营建除如郭安兴外，大匠张熠是不可或缺的营建人员。《魏书·列传·张熠传》记载：“永宁寺塔大兴，经营务广，灵太后曾幸作所，凡有顾问，熠敷陈指画，无所遗阙，太后善之。”参加永宁寺营建见于史籍记载的还有信州（今四川万县和湖北巴东之间）刺史綦母怀文，据《高僧传》卷三十三记载：“性机巧，元魏末，董修洛阳永宁寺，凡营缮宫室，造作器械，莫不关预。”

茹皓，为吴人，以南人入北朝，后受宣武帝亲任，兴建华林园。据《魏书·列传》八十一记载：“迁骁骑将军，领华林诸作。皓性微工巧，多所兴立。为山于天渊池西，采掘北岷及南山佳石。徙竹汝颍，罗莳其间；经构楼馆，列于上下。树草栽木，颇有野致。世宗心悦之，以时临幸。”华林苑始建于魏明帝黄初年间（220 年～226 年），初名房林园，魏明帝景初元年（237 年）进行了规模修建，到魏少帝时，因避曹芳名讳，改称华林园。宋文帝元嘉二十二年（445 年）按照将作大将张永的规划设计开始对华林园大修和扩建。北魏迁都洛阳后，受洛阳原有规划的限制，在宫北重建了华林园，《水经注》和《洛阳伽蓝记》对此均有记载，综合两书记载可知，北魏的华林园依北城而筑，在原曹魏天渊池的西南新筑土山，仍名景阳山，以山池为景，在恢复旧台馆的同时，又增建了新建筑。保留了天渊池中的九华台，在台上新建清景殿和钓台。宣武帝时又在池中建蓬莱山，山上建仙人馆，池中各建筑用架空的飞阁连通。茹皓也非工官，因华林园工程深得世宗的喜悦，迁冠军将军，仍骁骑将军。

公元 534 年，魏孝武帝被高欢所迫逃往洛阳，高欢立元善见为魏帝，是为孝静帝，从此北魏分为东西两国。在整个东魏统治时期，政权一直掌握在丞相高欢家族手中，成为魏朝廷政权的实际控制者。天平二年（535 年），高欢在邺城之南选定基址创建新都，并命仆射高隆之、司空胄、参军辛术共同主持新都的规划和建设。高隆之首先领营构大将，以十万民夫拆除洛阳宫殿，将木材运至邺城，并与参军辛术、镇南将军李业兴共同营构新都，制定新宫形制，增筑了周二十五里的南城。辛术在东魏孝静帝时为起部郎中，迁邺之始，辛术上奏曰："今皇居徒御，百度创始，营构一兴，必宜中制。上则宪章前代，下则模写洛京。今邺都虽旧，基址毁灭，又图记参差。臣虽曰职司，学不稽古，国家大事非敢专之。通直散骑常侍李业兴硕学通儒，博闻多识，博闻多识，万门千户，所宜访询。今求就之披图案记，考定是非，参古杂今，折中为制，召画工并所须调度，具造新图，申奏取定。庶经始之日，执事无疑。"诏从之[19]。从这段记载表明，幸术虽与高隆之共同负责营构邺都宫室，但宫室建造是国家的大事，为了更好地完成此项重任，便推荐了硕学通儒、博闻多识的李业兴。

李业兴为东魏儒生，东魏孝静帝时为镇南将军，官至散骑常侍。史载他"博涉百家，图纬、风角、天文、占候无不详练，尤长算历"，受辛术推荐，完成"上则宪章前代，下则模写洛京"的邺城规划。这段记载是史籍中有关城市建设先绘制规划设计图，后实施营建的最早记载。据此我们得知，李业兴首先参阅史籍和古图，根据古代传统，结合实际需要对邺城进行规划，并绘制成图呈以皇帝，经皇帝批准后开始实施。从目前对邺城的考古发掘资料来看，邺城"东西 6 里，南北 8.4 里；宫城在大城北部中间；宫前御街直抵南城正门；御街南端按左祖、右社原则建太庙、太社为前导，其后建各种官署直抵宫前；大城外东西郭中设东市、西市；大城外建外郭等，都与北魏洛阳城以及其外郭的情况一致。"[20]确实是"模写洛京"。

精通营建的张熠，在新都邺城的营建中又被委以重任。邺城的营建木材采用从洛阳宫室、官署拆卸下来的材木，运输成为一项重要任务，《资治通鉴》卷一百五十七记载，武帝大同元年

（535年）二月，“东魏使尚书右仆射高隆之发十万夫撤洛阳宫殿，运其材入邺。”《魏书·列传》六十七还记载：“……天平初，迁邺草创，右仆射高隆之、吏部尚书元世儁奏曰：‘南京宫殿，毁撤送都，连筏竟河，首尾大至。自非贤明一人，专委受纳，则恐材木耗损，有阙经构。（张）熠清贞素著，有称一时，臣等辄举为大将’，诏从之。熠勤于其事，寻转营构左都将。”作为大将张熠，不但是邺城宫殿建设的组织者，在制定建筑形制的同时，还负责宫殿建筑所需木材的运输。

河南登封县的嵩岳寺塔是中国现存南北朝建筑佛塔的重要实例，塔的建造者是北魏隐士冯亮。据《魏书·列传》七十八记载：冯亮“少博览诸书，又笃好佛理。……亮既雅爱山水，又兼巧思，结架岩林，甚得栖游之适，颇以此闻。世宗给其工力，令与沙门统僧暹、河南尹甄琛等，周视嵩高形胜之处，遂造闲居佛寺。林泉既奇，营制又美，曲尽山居之妙。”宣武帝尝召他为羽林监，固辞不拜，终日与僧徒礼诵为业。他的巧思用在了佛寺的建造上。嵩岳寺是孝明帝正光元年（520年）规模扩建寺时建造的，同年七月，朝中政变，致使工程搁置，正光四年（523年）重新续建。寺内所存《嵩岳碑》对塔的形象有描述：“十五层塔者，后魏之所立也。发地四铺，而耸陵空，八相而圆，方丈十二，户牖数百，加之六代禅祖，同示法牙，重宝妙庄，就成伟丽，岂徒帝力，固以化开。”以隐士身份参与营造的冯亮，为今天留下了极为珍贵的佛塔遗产。

北魏的营造活动表明，一些大的营造活动并非工官进行设计、营建或监理，一批非工官人员在营建活动中发挥了重要作用，如李业兴、郭善明、茹皓。这种现象表明，当时在人们的思想观念中，清望官才是正途，技术官是杂流，其前途远远要逊色于清望官，这也正是我们为什么能从蒋少游传中见到“虽有文藻，而不得伸其才用，……识者为之叹慨”，充分反映了当时人们对技术官的偏见。所以即便是“性机巧”、有营造才能的人员也不积极成为从事营造类的官员，只是每有营造活动时，才被朝廷临时委以营造重任，没有官位的人也会受到举荐，负责营造事务。

北魏道武帝以来，社会中有“杂户”，杂户中有隶户、营户、百工、伎巧、平齐、僧祇、佛图、驺卒等，其中营户、百工、伎巧与营造活动有关。杂户受到的剥削和役使较一般民户更残酷，朝廷和贵族互相争夺对杂户的占有权。北魏太武帝于太平真君四年（444 年）曾禁止王公以下乃至豪强不得私养工匠，家有工匠必须送官府，违令者诛全家。又禁止百工、伎巧、驺卒家的子弟改业，只得从事父、兄的专业，不得读书，否则同样诛全家。受国家法令限制，百工、伎巧等人终身只能归朝廷役使，而且永远执役，没有改业或仕进的机会。后来，东魏残余贵族和大型佛寺逐渐失势，才发出释放杂户的诏书，杂户才因此得到普通民户的待遇。但是应该肯定，正是这些不被看重的营造类技术官员和工匠共同谱写了南北朝的建筑史，他们按照汉族的城市规划、结构体系和建筑形象对当时的城市进行规划和建设，使宫殿、住宅、园林、寺观、塔等建筑有了进一步的发展，在保持本民族建筑特征的同时，适度融合印度犍陀罗和西域佛教艺术，丰富了中国本土建筑，为后来隋唐建筑的发展奠定了基础。

注　释

① 《唐六典·户部》）。

② 《三国志·蜀书·诸葛亮传》。

③ 《资治通鉴》卷五十九《汉纪》五十一，中华书局，1956 年。

④ 《文选》卷二十，《诗·祖饯》，曹植《送应氏诗》二首之一。

⑤ 《后汉书》卷九，《帝纪》九《献帝》，建安元年秋七月条。

⑥ 《资治通鉴》卷六十一《汉纪》五十三，中华书局，1956 年。

⑦ 《资治通鉴》卷七十《魏纪二》，中华书局，1956 年。

⑧ 《三国志·魏书·桓二陈徐卫庐传》。

⑨ 《三国志》·魏书·韩崔高孙王传》。

⑩ 《三国志·魏书·辛毗杨阜高堂隆传》。

⑪ 清·纪昀《历代职官表》，第 277 页，上海古籍出版社，1989 年。

⑫ 《晋书·刘毅传》。

⑬ 《廿二史札记》卷八。

⑭ 《魏书》卷九十四《列传》八十二《阉官·王遇》。

⑮ 张庆捷《民族汇聚与文明互动——北朝社会的考古学观察》，第 261 ~ 262 页，商务印书馆，2010 年。

⑯ 张庆捷《民族汇聚与文明互动——北朝社会的考古学观察》，第 279 ~ 281 页，商务印书馆，2010 年。

⑰ 《水经注》卷十三《漯（系）水》。

⑱ 《魏书·李冲传》。

⑲ 《魏书·列传》七十二。

⑳ 傅熹年《中国古代建筑史——两晋、南北朝、隋唐、五代建筑》，第 93 页，中国建筑工业出版社，2011 年。

第五章　隋唐时期的工官

公元581年，隋文帝杨坚夺取了北周政权，建立了隋朝。公元589年，隋灭掉南方的陈，结束了魏晋南北朝长期的分裂状态，重新统一了中国。由于隋炀帝滥用民力，给社会造成巨大灾难，隋王朝最终在农民起义的冲击下瓦解，只经历二世便亡，共统治了37年，虽然历史短暂，但隋朝在政治、经济方面所创立的一系列重要制度基本上为唐朝所沿袭，并影响了整个封建社会的后半期，尤其是隋文帝即位以后，对官制进行了改革，“依汉魏之旧”建立中央官制，正如《隋书·百官志上》所记载的：“高祖践极，百度伊始，复废周官，还依汉、魏。唯以中书为内史，侍中为纳言，自余庶僚，颇有损益。”隋朝的官制在中国古代官制史上占有重要地位。

开皇二十年（600年），隋文帝废太子杨勇，另立次子杨广。仁寿四年（604年），文帝突然病死，杨广即位，是为隋炀帝。炀帝得志后，骄恣无忌，滥用人力财力，挥霍无度。他大规模征发民工，修建南北大运河及长城；大规模兴建东都，穷极华丽，一年间每月役使民工达二百万人；又大规模征调军队，三次出征高丽，死伤无数；巡游全国，三下江都，挥霍钱财无数，国力大耗，使人民苦不堪言。各地农民起义军风起云涌，统治阶级内部也出现大分裂。起义军在与隋军的不断战斗中，分并离合，形成了三支较强大的力量，即为中部李密领导的瓦岗军，北部窦建德领导的夏军和南部杜伏威领导的吴军。大业十三年（617 年），瓦岗军进逼东都，这时炀帝已南下江都，以越王侗留守东都。山西太原留守李渊乘机举兵进入长安，立代王侑为帝，自为大丞相。大业十四年（618 年）三月，宇文化在江都发动兵变，缢杀炀帝。李渊父子乘机起兵，当即在长安自立为帝，攻占长安，建立唐朝。这时各地豪强也纷纷独立，形成群雄并起的局面。此后的三四年间，农民起义军和地方割据武装都纷纷被唐朝消灭，唐朝继承隋朝，统一了中国。

一 隋代的中央官制

隋虽然直承北周，但是在中央官制上却没有摆脱魏晋南北朝以来的影响。隋朝的中央机构主要由三师、三公、五省、三台、九寺、五监组成。三师即太师、太傅、太保，但没有职事，也没有僚属，只表示对大臣的尊崇。三公即太尉、司徒、司空，虽然参议国政，但其位常缺。五省的称谓在隋两代皇帝统治期间有所不同，隋文帝时指尚书省、门下省、内史省、秘书省、内侍省，隋炀帝时将内侍省改为长秋监，另设殿内省，仍为五省。五省中以尚书、内史、门下三省最重要，三省长官同秉大政，都是宰相，辅助皇帝处理全国军政机要。

三省中尚书省地位很高，《隋书·百官志下》记载："尚书省，事无不总"，表明尚书省在中央最高行政机构中拥有较大的权力和尊贵的地位。其长官为尚书令，但不轻易授，只有炀帝时的杨素因有翊戴之功，又平定了汉王谅，才进为尚书令。尚书省实际上是左、右仆射分职治事，其中左仆射判吏部、礼部、兵部，兼掌纠弹；右仆射判都官、度支、工部，兼知财政用度。仆射的属官有左右丞各一人，都事八人。隋炀帝将众多事务都划拨到了六部，所以增设左、右司各一人，即为唐代左右司郎中的前身。尚书省的总官署是尚书都省，置尚书令、左右仆射各一人，总领吏部、礼部、兵部、都官（开皇三年改刑部）、度支（开皇三年改民部）、工部等六部，是管理行政、经济、文化等各项政务的重要执行机构。每部辖四司，凡二十四司，这一格局为唐以后各代相沿不改。六部长官是尚书，与尚书令、左右仆射合称“八座”。其中工部掌工程建造，由工部尚书统领。至此，中央核心机构完成了从秦汉三公九卿制向三省六部制的过度。

三台是御史台、谒者台、司隶台。御史台职掌督察，谒者台职掌奉诏出使，慰抚劳问，并持节察授，遇有冤案则受而奏之，司隶台职掌巡查京畿内外。

大业三年（607 年），隋炀帝将隋文帝时的十一寺改为“九寺”，分别为太常寺、光禄寺、卫尉寺、宗正寺、太仆寺、大理寺、鸿胪寺、司农寺、太府寺。五监为国子监、将作监、少府监、都水监、长秋监，分掌学校、营造、内府器物、河堤水运、内廷侍奉等事。九寺、五监统称诸寺、诸监，均为管理具体事务的中央机关，有些职能似与尚书省六部二十四司有重复，但侧重点不同。九寺、五监是具体办理所属事务的机构，二十四司则从制令角度总领行政事务。由于各寺、监的长官需要亲自处理具体所辖事务，所以往往选派懂得所辖事务或有专长的人担任，如将作监派懂土木工程者担任，其长官称将作大匠。

掌管土木营建的是尚书省的工部，负责长安、洛阳皇宫及官廨土木工程的是将作寺，具体实行国家土木工程的是五监中的将作监，统左右校署，编制三十八人。隋初，将作无少匠。开皇二十年（600 年）改寺为监，大匠为大监，始置副监一人。炀帝改副监为少监，大业三年（607 年）改少监为少匠，五年（609 年）又改少匠为少监，十三年（617 年）改为少令。

隋代中央官制简表

部门	官名	人数	职掌	品极	备注
三师	太师、太傅、太保		专司东宫太子训导	正一品	
三公	太尉、司徒、司空			正一品	
尚书省	尚书令	1人	事无不总、令掌省事	正一品	尚书令、仆射与六部尚书合称“八座”
	左右仆射	各1人		从二品	
	六部尚书	各1人	分曹办事	正三品	六部为吏、礼、兵、都官（刑部）、度支（户部）、工部
	六部侍郎	共36人	分掌各司之事务	除吏部侍郎为正四品外，诸曹侍郎均为正六品	隋炀帝时尚书省六曹各置侍郎一人，为尚书之副。诸曹侍郎并改为郎
	尚书左右丞	各1人		从四品	
门下省	纳言	2人	掌献纳	正三品	隋讳“忠”，所以改侍中为纳言。门下省又称侍中省
	给事黄门侍郎	4人		正四品	
	奉朝请	40人		从七品	
内史省	内史监	1人	掌出纳王命	正三品	随文帝时确定内史省取旨，门下省审核，尚书省执行，三省长官均为宰相，兼以他官参掌机事，行宰相之职
	内史令（中书令）	1人		正三品	
	内史侍郎（中书侍郎）	8人		正四品	
	舍人	8人			
	通事舍人	16人			

续表

部门	官名	人数	职掌	品极	备注
秘书省	秘书监	1人	掌图书皮藏整理	正三品	
	秘书少监	1人			
	秘书丞	1人			
	秘书郎	4人			
	校书郎	12人			
内侍省	内侍	2人	掌宫禁服御之事	从四品上	内侍省为内廷的侍奉机关，隋初由宦官担任，统领内尚食、掖庭、宫闱、奚官、内仆、内府等六局
	内常侍	2人			
	内谒者监	6人			
	内侍伯	2人			
	内谒者	12人			
	寺人	6人			
行台省	行台尚书令		统某方面的军政事务	正二品	
	行台尚书仆射			从二品	行台省为中央尚书省在地方的派出机构
	行台兵部尚书			正三品	
	行台度支尚书			正三品	
	行台尚书丞			从四品	

续表

部门	官名	人数	职掌	品极	备注
谒者台	大夫	1 人	掌受诏出使，抚慰官员	从三品	
	司朝谒者	2 人			
	议郎	24 人			
	通直	36 人			
	将事谒者	30 人			
	谒者	70 人			
司隶台	大夫	1 人	掌六条察事	从三品	
	别驾	2 人			
	刺史	14 人			
	从事	40 人	巡察畿外诸郡		
御史台	大夫	1 人	掌纠察	从三品	
	治书侍御史	2 人		从七 品	
	侍御史	8 人		从七品	即殿中御史
	殿内侍御史	12 人		从八品	
	监察御史	12 人			隋炀帝时增为 16 人

续表

	名称	职　掌
九寺	太常寺	掌陵庙群祀、礼乐仪制、天文术数、衣冠之属
	光禄寺	掌诸膳食、帐幕器物、宫殿门户等事
	卫尉寺	掌禁卫甲兵
	宗正寺	掌宗室属籍
	太仆寺	掌诸车辇、马、牛、畜产之属
	大理寺	掌决正刑狱
	鸿胪寺	掌蕃客朝会、吉凶吊祭
	司农寺	掌仓市薪菜、园池果实
	太府寺	掌金帛府库、营造器物
五监	国子监	掌训教胄子
	将作监	掌诸营建
	少府监	掌各府所需产品
	都水监	掌水利事务
	长秋监	掌诸宫室

二 唐代的中央官制

唐朝是中国封建社会历史长河中的一个繁荣时代，历时 289 年。综观唐朝历史，可以分为三个时期。初期为建国至唐玄宗开元之末（741 年）。鉴于隋亡的教训，唐朝统治阶级大力发展生产，巩固统一，御海安边，政治比较清明，全国统一后的巨大优越性得以充分发挥，成为经济发展的超越时代。期间继续推行北魏创立的均田制，通过授田，大片荒田被开垦，增加了耕地面积，使农业生产有了恢复和发展，到唐玄宗开元年间（713 年～741 年）出现了"四海之内，高山绝壑，耒耜亦满"[①]的景象。在度过这一极度盛期之后，统治阶级的腐化日趋严重，少数野心家乘机叛乱，大大削弱了国家实力。平叛后，残余势力长期割据，对抗中央政府，为唐之中期，时间从唐天宝初年至元和末年（742 年～820 年）。之后，唐中央政权内出现宦官与士族朝官对立的局面，统治地位日趋衰弱，公元 906 年亡于后梁，为唐之后期。

唐沿袭隋制，实行科举制度，是唐代政治清明的原因之一。科举制度的实行与发展进一步扩大了封建统治的基础，更多的庶族地主以及社会各阶层知识分子，通过科举考试进入统治集团，加强了中央集权统治与唐朝政府的统治效能。唐玄宗十分重视国家统治的行政效率，仅开元年间编制的行政法典就有八部之多，是封建法制达到完备化的标志。在唐代典章制度中，使封建官僚政治制度法律化并影响了唐文化的是《唐六典》，于开元二十六年（738 年）完成。它以唐朝前期政府机构与行政典章为依据，分别将中央政府与地方政府各部门列以编制品秩，叙以执掌权限，包容了国家机器运转的全部程序，使政治、法律、军事、经济、社会和文化全部纳入制度化轨道，"一代典章，厘然具备”，是中国历史上行政法的巨典，不仅对唐朝的政治稳定和机构职能的正常发挥起了重要保障作用，而且对后世各朝代的政治、法律制度、经济与文化的发展都产生了深远影响，使我国古代封建行政体制能超乎寻常地、稳定地延续千余年。《唐六典》的重要价值在于，“一是它规定了唐朝政府各部门的机构设置，官员编制，执掌权限以及政府各部门之间的关系。二是规定了封建国家官吏任用的一整套严密的制度，包括政府对各级官吏的选拔、任用、考核、奖惩、俸禄和退休制度。三是关于封建国家的资源、工程营建、税收、官奉以及宫廷靡费等财务行政。四是关于整个各国家的政务活动原则，相互关系的调整及工作程序。而以政府体制和国务活动的流程规则为其精华。”②

唐高祖武德时期（318 年~626 年），唐朝的封建国家体制就比较完备地建立起来，基本上承袭隋制但有所发展。《新唐书·百官志一》记载：“唐之官制，其名号禄秩虽因时增损，而大抵皆沿隋故。”在皇帝之下，是台省、六部、九寺、五监等职官体系。

台省是指尚书省、门下省、中书省和御史台。三省长官都是宰相，共议国政，以“佐天子，总百官，治万事”③。三省中，尚书省为最高政务机构，凡天下“庶务皆会而决之”，负责执行经中书省起草、门下省审核、最后由皇都批准的各项诏令。中央与地方各级行政机关贯彻执行的中央政令都受制于尚书省，内外百司所受之事，尚书省皆印其发日，立为程限，京府诸司，有府移关牒下诸州府，必由尚书省办公厅——尚书都省发遣④。《旧唐书·戴胄传》中有这样的记载：“尚书省天下纲维，百司所禀，若一事有失，天下必受其弊者。”一语道破尚书省在中枢行政机构中的重要地位。尚书省的长官是尚书令，唐太宗即位前曾任此职，掌典领百官。实际长官为左右仆射，权位极重，因为中枢机构中，正一品的三公、三司不单独设置，正二品的尚书令又被废，只有从二品的仆射官阶最高，所以《唐会要》称左右仆射“师长百僚，虽在别司，皆为统属”。贞观年间（627 年～649 年），唐太宗曾规定尚书都省不直接参与六部事务，只实行政务督察。左右仆射位高而不任事，也不随意干预都省事务，“尚书细务属左右丞，惟大事应奏者，乃关左右仆射”，都省事务实际上是由左右丞负责，事权很重，主持省内日常事务，权位同样重要。其属下分左右二司，其中左司管吏、户、礼三部，右司管兵、刑、工三部。左右丞下又设左右司郎中、左右司员外郎、都事。

唐代六部尚书分为三行：吏、兵为前行；刑、户为中行；礼、工是后行。各部官员的迁转按照这个次序进行，由后而中而前，所以担任某部尚书，并不等于熟悉该部职务，只是由于资格的关系。因此，唐中期以后，六部尚书基本上成为官员迁转之资，其官称只代表一种身份，而不一定说明所任的职务。六部采用合署办公制度，据《唐两京城防考》记载，尚书省有都堂，都堂之东有吏、户、礼三排，每排四司，左司统之；都堂之西，有兵部、刑部、工部三排，每排四司，右司统之，凡二十四司。左右司各设郎中一人，从五品上，员外郎一人，从六品上，均为丞的助手，分判本省六部诸司事务。六部长官称为尚书，副官为侍郎。二十四司各司的正、副负责人称郎中、员外郎，负责处理全国军政、财文、兵刑、钱谷等行政事务。诸司文案均需送都省并由左右丞勾检后，才能下达到有关部门。

唐代的工部掌营建事务，总编制 125 人。其组织建制与执掌，《唐六典》有记载：工部，置尚书一人，正三品；侍郎一人，正四品下，主管全国农田水利、工程营建及工匠管理之政令，下设四司，即工部司、屯田司、虞部司和水部司，置郎中、员外郎为正副长官，另设主事、令史等员。其中工部郎中、员外郎掌城池之工役程序，为尚书、侍郎之助手；屯田郎中、员外郎掌天下屯田及在京文武官员之职田、诸司官署公田的配给；虞部郎中、员外郎掌苑囿、山泽草木以及百官蕃客莱蔬、薪炭的供给和畋猎之事；水部郎中、员外郎管理河流过渡、船舻、沟渠桥梁、堤堰、沟洫的修缮沟通以及渔捕、漕运诸事。

九寺、五监为唐代的中央事务机关，受台省指令办理各种专门事务，正所谓“总群官而听曰省，公务而专治曰寺”。寺对部是承受关系，六部对寺是“以符下寺”，九寺则是“符到奉行”。九寺名称与隋朝相同，其长官称卿，次官称少卿。五监指国子监、少府监、将作监、都水监、军器监，五监长官多数称“监”。其中将作监是工部具体掌管土木工程政令的机构。其设置如下表所示：

唐代将作监营造类官员设置一览表

机构名称	大匠	少匠	令	丞	主簿	录事	府	史	计史	亭长	掌固	监作	典事	监事	总计
将作监	1	2			2	2	14	28	3	4	6				52
左校署			2	4			6	13				10			35
右校署			2	3			5	10				10	24		54
中校署			1	3			3	6			1		8	4	26
甄官署			1	2			5	10				4	18		40
百工监	监 1	副监 1		1		1	1	3				4	20		32

将作监共设置官员 52 人，所属机构中，以右校属官员设置最多，为 54 人，其次为甄官署，为 40 人，官员设置最少的为百工监，为 32 人。《唐六典》卷二十三清楚地记载了将作监的部门设置及各部门的职掌范围和职掌内容：

“将作监大匠一人，从三品，少匠二人，从四品下。将作大匠之职掌供邦国修建、土木工匠之政令，总四属三监百工之官署，以共其职事，少匠贰焉。凡西京之大内，大明兴庆宫、东都之大内上阳宫，其内外郭、台殿楼阁并仗舍等苑内宫廷，中书门下、左右羽林军、左右万骑仗、十二闲厩屋宇等，谓之内作。凡山陵及京都之太庙，郊社诸坛庙，京都诸城门，尚书、殿中、秘书、内侍省、御史台、九寺、三监、十六卫，诸街使、弩坊、温汤、东宫诸司，王府官舍屋宇、诸街桥道等，并谓之外作。凡有建造营葺，分功度用，皆以委焉。凡修理宫庙，太常先择日以闻，然后兴作。丞四人，从六品下，主簿二人，从七品下，录事二人，从九品上。丞掌判监事，凡内外缮造、百司供给，大事则听制敕，小事则俟省符，以谘大匠而下于署、监，以供其职。凡诸州匠人长上者，则州率其资纳之，随以酬顾。凡功有长短，役有轻重。凡启塞之时，火土之禁必辨其经制而举其条目（凡四时之禁，每岁十月以后尽于二月不得起治作，冬至以后尽九月不得兴土工，春夏不伐木，若临事要行理，不可废者以著别式）。凡营造修理，土木瓦石不出于所司者，总料其数，上于尚书省。凡营军器，皆镌题年月及工人姓名，辨其名物，而阅其虚实。主簿掌印，勾检稽失。凡官吏之申请粮料、俸食，务在候使，必由之以发其事。若诸司之应供四署、三监之财物、器用违阙，随而举焉。录事掌受事发辰。

左校署令二人，从八品下，丞四人，从九品下。监作十人，从九品下。左校令掌供营构梓匠之事，致其杂材，差其曲直，制其器用，程其功巧；丞为之贰。凡宫室之制，自天子至于士庶，各有等差。凡乐县簨虡，兵仗器械及丧葬仪制，诸司什物，皆供焉。右校署令二人，从八品下，丞三人，正九品下。监作十人，从九品下。

右校令掌供版筑、涂泥、丹雘之事；丞为之贰。凡料物支供皆有由属，审其制度而经度之。中校署令一人，从八品下。丞三人，正九品下。监事四人，从九品下。中校令掌供舟车、兵仗、厩牧、杂作器用之事。凡行幸陈说供三梁竿柱，闲厩系饲则供剉碓、行槽、鞍架，祷祠祭祀则供棘葛、竹壍，内外营造应供给者，皆主守之；丞为之贰。凡监、署役使车牛皆有年支草、豆，据其名簿，阅其虚实，受而藏之，以给于车坊。

甄官署令一人，从八品下。丞二人，正九品下。监作四人，从九品下。甄官令掌供琢石、陶土之事；丞为之贰。凡石作之类，有石磬、石人、石兽、石柱、碑碣、碾磑，出有方土，用有物宜。凡砖瓦之作，瓶缶之器，大小高下，各有程准。凡丧葬则供其明器之属。三品以上九十事，五品以上六十事，九品以上四十事。当圹、当野、祖明、地轴、誕马、偶人，其高各一尺；其余音声队与僮仆之属，威仪、服玩，各视生之品秩所有，以瓦、木为之，其长率七寸。

百工、就谷、库谷、斜谷、太阴、伊阳监，监各一人，正七品下；副监一人，从七品下；丞一人，正八品上。录事各一人；监作各四人，从九品下。百工等监，掌采伐材木之事，辨其名物而为之主守。凡修造所须材干之具，皆取之有时，用之有节。”

《唐六典》的这段记载表明，唐代的营造有所谓“内作”和“外作”之分，“内作”指宫城禁苑范围内的营造；“外作”则指京都郭内官署、庙社、王府、郊外坛庙、附近皇陵的营建以及京都城门和御道之街、桥的维修。另据“分功度用”之句分析得知，将作监还负责设计、估算工料、制定预算等。左校署专门负责营造活动中的木工部分。中国古代建筑以木结构为主，各种类型建筑的设计首先是木构架的设计，木工是营造活动中最重要的工种，所以左校署还负责营造活动中的设计和施工。《唐六典》在将作监左校令下还记载了“宫室”之制，“天子之宫殿皆施重拱藻井，王公诸臣三品以上九架，五品以上七架，并厅厦两头，六品以下五架，其门舍三品以上五架三间，五品以上三间两厦，六品以下及庶人一间两厦，五品以上得制乌头门。若官修者左掖为之，私家自修者制度准此。”可见，左校署在最初进行营造设计时，就严格执行了封建统治阶级的等级制度。右校署主管土工、涂工和彩画工程。版筑夯土是古代建筑中的一个重要工序，对于建筑物的稳固起着至关重要作用，另外它在墙壁、城墙、河渠、堤坎等工程中也是一个非常重要的环节。就工程量而言，版筑夯土最庞大，占用劳动力最多，大的工程动辄动员十多万民夫来进行。甄官署主管石工和砖瓦、陶器和明器的制作。石作是中国古代建筑中的一个重要工种之一，建筑中的台基、栏杆、柱础、地面等均属于石作范围。另外陵墓的碑碣、石兽、石柱等也是展示石雕艺术和雕琢技术水平之处，在石料的采伐、雕琢、运输、安装方面都需要巨大的人力和物力。隋朝甄官署仍属太府寺，至唐代并入将作监。唐代最大的石窟工程是武后开凿的龙门奉先寺卢舍那佛一组石窟，是否由甄官署负责，没有明文记载。

营山陵是将作监外作的主要任务之一，唐代诸陵都是由将作监兴建的，但须有翰林阴阳官的参与，两者分工不同。工官、工匠选址，阴阳官从风水的角度参与。据《明皇杂录》记载，开元末年（741 年）将作大匠詈“多巧，尤能知地”，是玄宗中后期最著名的工官，这表明工官与阴阳官之间是有交流的。《通典·礼典》八十六描述了唐大历十四年（779 年）唐代宗入元陵的情况：“至时，内官以下吉服，奉迁梓宫入自羡道，奉接安于御榻褥上，北首，覆以御衾。……龙輴既出，礼仪官分赞太尉、礼仪使奉宝册玉币，并降自羡道。至玄宫，太尉奉宝绶入，跪奠于宝帐内神座之西，俛伏，兴，退。……礼生引将作监、少府监入陈明器，白幡弩、素纹幡、翣等分树倚于墙，大旐置于户内……礼生导主节官，帅持节者，引太尉及司空、山陵使、将作监、御史一人监锁闭玄宫，司空复土九锸。”表明将作监不但负责山陵的营造，同时参与下葬仪式。

将作监还直接掌握工匠，《唐六典》记载：“京都之制备焉，凡兴建修筑，材木、工匠则下少府、将作以供其事。”其下注云：“少府监匠一万九千八百五十人，将作监匠一万五千人，散出诸州，皆取材力强壮、技能工巧者，不得隐巧补拙，避重就轻，其驱役不尽及别有和雇者，征资市轻货纳于少府将作监，其巧手供内者不得纳资，有阙则先补工巧。业作之子弟，一入工匠后不得别入诸色。其和雇铸匠有名解铸者，则补正工。”⑤

《唐六典》记载表明，工部是对营建工程进行计划、管理并制定统一规范和定额的行政管理部门，将作监则具体承担“内作”和“外作”的规划设计、材料制备和施工，是掌握集规划、设计、制材和施工于一体的营建实体。二者的职能相同，相辅相成。隋以前，这两个机构不同时设置，同时设置并有合理分工始于隋而完成于唐。

三　隋唐时期的营造活动

1. 隋代的工官与营造活动

隋朝在短短的三十七年中，凭借统一后的有利形势，进行了空前规模的建设，表现出统一后强盛国家的雄伟气魄。据史料记载，开皇二年（582 年）六月，隋统治者决策放弃汉长安城，在其东南龙首原兴建新都城——大兴城。首先对大兴城的地理位置进行了调查，认为“龙首山川原秀丽，卉物滋阜，卜食相土，宜建都邑，定鼎之基永固，无穷之业在斯。仍诏左仆射高颎、将作大匠刘龙、巨鹿郡公贺娄子干、太府少卿高龙义等创造新都。”隋文帝还特为大兴城的兴建下了一道诏书：“此城从汉，凋残日久，屡为战场，旧经丧乱。今之宫室，事近权宜，又非谋筮徒龟，瞻星揆日，不足建皇王之邑，合大众所聚。”并下令：“公私府宅，规模远近，营构资费，随事条奏。”对于新都的规划和建设给予极大的关心，并亲自处理相关事务⑥。大兴城从下诏营建至建成仅用了九个月的时间，其规划设计、组织实施和施工速度不得不用惊人来赞叹。

大兴城的兴建以重臣高颎主持其事，具体规划、设计、实施则由大匠刘龙和太子左庶子宇文恺负责。在规划大兴城时，宇文恺综合了北魏洛阳、北齐邺南和北周所崇尚的周礼王城制度，以北魏洛阳为参照，吸收了邺南城和建康的优点并加以完善。专家学者将北魏洛阳的平面和大兴城的平面作了比较，“大兴城把宫城、皇城布置在外郭中轴线上北部的情况和北魏洛阳在外郭中的位置如出一辙，可以看作是在北魏洛阳布局的基础上，把居民区全部迁往城外的郭中，把原内城一分为二，北为宫城，南为衙署。……从《洛阳伽蓝记》和有关南朝建康的史料看，北魏和南朝的官署已集中到宫前南北大道两侧……隋文帝建大兴实际上是因势利导，把洛阳、建康已经出现的发展趋势制度化而已。”从大兴城的规划来看，它是对北魏洛阳规划的进一步发展，宇文恺将北魏洛阳规划中已经萌发，但由于受旧城所限不能实现的一些设想，在大兴城规划中得以实现，使中国都城的规划提高到了一个新的水平。

《隋书》中提及了大兴城营建中的几位重要人物，即左仆射高颎、将作大匠刘龙、宇文恺、巨鹿郡公贺娄子干、太府少卿高龙义，现重点说明前三位。

高颎从北周武帝起，功拜开府，杨坚执政后引为心腹。隋朝建立以后，迁宰相，拔贤任能，并创建制度，是一位对隋朝有贡献的人。在大兴城的建设上，隋文帝委以其主持，既显示出了对大兴城建设的重视，又体现了对高颎的信任。但是从高颎的官职来看，只是大兴城营造工程的主持人，史籍对他本人的记载，没有体现出他在营造方面的杰出才能，只记载在迁都之时，参掌制度。

刘龙为河间（今河北河间）人，性强明，有巧思，曾为齐后主高纬修铜爵三台，“齐后主知之，令修三爵台，甚称旨，因而历职通显。”北齐修三爵台的时间为文宣帝天宝七年至九年（556年~558年），天统元年（565年）后主即位，其时三台爵已为大兴寺，史籍中没有再修记录，所以刘龙应是负责三爵台修建之人。史称营三台爵时发丁匠十余万，可见是很大的工程，从中得知刘龙具有较强的组织施工能力。隋初又受文帝信任，拜右卫将军兼将作大匠。公元582年营建新都大兴，为将作大匠。虽然贵为将作大匠，但是刘龙同高颎一样，仅仅是参与和领导了大兴城的营造，因为《隋书·宇文恺传》记载营建建大兴时，“高颎虽总大纲，凡所规画，皆出于恺”，可见，大兴城的实际规划者为宇文恺。

宇文恺之所以能够完成如此大规模的城市规划，一方面与他本人的营造才能有关，另一方面与他的生活背景和所处的特定历史环境有很大关系。宇文恺为鲜卑族人，生于西魏恭帝二年（555年），死于隋大业八年（612年），享年58岁。祖籍昌黎大棘，后徙夏州（今陕西靖边）。其父宇文贵是北魏旧臣，其兄宇文忻是隋的开国功臣。但与其父兄不同的是，宇文恺并不是靠军工起家。特定的家庭背景使宇文恺对北魏、北齐、北周以来的北方文化传统和典章制度非常熟悉，史称其“好学，博览书籍，解属文，多伎艺，号为名父公子。”因有巧思，善于营造，隋文帝和隋炀帝都任用宇文恺主持各种营造事务。在所从事的规划和营造中，他将自己所熟悉的典章制度、经学礼法与实际规划相结合，将自己熟悉和掌握的北周、北齐文化融入了大兴城的规划和建设中，使这些文化同关中和中原技术相互融合，并将大兴城的政治、经济、文化、军事和生活需要与北魏以来的都城传统、

《周礼·考工记》中的建城原则相结合，创造出了中国古代都城规划的杰作。

北周大象二年（580 年），年仅 26 岁的宇文恺就担任了匠师中大夫，据《唐六典》记载，其具体职掌为“掌城郭、宫室之制及诸物度量”，是主持城郭、宫室规划和制度的工官。开皇二年（582 年）隋文帝决定兴建大兴城时，年仅 27 岁宇文恺就承担了具体的规划设计，表现出杰出的营造才能，并在隋代的一系列营建中发挥了极为重要的作用。公元 589 年，隋平陈，宇文恺曾前往建康对南朝建筑进行考察。建康作为中国南半部东晋、宋、齐、梁、陈五朝的都城，经过多年的营造，以繁华秀丽、人文兴盛著称于世。通过考察，宇文恺对南朝建筑有了深入了解，对他以后所从事的规划和营造产生了很大影响。现将宇文恺的任职及从事的营造工程项目列简表如下：

宇文恺任职期间从事的营造工程一览表

<table>
<tr><th>时间</th><th>职位</th><th>年龄</th><th>从事的规划和营造工程</th></tr>
<tr><td>开皇元年（581）</td><td>营宗庙副监</td><td>27</td><td></td></tr>
<tr><td>开皇二年（582）</td><td rowspan="2">营新都副监</td><td>28</td><td>大兴城规划</td></tr>
<tr><td>开皇四年（584）</td><td>30</td><td>督开广通渠</td></tr>
<tr><td>开皇十三年（593）</td><td rowspan="2">检校将作大匠</td><td>39</td><td>营仁寿宫</td></tr>
<tr><td>仁寿元年（601）</td><td>48</td><td>营太陵</td></tr>
<tr><td>大业元年（605）</td><td>营东都副监</td><td>51</td><td>营东都</td></tr>
<tr><td>大业四年（608）</td><td>工部尚书</td><td>54</td><td></td></tr>
<tr><td>约大业五年至六年
（609～610）</td><td></td><td>55 或 56</td><td>撰写《明堂议》并造木样</td></tr>
</table>

从上表中可以看出，宇文恺主持了隋朝几乎所有的重大营造工程，如城市规划、宫室官署营造、河渠的开通和陵墓的建造。

仁寿四年（604年）七月，隋文帝死，其子杨广嗣位，是为隋炀帝。十一月下诏兴建东都。《唐六典》卷七“东都条”原注：“都城，隋炀帝大业元年诏左仆射杨素、右庶子宇文恺移故都创造也。南直洛水之口，北倚邙山之塞，东出瀍水之东，西出涧水之西。洛水贯都，有河汉之象焉。东去故都十八里。炀帝既好奢靡，恺又多奇巧，遂作重楼曲阁连阕洞房，绮绣瑰奇，穷巧极丽。”从东都的营建记载来看，隋炀帝决策营建的时间为仁寿四年（604年）十一月，大业元年（605年）春三月诏尚书令杨素、纳言杨达、将作大匠宇文恺营建东京，东都的规划时间只有短暂的四个月，时为“营东都副监”的宇文恺在仅有的四个月中就完成了东都的规划。《唐六典》卷七“东都条”原注是这样叙述东都的：“东面十五里二百一十步，南面十五里七十七步，西面连苑，距上阳宫七里，北面距徽安门七里。郛郭南广北狭，凡一百三坊，三市居其中焉。”唐代韦述的《两京新记》、《元河南志》、《大业杂记》等史料均记载东都规划整齐，街道四通八达，并有良好的绿化。另据东都城考古发掘报告，东都在西北角建皇城宫城，前后相重。皇城前临洛水，上建浮桥，南与全城主街定鼎门街相接，形成全城主轴线。郭内街道为方格网状，分全城为103坊，以四坊之地建三市。东都宫室借用了南朝宫殿建筑的特点，史载“兼以梁陈曲折，以就规模”，《隋书·列传》三十三称宇文恺“揣帝心在宏侈，于是东京制度穷极壮丽。”东都宫室所呈现的建筑风格正是迎合隋炀帝倾慕南方文化的心理，不过却将南朝较为先进的建筑技术引入北方，为促进南北方的建筑技术交流起了积极作用。

东都不仅规划时间短，其建造速度可用“神速”来形容。据史籍记载，隋炀帝大业二年（606年）四月就入洛阳，意味着东都的建设和布置陈设在短暂的十三个月内即完成，《元河南志·隋城阙古迹》记载：“筑宫城兵夫七十万人，……六十日成。其内诸殿及墙院又役十余万人。直东都土工监当（常）役八十余万人，其木工、瓦工、金工、石工又十余万人。”总计建外郭及宫城共享二百万人以上[7]。这样的筑城规模，不但工程组织、技术指导、工程监督等任务繁重，而且材料的调用也至为重要。据《旧唐书·掌玄素传》记载：“隋造宫室，楹栋弘壮，大木非近所有，多从豫章采来，二千人曳一柱，……终日不过进三二十里，已用数十万功，则余费又过于此。”东都的营建采用大臣分工督促的办法，史称“赐监督者各有差”，限时完成，其中皇城内的官署由裴矩完成，《隋书·列传》三十三《裴矩传》记载：“炀帝即位，营建东都，矩职修府省，九旬而就。”府省是皇城中的官署，皇城面积 1.3 万平方公里，扣除街道，官署占地也近 1 万平方公里，九旬建成，可谓神速。但裴矩并非专业工官，隋炀帝时，掌与西域互市，着《西域图记》三卷献于皇帝，被委以经略四夷，累迁黄门侍郎，慑服西域数十国，破吐谷浑，拓地数千里。又施反间计，迫突厥射匮可汗入朝，后从征辽，迁右光禄大夫。但在修建皇城官署时，表现出杰出的监督能力。但具体的工程计划、材料供应、工种衔接等问题，还要归功于工部和将作监领导下的官吏和匠师。

隋文帝和隋炀帝极好建奢侈华丽宫室，所以除建长安、洛阳两京宫殿外，还在长安、洛阳附近建了大量的离宫，并在二京之间以及去离宫的路上建造了大量行宫，其中最著名的离宫——仁寿宫的规划和设计也是出自宇文恺之手。《资治通鉴》卷一百七十八记载：开皇十三年（593 年）“二月，丙午，诏营仁寿宫于岐州之北，使杨素监之。素奏前莱州刺史宇文恺检校将作大匠，记室封德彝为土木监。”[8]由此可知，宇文恺是仁寿宫实际上的设计和施工负责人。仁寿宫的规模，据《新唐书·地理志》记载：“周垣千八百步，并置禁苑及府库官司等”，可见这是一座正规的宫城。仁寿宫的设计体现了江南宫室的特点，

“夷山堙谷，营构观宇，崇台累榭，宛转相属。”隋文帝定于开皇十五年（595 年）二月幸仁寿宫，因此营造工程必须在二年内完成。《隋书·杨素传》这一工程有记载：“寻令素监营仁寿宫，素遂夷山堙谷，督役严急，作者多死，宫侧时闻鬼哭之声，及宫成，上令高颎前视，素称颇伤绮丽，大损人丁，高祖不悦。”

开皇四年（584 年）杨素为御史大夫，大业元年（605 年）迁尚书令，由此可见，杨素是以御史大夫监理仁寿宫营建的，此外，他的营造才能还体现在山陵营建上。“山陵制度，多出于素。”太陵的建造地是杨素奉命选择的，据《隋书》卷四十八《列传》十三《杨素》记载：“献皇后奄离六宫，远日云及，茔兆安厝，委素经营。……素义存奉上，情深体国，欲使幽明俱泰，宝祚无穷。以为阴阳之书，圣人所作，祸福之理，特需审慎。乃遍历川原，亲自占择，纤介不善，即便寻求，志图元吉，孜孜不已，心力备尽，人灵协赞，遂得神皋福壤，营建山陵。”萧吉具体负责陵地的选择，《隋书》卷七十八《列传》四十三《萧吉》记载：“献皇后崩，上令吉卜择藏所。吉历筮山原，至一处，云‘卜年二千，卜世二百’，具图而奏之。”从“具图而奏之”可知，建陵前，要先绘制地形图，并上报皇帝批准后方可开始营建。

礼制建筑是颇受中国历朝统治阶级重视的建筑，包括宗庙、明堂、郊坛等，礼制建筑的建造奏请由礼部申请。礼部是中国古代建筑意识领域的真正管理者，在等级制度森严的封建社会，礼制建筑作为封建等级制度的标本，它的建造被视为国之大事。开皇三年（583 年），儒臣牛弘就曾建议依古制建造明堂，并提出五种方案。隋文帝认为建国之初，诸事草创，没有采纳牛弘的建议。开皇九年（589 年）灭陈，统一了全国，开皇十三年（593 年）明堂营造又被提到了议事日程，于是下诏建明堂。命牛弘

“条上故事，议其得失”，牛弘又重新提出了五种方案。宇文恺在此基础上制作了五室明堂方案的木样，并针对方案呈现《进明堂仪表》，仪表中提到“以一分为一尺，推而演之”，“丈尺规矩，皆有凭准”，提供了按比例绘制并有准确尺度的明堂建筑图，得到隋文帝的赞扬，于是下令在大兴城安业里择地，准备兴建。但由于儒臣之间“五室”与“九室”方案之间的争议，明堂的建造被搁浅。炀帝即位后，命有关部门讨论明堂之制，礼部侍郎许善心等奏请以《周礼》标准，为太祖、高祖各建一座殿堂，其他人分室祭祀。宇文恺撰写了《明堂议》，对明堂的渊源进行了探讨，并对自己的方案进行了解释，是史籍中第一次较为详尽地记载一座建筑的设计。虽然得到隋炀帝的赞同，但却由于战争原因没有实施。

宇文恺参与的营造工程种类多，不但对城市进行规划、设计，而且对单体建筑进行深入细致的研究，同时指导佛教建筑塔和寺的营造。据《悯忠寺重建舍利塔记》记载，仁寿元年（601 年）令全国十州同时建造“仁寿舍利塔”，塔的形状由“有司造样，送往当州建造”。《法苑珠记》对境内各州依照统一样式普建舍利塔之事有“所司造样，送往本州岛”[⑨]的记载。仁寿二年（602 年）、四年（604 年）又依照原样建塔 81 座，先后共建佛塔 111 座。此时的宇文恺已为将作大匠，这种大规模的佛塔建造，一定离不开宇文恺的指导，这是历史上采用模型直接指导大规模施工的著名实例。隋仁寿三年（603 年），隋文帝为皇后营造禅定寺，又命宇文恺督建，此时的宇文恺已位居工部尚书，“以京城西有昆明池，地势微下，乃奏于此建木浮屠，高三百卅尺，周匝百二十步。寺内复殿重廊，天下伽蓝之盛，莫与之比。”[⑩]

宇文恺还参与了风行殿和行城的设计和建造。据史载，炀帝命宇文恺等人制造观风行殿，殿可离合，殿上可容纳侍卫几百人，下设轮轴，可以很快地推移。又命宇文恺制作行城，行城周长二千步，以木板为主体，用布蒙上，再画上彩画，行城上观台、望敌楼全都齐备。胡人惊叹，以为神功，每望见御营，十里之外就跪伏叩头。

《隋书·宇文恺传》后的史臣评语中说，尽管宇文恺迎合了隋帝求侈丽之心，但他“学艺兼该，思想通赡，规矩之妙，参踪班尔，当时制度，咸取则焉”。承认他是开一代制度的大建筑家、规划家。从宇文恺一生的经历来看，隋朝大规模的营造背景创造了使他成为中国古代最卓越的城市规划家和建筑家的机遇，成为中国古代建筑史上的一位重要人物。这种营造背景同时造就了其他营造专家，如阎毗、何稠。

阎毗为榆林盛乐人，后迁居关中，颇好经史，以技艺知名，深得周武帝的喜欢。宣帝即位，拜仪同三司。到隋炀帝时得到重用，在涿郡蓟县为隋炀帝主持修建临朔宫，以备隋炀帝征高丽所用。此外，还陆续主持了许多重大工程，如大业三年（607 年）七月发丁男百余万筑长城，大业四年（608 年）发河北诸郡百余万男女开永济渠，同年七月又发丁男二十余万筑长城，同年八月，炀帝祠恒山，修筑坛场，这四项重大工程都是由阎毗总领。一方面证实了隋炀帝对他的信任，更为重要的是体现了他的营造和监理才能，并以功领将作少监。

何稠是隋朝几位重要工官中唯一出身于南朝的人，性绝巧，有智思，用意精微。何稠 10 岁时，江陵沦陷，随其兄至长安。隋文帝时任御府监、太府臣等职。何稠博览古图，多识旧物，精通工艺制作。当时中国久绝琉璃之作，匠人无敢厝意，何稠以绿瓷为之，与真不异。仁寿二年（602 年）曾与宇文恺共同参加太陵的规划和兴建。由于出身于南朝，对江南文化和典章制度较为熟悉，因此被选出进行太陵营造，以实现集南北文化之长定一代制度之意。大业元年（605 年）任太府少卿。另外在造桥领域有较高造诣，因建辽水桥时曾遇到问题，何稠受命解决，二日便予以解决。还为隋炀帝建造观风行殿和六合城。观风行殿是一种活动房屋，据《大业杂记》记载："三间二厦，丹柱素壁，雕梁画栋，一日之内嶷然屹立。"六合城是为隋炀帝北巡出塞而建，《隋书·礼仪志》有详细记载："方一百二十步，高四丈二尺。六合，以木为之，方六尺，外面一方有板，离合为之，涂以青色，垒六板为城，高三丈六尺，上加女墙板，高六尺。开南北门。又于城四角起楼敌二，门观、门楼、槛皆丹青绮画。"大业八年（612年）何稠又别出心裁，设计了更大的六合城，"周回八里，城及女垣合高十仞，上布甲士，立仗建旗。又四隅置阙，面别一观，观下开三门。其中施行殿，殿上容侍臣及三卫杖，合六百人。"但是，这一记载有夸大之嫌。史臣曰："何稠巧思过人，颇习旧事，稽前王之采章，成一代之文物。虽失之于华盛，亦有可传于后焉。"

在隋代的营造活动中，要特别提及隋文帝的第三子杨俊，开皇初（581年）立为秦王，仁恕慈爱，崇敬佛道，后渐奢侈远法，盛治宫室，穷极壮丽。又多巧思，每亲运斤斧工巧之器，为嫔妃制作七宝幂篱。器具精巧，珠玉为饰。又为水殿，香涂粉笔，玉砌金阶，梁柱楣栋之间周以明镜，间以宝蛛，极莹饰之美[11]。

隋代崇尚的"盛治宫室，穷极壮丽"之风蔓延到了民间，致使佛寺建造也尽显华丽之风，《续高僧传》记述了两则例子。其一为释住力，河南阳翟人。"八岁出家学道……陈中宗宣帝于京城之左造泰皇寺，宏壮之极，罄竭泉府，乃敕专监百工，故得揆测指撝面势严净。至德二年又敕为寺主，值江表沦亡，僧徒乖散，乃负锡游方，访求胜地。行至江都乃于长乐寺而止心焉。隋开皇十三年，建塔五层，金盘景耀，峨然挺秀，远近式瞻。至十七年，炀帝晋蕃又临江海，以力为寺任缮造之功故也。初，梁武得优填王像，神瑞难纪，在丹阳之龙光寺。及陈国云亡，道场焚毁，力乃奉接尊仪及王谧所得定光像者，并延长乐身心供养。而殿宇褊狭，未尽庄严，遂宣导四部王公黎庶共修高阁并夹二楼。寺众大小三百余僧，咸同喜舍，毕愿缔构，力乃励率同侣二百余僧，共往豫章刊山伐木，人力既壮，规模所指，妙尽物情，即年成立，制置华绝，力异神工，宏壮高显挺冠区宇。大业四年，又起四周僧房，廊庑斋厨仓库备足。”⑫

其二为释慧达，襄阳人。“幼年在道，缮修成务。或登山临水，或邑落游行。但据形胜之所，皆厝心寺宇，或补缉残废为释门之所宅也。后居天台之瀑布寺，修禅系业。……金陵诸寺数过七百。年月逾迈，朽坏略尽，达课劝修补三百余所，皆莹饰华敞，有移恒度。仁寿年中，于杨州白塔寺建七层木浮图，材石既充付后营立。乃溯江西，上至鄱阳预章诸郡，观检功德，愿与众生同此福缘。故其所至封邑，见有坊寺禅宇灵塔神仪，无问金木土石，并即率化成造，其数非一。晚为沙门慧云邀请，遂上庐岳造西林寺重阁七间，栾栌重垒，光耀山势。……晚往长沙，铸钟造像……又为西林阁成尊容犹阙，复沿江投造修建充满，故举阁圆备并达之功。”⑬

隋代进行了多项巨大的石工工程，如天龙山石窟，可惜石工的名字并没有流传下来。倒是赵州的安济桥上刻有李春的姓名，唐宰相张嘉贞撰写的《赵郡南石桥铭》序中说：“赵郡洨河石桥，隋匠李春之迹也。”

在历史的长河中，隋朝只存在了短暂的37年，但从建筑史的角度来看，营造工程项目多，规模大，施工快，充分证明隋朝营造机构，即尚书省工部和将作监有很强的规划设计和组织施工能力，与各级工官和一部分具有杰出营造才能匠人的运作分不开。过度的营造大大超出了民力承受，加上营造过程中采用严刑峻法督促劳役，大量民工死亡，激发了全国的农民起义，成为导致隋灭亡的一个重要原因，使得许多始于隋朝的营造工程持续到唐代才完成。

2. 唐代的工官与营造活动

唐代是中国古代历史上的辉煌时期，迎来了中国古代建筑发展史上的第二个高潮。《古今图书集成·考工典》中记载了唐代宫殿的主要营建项目："高祖武德元年，改建太极殿桃源宫，以武功旧宅为武功殿。太宗贞观四年六月，发卒治洛阳宫。贞观五年，置五成宫。贞观八年，建大明宫。贞观十八年，置温泉宫。贞观二十一年四月，作翠微宫。七月，作玉华宫。龙朔二年四月，作蓬莱宫。上元二年，置上阳宫。调露元年五月戊戌，作紫桂宫。武后天授元年置晋阳宫。元宗开元二年九月庚寅，作兴庆宫。"在大量的营造活动中，涌现出许多杰出的工官及工匠。

唐朝建立以后，继续使用隋朝长安、洛阳两京的旧宫，直到高宗时才在长安建大明宫。据考古发掘资料，大明宫总面积大约3.42平方公里，是紫禁城面积的4.8倍。宫内布局分朝区、寝区和后苑三部分，主要建筑有含元殿（举行元正、冬至大朝回的场所）、宣正殿（皇帝朔望听政的正殿）、紫宸殿（用于常朝）、蓬莱殿、麟德殿、大福殿以及配殿和其他建筑。大明宫的规划设计借鉴了宇文恺的规划设计方法，即主殿全部规划设计在全宫的几何中心，以50丈网格为控制线布置建筑群，单体建筑以材份为模数，以柱高为立面和断面上的扩大模数。此时掌管营建的是隋朝从事营造的原班机构和部分原班人马，一些参加过隋朝重大营建工程的规划设计人员在唐朝继续从事原有工作，还有子从父业的工官人员，由于规划设计方法科学，施工组织及管理水平先进，使大明宫的在短暂的一年多时间就予以完成。

子从父业的有阎立德、阎立本兄弟二人，他们的父亲是隋朝的阎毗，善技艺，为隋炀帝筑长城、建临朔宫。在家庭背景的熏陶下，两兄弟少年时就继承家艺，熟悉工艺，“机巧有思”，通晓建筑及其他文物典章制度，在唐朝任工官的时间长达40年。特别是阎立德，贞观初为将作少匠；贞观九年（635年）奉命为唐高祖修献陵，并以功升将作大匠；贞观十年（636年）又奉命为太宗长孙皇后修昭陵，因小过被免职；贞观十三年（639年），再任将作大匠；十四年（640年）营汝州襄城宫；二十一年（646年）重修北阙以避暑，“遣将作大匠阎立德于顺阳王（即太宗之子魏王李泰）第取材瓦以建之”，同年还营翠微、玉华二宫。对于这两座宫殿，皇帝还特下诏书强调：“故遵意于朴厚，本无情于壮丽，尺版尺筑，皆悉折庸，寸作寸功，故非虚设。”要求细部设计要以实用为目的。玉华宫有“九殿五门”，各殿沿南北中轴线对称排列，正殿为玉华殿，向北依次是排云殿、庆云殿、肃成殿。中轴线西侧建有庆福殿、紫薇殿和显道门，东侧建有嘉寿殿和金飙门、嘉礼门。东宫为太子所居的晖和殿，亦为“官曹署寺”所在。西宫地处珊瑚谷，为玉华宫别殿，称紫薇殿，“紫薇殿十三间，文壁重基，高敞宏壮，帝见之甚悦”，很好地贯彻了唐太宗李世民的意图，建造的宫殿既坚固，又通敞。二十三年（649年）摄司空，营护太宗山陵。太宗在其撰文刻石的碑上写道：“王者以天下为家，何必物在陵中，乃为已有。今因山而陵，不藏金玉、人马、器皿，用土木形具而已。”碑文表明了太宗营建山陵的意图。事实上，阎立德设计建造的昭陵，依九嵕山峰，凿山建陵，开创了唐代封建帝王依山为陵的先例。昭陵周长60公里，占地面积200平方公里，共有陪葬墓180余座，是我国帝王陵园中面积最大、陪葬墓最多的一座，是“唐十八陵”中规模最大的一座。其平面布局仿照唐长安城设计建造，陵寝居于陵园最北部，相当于长安的宫城，可比拟为皇宫内宫。地下是玄宫，在地面上围绕山顶建成方型小城，城四周有四垣，四面各有一门。五代军阀温韬盗掘昭陵时有“从埏道下见宫室制度，宏丽不异人间”的记载，是对昭陵内部寝殿宏丽情景的真实感叹。陵前的“昭陵六骏”为青石浮雕，是阎立德以唐太宗南征北战时的坐骑为原型雕刻而成，线条简洁有力，威武雄壮，姿态神情各异，造型栩栩如生，明代王云凤的《题六骏》称赞“秦王铁骑取天下，六骏功高画亦优”。昭陵营建结束后，阎立德进封为公。高宗即位后，阎立德仍为将作大匠。永徽三年（652年）创建九成宫新殿，升工部尚书；同年六月，高宗欲建明堂，并提出九室方案，还命群臣讨论明堂制度，阎立德提出以实用为目的的修改意见；五年（654年）主持并基本上完善了长安外郭工程的建设。由此可知，阎立德主持了太宗和高宗初期绝大部分的重大营造工程。

阎立本为阎立德之弟，显庆中（656年~660年）为将作大将，后升为工部尚书；总章元年（668年）又升为右相；咸亨元年（670年）任中书令。阎立本以善画而名世，张彦远在《历代名画记》中评价：“国初二阎，擅美匠学。”所以阎立本不仅是驰名的画家，而且同他的兄长一样，通晓营建，只是世人关注的是他更为杰出的绘画才能，所以在《唐书》有关的他的传记中，他的营造才能被忽略。唐长安城是按在隋大兴城的规划基础上续建的，完成于唐高宗中期，大明宫的修建时间是龙朔二年至三年（660年~663年），正是阎立本任工部尚书的期间，参与长安城和大明宫的规划和建设是肯定的。

窦琎，为隋朝太傅窦炽之孙。北周宣帝营建东京时，“以炽为京洛营作大监，宫苑制度，皆取决焉。”[14]然洛阳宫因宣帝的死而停止，“虽未成毕，其规模壮丽，踰于汉魏远矣。”窦琎秉承其祖父之业，从事营建，贞观五年（631 年）被任命为将作大匠。窦家祖孙两代主持修建洛阳宫，虽然没有像宇文恺那样精于营建技术，但也是通晓营建、并掌握营建技术的营造匠师，成为隋唐两代少有的建筑世家。

姜确，唐贞观中为将作少匠，护作九成宫、洛阳宫及诸苑。九成宫即隋朝的仁寿宫，贞观五年（631 年）重修时改名九成宫，是太宗、高宗时最主要的避暑离宫。《新唐书・地理志》中记载，“周垣千八百步，并置禁苑及府库官寺等”，是一座正规的宫城，并利用自然地形而建。魏征在《九成宫醴泉铭》中有这样的描述：“冠山抗殿，绝壑为池，跨水架楹，分岩竦阙，高阁周建，长廊四起，栋宇胶葛，台榭参差……珠璧交映，金碧辉煌，照灼云霞，蔽亏日月……”描述了离宫景色之美丽和建筑之奢华。姜确营建的洛阳宫即唐朝的东都宫，贞观六年（632 年）改东都宫为洛阳宫。姜确的儿子简，本性恪敏，有巧思，“凡朝之营缮，必司必咨而后行”[15]。可谓当时的营建技术权威，这是唐代父子二代从事营造的一个实例。

唐代还有许多从事营建的人物，但是，史籍中予以记载的只有片言片语，如柳佺，武后时任将作少监，造三阳宫，台观壮丽，三月而成。赵忠义，长安人，擅图绘，仕孟蜀为翰林待诏，后主尝绘玉泉寺图，作地架一座，垂棉叠栱，匠氏较之，无差黍粲。

唐高宗中期以后，宫室营建中有一特殊现象，即司农少卿参与了许多营造工程。《唐六典》卷七“东都”条原注记载：“（显）庆元年复置为东都。龙朔中，诏司农少卿田仁汪随事修葺，后又命司农少卿韦机更加营造。永昌中，遂改为神都，渐加营构，宫室、百司、市里、郛郭于是备矣。”同年又命田仁汪修复洛阳乾元殿，龙朔二年（662 年）命梁孝仁监造大明宫，上元二年（675 年）命韦机建洛阳朔羽宫、高山宫、上阳宫。

田仁汪、梁孝仁和韦机三人的职衔都是司农少卿，而并非工部或将作监的官员。据《唐六典》记载，少卿是司农寺的副长官，司农少卿“掌邦国仓储委积之政令，总上林、太仓、钩盾、导官四属与诸监之官属。”四属分别掌管苑囿垦殖、粮食储藏、薪草和猪禽养殖、宫廷来年供应，“诸监”掌京、都苑、九成宫苑和屯所的农业蔬果生产等，都是生产和物资供应部门，国家朝会、祭祀等大典及百官俸禄都由司农少卿供应。“龙朔二年……乃修旧大明宫，改名蓬莱宫。北据高原，南望爽垲。六月七日制蓬莱宫诸门殿亭等名，至三年二月二日。充、雍、同、岐、豳、华、宁、鄜、坊、泾、原、绛、晋、蒲、庆等十五州率口钱修蓬莱宫，二十五减京官一月俸助修蓬莱宫。”[16]为临时筹款营建。据《唐会要》记载：上元二年（675 年），高宗将迁西京，乃谓司农少卿韦机曰：“两都是朕东西之宅也。见在宫馆，隋代所造，岁序既淹，渐将颓顿，欲修，殊费材力，为之奈何？机奏曰：‘臣曹司旧式，差丁採木，皆有雇直。今户奴採斫，足支十年。所纳丁庸及蒲荷之直，在库见贮四十万贯。用之市材造瓦，不劳百姓，三载必成矣。’上大悦，乃召机摄东都将少府两司使事，渐营之。于是机始造宿羽、高山等宫。其后，上游于洛水之北，乘高临下，有登眺之美，乃敕韦机造一高馆。及成临幸。复令列岸修廊，连亘一里，又于涧曲疏建阴殿。”[17]司农少卿韦机为雍州万年（今陕西临潼县北）人，高宗初年（650 年）任檀州（今密云县）刺史，在任时建儒学，提倡读书，并能及时供应军需，深得高宗的赏识，升为司农少卿。由于营建宿羽、高山等宫使用了司农寺的结余款，韦机便掌管了营建工程。营建的上阳正殿左右设楼阁式配殿，临洛水建长廊，是宫殿布局上的创新；“并移中桥从立德坊曲徙于长厦门街，时人称其省工便事”，改善了洛阳规划中的缺憾；对高宗长子李弘墓玄宫进行改建，表现出较强的营建和改建能力。从韦机参与营造的实例来分析，由于技术官员不受重视，许多懂营建技术的人员并没有从事自己所熟悉的工作，李昭德是又一例。唐武后时为凤阁侍郎，长寿中（692 年～694 年），规创文昌台及定鼎上东诸门，又筑东都外郭，并在桥梁修缮方面有才能。《旧唐书·李昭德传》记载："初，都城洛水天津之东，立德坊西南隅，有中桥及利涉桥，以通行李。上元中，司农卿韦机始移中桥置于安众坊之左街，当长夏门，都人甚以为便，因废利涉桥，所省万计。然岁为洛水冲注，常劳治葺。昭德创意积石为脚，锐其前以分水势，自是竟无漂损。"在对桥基础进行创意性的加固后，中桥残损再也没有发生。虽然在建筑营造及桥梁修葺方面有才能，但李昭德承担的官职却与其拥有的才能相差甚远。

唐代还有一种现象，不为工官者却参与了重大建筑的营造。弘道元年（683 年）高宗死，武则天临朝，并改国号为周。为了表示周代唐的合法性，需要通过武氏祖先配飨来完成，于是于垂拱四年（688 年）毁乾元殿，并在其基址上建明堂。明堂建造是国之大事，诸儒臣对明堂制度长期争论不休。出于迫切的政治需要，武则天采取断然措施，避开儒臣，与"北门学士"共同确定明堂方案，以薛怀义为使，役数万人进行建造。建成后的明堂"高二百九十四尺，方三百尺，凡三层。下层法四时，各随方色；中层法十二辰，上为圆盖，九龙捧之；上层法二十四气，亦为圆盖。上施铁凤，高一丈，饰以黄金。中有巨木十围，上下通贯，栭栌撑欂，籍以为本，下施铁渠，为辟雍之象。号曰'万象神宫'。"[18]明堂建成后，薛怀义以功拜左卫大将军。这是隋唐时期唯一建成的明堂，也是当时体量最大的建筑物。证圣元年（695 年）正月，明堂失火，同年重建，并在短暂的一年内完工，存在一定的缺陷在所难免。故唐朝刘餗在《隋唐嘉话》中有这样的记载："今明堂始微于西南倾，工人以木于中鹰之。武后不欲人见，因加为九龙盘纠之状。其圆盖上本施一金凤，至是改凤为珠，群龙捧之。”表明明堂在结构和材料强度方面出现了问题，但没有得到真正解决。薛怀义只不过主持明堂的建造，明堂的设计和营造，恐怕还是离不开真正懂建筑设计的工官和工匠。武则天死后，明堂改为乾元殿，开元二十六年（738 年）诏将作大将詈往东都毁明堂。詈以毁拆劳人为由，遂上奏请拆去上层，抽去柱心木，将平座上十二边形楼改为八边形楼，楼上设八龙捧火珠，对原明堂结构进行了适度改造，至此明堂存在的技术结构问题才得到解决。

除了营造类工官以外，大量的匠师是唐代营造活动的主力军。《唐六典・工部》记载："凡兴建修筑，材木、工匠则下少府将作，以供其事。"原注："少府监匠一万九千八百五十人，将作监匠一万五千人，散出诸州，皆取材力强壮、伎能工巧者。……一入工匠，后不得别入诸色。"[19]《新唐书・百官志・将作监》记载："天宝十一载改大匠曰大监，少匠曰少监。有……短蕃匠一万二千七百四十四人，明资匠二百六十人。"[20]"蕃"即番，是指轮番服役。唐代制度规定，每年役二十日，称庸，加役至五十日，则租、庸、调全免。短期服役二十至五十日的工匠即为短番匠，另有技术高超全年服役的称长匠，对服役超过五十日的官家要付钱，所以称为"明资匠"。将作监二百六十名明资匠是各工种的匠师，也是营建队伍中最基本的技术力量。关于这些工匠的情况，史籍予以记载得很少，柳宗元《梓人传》记载了木工匠师的情况。

《梓人传》描写了一位木工师，唐代称之为都料匠。据《册府元龟》卷十四记载，敬宗宝历二年（826 年）正月"敕东都已来旧行宫，宜令度支郎官一人，领都料匠，缘路检计及雒城宫阙，与东都留守商议计料分析闻奏。"由此可知，"都料匠"是官匠中的木工首领，筹划指挥，检验校正，并不亲自参加劳动。从

《梓人传》中的“食于官府，吾受禄三倍”、“作于私家，吾受其宜大半焉”之句判断，应是“明资匠”，待遇要远远高于其他工匠，并游食四方，不受拘束。梓人主要掌握寻（长尺）、引（长绳，十丈为引，是度量工具）、规（画圆）、矩（曲尺）、绳墨，都是掌握尺度、几何形体、重心、准线的工具。梓人善度材，“视栋宇之制，高深圆方长短长之宜，吾指使而群工役焉”。能“画宫于堵”、“定侧样”，绘制建筑物断面图，确定房屋轮廓，并按材份推算出各建筑构件的尺寸，然后指挥工匠施工。梓人兼设计与工程主持于一身，拥有优厚的待遇，是工匠中的上层分子。由于掌握技术要诀，自然成为木工行会中的头面人物，并拥有在完成项目上留名的权利，“既成，书于上栋曰：某年某月某日某建”，其地位显然要高于其他众工匠。不过，只有个别工匠有幸得以留名，如北京房山云居寺唐开元九年（721 年）建造的九级石塔镌有：“垒浮图大匠张策，次匠程仁，次匠张惠文，次匠阳敬忠。”从中可知，当时主要主持人称“大匠”，大匠以下的助手称“次匠”。

唐代的工官属于技术官，同样不受重视。睿宗时，窦怀贞为尚书左仆射，这一官职是尚书省的实际长官，参与政事堂会议，与中书令、侍中共承相务。任职期间，他亲自监督金山和玉真观的营役，其弟讽刺说：“兄位极台衮，当思献替可否，以辅明主。奈何较量瓦木，厕迹工匠之间，欲令海内何所瞻仰也。”《明皇杂录》补遗：“唐玄宗既用牛仙客为相……（高）力士曰：仙客出于胥吏，非宰相器。上大怒曰：即当用詧。盖上一时恚怒之词，举其极不可者。”可见唐玄宗认为最无可能为宰相的是将作大匠詧，清楚地表明将作大匠是不受皇帝重视的，也为世人所看不起。没有重大工程时，将作监大匠多任命贵族子弟，武则天曾任其堂姊之子宗晋卿为大匠。有时还安排一些赃污狼藉之人，据《朝野佥载》卷二记载：“杨务廉，孝和

(唐中宗) 时造长宁、安乐宅仓库成，特授将作大匠，坐赃数千万，免官。”但是一旦有重大工程建设时，还是要任命一些真正懂工程和技术的人担任将作大将，这些人凭借时机，通过营造工程的实践成为卓越的规划家和建筑家，推动了一个时代的城市规划和建筑发展。

唐代的统治者在思想意识领域采取儒、释、道三教并行的政策，虽然在不同时期各有侧重，但基本上对传统儒家思想采取扶持利用的态度，对孔子尊崇有加。唐武德二年（619 年）下诏：“宜令有司于国子监，立周公、孔子庙各一所，四时致祭，仍博求其后，具以名闻，详加所议，当加爵士。”[21]唐贞观四年（630 年），太宗下诏，州县皆立孔子庙，孔庙遂遍布全国各地，学庙制度开始广泛推行。咸亨元年（670 年），唐高宗再次下诏：“诸州、县作孔子庙堂，有破坏并先来未造者，遂使先师缺奠祭之仪，久致飘零，深非敬本，宜令有司建事营造。”从此，修建孔子庙成为历朝重要的营造活动之一，孔庙遍布天下。

唐代是中国封建社会中期的鼎盛时代，随着国家的统一和疆域的开拓，政治、经济、军事、文化上都有巨大的发展，城市建设也出现一个新的高峰。近年研究表明，至迟在隋唐时期，大至都城、城市、里坊、宫殿，小至单体建筑，都有一套完整的规划设计方案，已经形成一套相当严密的法式。但是中国古代不重视工程技术，虽然历史上建造过无数规模不等的城市和建筑群，大多数没有详细的专业记载，城市建设的法规和经验也没有以文字的形式保存下来，营建工程部门在各项营建活动中的操作流程，我们只能从史料中探究到其中一小部分，更详细的操作流程还需进一步研究。

附一　梓人传（节选）

裴封叔之第，在光德里。有梓人款其门，愿佣隙宇而处焉。所职，寻、引、规、矩、绳、墨，家不居砻斫之器。问其，曰："吾善度材。视栋宇之制，高深圆方短长之宜，吾指使而群工役焉。舍我，众莫能就一宇。故食于官府，吾受禄三倍；作于私家，吾收其宜大半焉。"

他日，入其室，其床阙足而不能理，曰："将求他工。"余甚笑之，谓其无能而贪禄嗜货者。

其后，京兆尹将饰官署，余往过焉。委群材，会众工，或执斧斤，或执刀锯，皆圜立向之。梓人左持引，右执杖，而中处焉，量栋宇之任，视木之能举，挥其杖，曰："斧彼!"执斧者奔而右。顾而指曰："锯彼!"执锯者趋而左。俄而斤者斫，刀者削，皆视其色，俟其言，莫敢自断者。其不胜任者，怒而退之，亦莫敢愠焉。画宫于堵，盈尺而曲尽其制，计其毫厘而构大厦，无进退焉。既成，书于上栋曰："某年某月某日某建"。则其姓字也。凡执用之工不在列。余圜视大骇，然后知其术之工大矣。……梓人，盖古之审曲面势者，今谓之"都料匠"云。余所遇者杨氏，潜其名。

——引自柳宗元《柳河东集》,《四库全书》1076 册。

附二　宇文恺传

宇文恺字安乐，杞国公忻之弟也。在周，以功臣子，年三岁，赐爵双泉伯，七岁，进封安平郡公，邑二千户。恺少有器局。家世武将，诸兄并以弓马自达，恺独好学，博览书记，解属文，多伎艺，号为名父公子。初为千牛，累迁御正中大夫、仪同三司。

高祖为丞相，加上开府中大夫。及践阼，诛宇文氏，恺初亦在杀中，以其与周本别，兄忻有功于国，使人驰赦之，仅而得免。后拜营宗庙副监、太子左庶子。庙成，别封甑山县公，邑千户。及迁都，上以恺有巧思，诏领营新都副监。高颎虽总大纲，凡所规画，皆出于恺。后决渭水达河，以通运漕，诏恺总督其事。后拜莱州刺史，甚有能名。兄忻被诛，除名于家，久不得调。会朝廷以鲁班故道久绝不行，令恺修复之。既而上建仁寿宫，访可任者，右仆射杨素言恺有巧思，上然之，于是检校将作大匠。岁余，拜仁寿宫监，授仪同三司，寻为将作少监。文献皇后崩，恺与杨素营山陵事，上善之，复爵安平郡公，邑千户。

炀帝即位，迁都洛阳，以恺为营东都副监，寻迁将作大匠。恺揣帝心在宏侈，于是东京制度穷极壮丽。帝大悦之，进位开府，拜工部尚书。及长城之役，诏恺规度之。时帝北巡，欲夸戎狄，令恺为大帐，其下坐数千人。帝大悦，赐物千段。又造观风行殿，上容侍卫者数百人，离合为之，下施轮轴，推移倏忽，有若神功。戎狄见之，莫不惊骇。帝弥悦焉，前后赏赉不可胜纪。

自永嘉之乱，明堂废绝，隋有天下，将复古制，议者纷然，皆不能决。恺博考群籍，奏《明堂议表》曰：臣闻在天成象，房心为布政之宫，在地成形，丙午居正阳之位。观云告月，顺生杀之序，五室九宫，统人神之际。金口木舌，发令兆民，玉瓒黄琮，式严宗祀。何尝不矜庄扆宁，尽妙思于规摹，凝睟冕旒，致子来于矩矱。

伏惟皇帝陛下，提衡握契，御辩乘乾，咸五登三，复上皇之化，流凶去暴，丕下武之绪。用百姓之异心，驱一代以同域，康哉康哉，民无能而名矣。故使天符地宝，吐醴飞甘，造物资生，澄源反朴。九围清谧，四表削平，袭我衣冠，齐其文轨。茫茫上玄，陈珪璧之敬；肃肃清庙，感霜露之诚。正金奏《九韶》、《六茎》之乐，定石渠五官、三雍之礼。乃卜瀍西，爰谋洛食，辨方面势，仰禀神谋，敷土浚川，为民立极。兼聿遵先言，表置明堂，爰诏下臣，占星揆日。于是采嵩山之秘简，披汶水之灵图，访通议于残亡，购《冬官》于散逸。总集众论，勒成一家。昔张衡浑象，以三分为一度，裴秀舆地，以二寸为千里。臣之此图，用一分为一尺，推而演之，冀轮奂有序。而经构之旨，议者殊途，或以绮井为重屋，或以圆楣为隆栋，各以臆说，事不经见。今录其疑难，为之通释，皆出证据，以相发明。议曰：臣恺谨案《淮南子》曰："昔者神农之治天下也，甘雨以时，五谷蕃植，春生夏长，秋收冬藏，月省时考，终岁献贡，以时尝谷，祀于明堂。明堂之制，有盖而无四方，风雨不能袭，燥湿不能伤，迁延而入之。"臣恺以为上古朴略，创立典刑。《尚书帝命验》曰："帝者承天立五府，以尊天重象。赤曰文祖，黄曰神斗，白曰显纪，黑曰玄矩，苍曰灵府。"注云："唐、虞之天府，夏之世室，殷之重屋，周之明堂，皆同矣。"《尸子》曰："有虞氏曰总章。"《周官·考工记》曰："夏后氏世室，堂修二七，博四修一。"注云："修，南北之深也。夏度以步，今堂修十四步，其博益以四分修之一，则明堂博十七步半也。"臣恺按，三王之世，夏最为古，从质尚文，理应渐就宽大，何因夏室乃大殷堂？相形为论，理恐不尔。《记》云"堂修七，博四修一"，若夏度以步，则应修七步。注云"今堂修十四步"，乃是增益《记》文。殷、周二堂独无加字，便是其义，类例不同。山东《礼》本辄加二七之字，何得殷无加寻之文，周阙增筵之义？研核其趣，或是不然。雠校古书，并无"二"字，此乃桑间俗儒信情加减。《黄图议》云："夏后氏益其堂之大一百四十四尺，周人明堂以为两杼间。"马宫之言，止论堂之一面，据此为准，则三代堂基并方，得为上圆之制。诸书所说，并云下方，郑注《周官》，独为此义，非直与古违异，亦乃乖背礼文。寻文求理，深恐未惬。

《尸子》曰：“般人阳馆。”《考工记》曰：“般人重屋，堂修七寻，堂崇三尺，四阿重屋。”注云：其修七寻，五丈六尺，放夏。周则其博九寻，七丈二尺。”又曰：“周人明堂，度九尺之筵，东西九筵，南北七筵。堂崇一筵。五室，凡二筵。”《礼记·明堂位》曰：“天子之庙，复庙重檐。”郑注云：“复庙，重屋也。”注《玉藻》云：“天子庙及露寝，皆如明堂制。”《礼图》云：“于内室之上，起通天之观，观八十一尺，得宫之数，其声浊，君之象也。”《大戴礼》曰：“明堂者，古有之。凡九室，一室有四户八牖。以茅盖，上圆下方，外水曰璧雝。赤缀户，白缀牖。堂高三尺，东西九仞，南北七筵。其宫方三百步。凡人民疾，六畜疫，五谷灾，生于天道不顺。天道不顺，生于明堂不饰。故有天灾，则饰明堂。”《周书·明堂》曰：“堂方百一十二尺，高四尺，阶博六尺三寸。室居内，方百尺，室内方六十尺。户高八尺，博四尺。”《作洛》曰：“明堂太庙露寝，咸有四阿，重亢重廊。”孔氏注云：“重亢累栋，重廊累屋也。”《礼图》曰：“秦明堂九室十二阶，各有所居。”《吕氏春秋》曰：“有十二堂。”与《月令》同，并不论尺丈。臣恺案，十二阶虽不与《礼》合，一月一阶，非无理思。

《黄图》曰：“堂方百四十四尺，法坤之策也，方象地。屋圆楣径二百一十六尺，法乾之策也，圆象天。太室九宫，法九州岛岛。太室方六丈，法阴之变数。十二堂法十二月，三十六户法极阴之变数，七十二牖法五行所行日数。八达象八风，法八卦。通天台径九尺，法乾以九覆六。高八十一尺，法黄钟九九之数。二十八柱象二十八宿。堂高三尺，上阶三等，法三统。堂四向五色，法四时五行。殿门去殿七十二步，法五行所行。门堂长四丈，取太室三之二。垣高无蔽目之照，牖六尺，其外倍之。殿垣方，在水内，法地阴也。水四周于外，象四海，圆法阳也。水阔二十四丈，象二十四气。水内径三丈，应《觐礼经》。”武帝元封二年，立明堂汶上，无室。其外略依此制。《泰山通议》今亡，不可得而辨也。

元始四年八月，起明堂、辟雍长安城南门，制度如仪。一殿，垣四面，门八观，水外周，堤壤高四尺，和会筑作三旬。五年正月六日辛未，始郊太祖高皇帝以配天，二十二日丁亥，宗祀孝文皇帝于明堂以配上帝，及先贤、百辟、卿士有益者，于是秩而祭之。亲扶三老五更，袒而割牲，跪而进之。因班时令，宣恩泽。诸侯王、宗室、四夷君长、匈奴、西国侍子，悉奉贡助祭。

《礼图》曰：“建武三十年作明堂，明堂上圆下方，上圆法天，下方法地，十二堂法日辰，九室法九州岛岛。室八牖，八九七十二，法一时之王。室有二户，二九十八户，法土王十八日。内堂正坛高三尺，土阶三等。”胡伯始注《汉官》云：“古清庙盖以茅，今盖以瓦，瓦下藉茅，以存古制。”《东京赋》曰：“乃营三宫，布政颁常。复庙重屋，八达九房。造舟清池，惟水泱泱。”薛综注云：“复重廇覆，谓屋平覆重栋也。”《续汉书·祭祀志》云：“明帝永平二年，祀五帝于明堂，五帝坐各处其方，黄帝在未，皆如南郊之位。光武位在青帝之南，少退西面，各一犊，奏乐如南郊。”臣恺按《诗》云，《我将》祀文王于明堂，“我将我享，维牛维羊”。据此则备太牢之祭。今云一犊，恐与古殊。

自晋以前，未有鸱尾，其圆墙壁水，一依本图。《晋起居注》裴頠议曰：“尊祖配天，其义明着，庙宇之制，理据未分。直可为一殿，以崇严祀，其余杂碎，一皆除之。”臣恺案，天垂象，圣人则之。辟雍之星，既有图状，晋堂方构，不合天文。既阙重楼，又无壁水，空堂乖五室之义，直殿违九阶之文。非古欺天，一何过甚！

后魏于北台城南造圆墙，在壁水外，门在水内迥立，不与墙相连。其堂上九室，三三相重，不依古制，室间通巷，违舛处多。其室皆用墼累，极成褊陋。后魏《乐志》曰："孝昌二年立明堂，议者或言九室，或言五室，诏断从五室。后元叉执政，复改为九室，遭乱不成。"

《宋起居注》曰："孝武帝大明五年立明堂，其墙宇规范，拟则太庙，唯十二间，以应期数。依汉《汶上图仪》，设五帝位。太祖文皇帝对飨，鼎俎簠簋，一依庙礼。"梁武即位之后，移宋时太极殿以为明堂。无室，十二间。《礼疑议》云："祭用纯漆俎瓦樽，文于郊，质于庙。止一献，用清酒。"平陈之后，臣得目观，遂量步数，记其尺丈。犹见基内有焚烧残柱，毁斫之余，入地一丈，俨然如旧。柱下以樟木为跗，长丈余，阔四尺许，两两相并。瓦安数重。宫城处所，乃在郭内。虽湫隘卑陋，未合规摹，祖宗之灵，得崇严祀。周、齐二代，阙而不修，大飨之典，于焉靡托。

自古明堂图惟有二本，一是宗周、刘熙、阮谌、刘昌宗等作，三图略同。一是后汉建武三十年作，《礼图》有本，不详撰人。臣远寻经传，傍求子史，研究众说，总撰今图。

其样以木为之，下为方堂，堂有五室，上为圆观，观有四门。帝可其奏。会辽东之役，事不果行。以渡辽之功，进位金紫光禄大夫。其年卒官，时年五十八。帝甚惜之。谥曰康。撰《东都图记》二十卷、《明堂图议》二卷、《释疑》一卷，见行于世。子儒童，游骑尉。少子温，起部承务郎。

——引自《隋书》卷六十八，《列传》第三十三《宇文恺》。

附三　阎毗传

阎毗，榆林盛乐人也。祖进，魏本郡太守。父庆，周上柱国、宁州总管。毗七岁，袭爵石保县公，邑千户。及长，仪貌矜严，颇好经史。受《汉书》于萧该，略通大旨。能篆书，工草隶，尤善画，为当时之妙。周武帝见而悦之，命尚清都公主。宣帝即位，拜仪同三司，授千牛左右。

高祖受禅，以技艺侍东宫，数以雕丽之物取悦于皇太子，由是甚见亲待，每称之于上。寻拜车骑，宿卫东宫。上尝遣高颎大阅于龙台泽，诸军部伍多不齐整，唯毗一军，法制肃然。颎言之于上，特蒙赐帛。俄兼太子宗卫率长史，寻加上仪同。太子服玩之物，多毗所为。及太子废，毗坐杖一百，与妻子俱配为官奴婢。后二岁，放免为民。

炀帝嗣位，盛修军器，以毗性巧，谙练旧事，诏典其职。寻授朝请郎。毗立议，辇辂车舆，多所增损，语在《舆服志》。擢拜起部郎。

帝尝大备法驾，嫌属车太多，顾谓毗曰："开皇之日，属车十有二乘，于事亦得。今八十一乘，以牛驾车，不足以益文物。朕欲减之，从何为可？"毗对曰："臣初定数，共宇文恺参详故实，据汉胡伯始、蔡邕等议，属车八十一乘，此起于秦，遂为后式。故张衡赋云'属车九九'是也。次及法驾，三分减一，为三十六乘。此汉制也。又据宋孝建时，有司奏议，晋迁江左，惟设五乘，尚书令、建平王宏曰：'八十一乘，议兼九国，三十六乘，无所准凭。江左五乘，俭不中礼。但帝王文物，旂旒之数，爰及冕玉，皆同十二。今宜准此，设十二乘。'开皇平陈，因以为法。今宪章往古，大驾依秦，法驾依汉，小驾依宋，以为差等。"帝曰："何用秦法乎？大驾宜三十六，法驾宜用十二，小驾除之。"

毗研精故事，皆此类也。

长城之役，毗总其事。及帝有事恒岳，诏毗营立坛场。寻转殿内丞，从幸张掖郡。高昌王朝于行所，诏毗持节迎劳，遂将护入东都。寻以母忧去职。未期，起令视事。将兴辽东之役，自洛口开渠，达于涿郡，以通运漕。毗督其役。明年，兼领右翊卫长史，营建临朔宫。及征辽东，以本官领武贲郎将，典宿卫。时众军围辽东城，帝令毗诣城下宣谕，贼弓弩乱发，所乘马中流矢，毗颜色不变，辞气抑扬，卒事而去。寻拜朝请大夫，迁殿内少监，又领将作少监事。后复从帝征辽东，会杨玄感作逆，帝班师，兵部侍郎斛斯政奔辽东，帝令毗率骑二千追之，不及。政据高丽柏崖城，毗攻之二日，有诏征还。从至高阳，暴卒，时年五十。帝甚悼惜之，赠殿内监。

——引自《隋书》卷六十八，《列传》第三十三《阎毗》。

注 释

① 《元次山集》卷七《问进士》。

② 王超《中国历代官制与文化》，第166页，上海人民出版社，1989年。

③ 《新唐书》卷四十六《百官志》一《宰相》。

④ 《唐会要》卷五十七《尚书省》。

⑤ 《唐六典》卷七《工部》。

⑥ 《隋书》卷一《帝纪·高祖上》。

⑦ 《元河南志》卷三，《隋城阙古迹》，宫城条，中华书局《宋元方志丛刊》卷八，第8373页。

⑧ 《资治通鉴》卷一百七十八，中华书局标点本，第5539页。

⑨ 《法苑珠记》卷四十《舍利篇·感应缘》，第310页，上海古籍出版社。

⑩ 《两京西记》卷三，日本金泽文库旧藏古写本残卷。

⑪ 《隋书·文四子传》。

⑫ 《续高僧传》卷二十九《唐扬州长乐寺释住力传五》。

⑬ 《续高僧传》卷二十九《隋天台山瀑布寺释慧达传三》。

⑭ 《北史》卷六十一《列传》四十九。

⑮ 《新唐书》卷九十一《列传》第十六《姜确传》。

⑯ 《唐会要》卷三十“洛阳宫”、“大明宫”。

⑰ 《新唐书》卷三十。

⑱ 《资治通鉴·唐纪》。

⑲ 《唐六典》卷七《工部》。

⑳ 《新唐书》卷四十八，《志》三十八《百官》三。

㉑ 《新唐书·儒学传序》。

第六章　宋、辽、金时期的工官

公元960年，原后周官员殿前都点检赵匡胤发动陈桥兵变，被拥立为皇帝，改国号为宋，史称北宋。当时在南方和北方，还存在着南唐、吴越、漳泉、南汉、湖南、荆南、后蜀、北汉等多个政权，即便在北宋统治区域，也有不少的节度使。他们割据一方，既有土地，又有人民、甲兵和财富。为了防止割据势力的再起，宋朝统治者采取了一系列加强中央集权的措施，如分割宰相权力，解除将兵权，将精锐部队编制为禁军并驻守京城，禁军不再设最高统帅，任用文官；发展隋唐以来的科举制度，增加录取名额，广泛吸取地主阶级中的知识分子参加政权，削弱州、郡长官的权力，不允许他们兼任州郡以上的职务等等。这些措施使宋代专制主义的中央集权达到前所未有的程度，基本上消除了造成封建割据和威胁中央皇权的种种隐患，客观上有利于社会经济的发展，对维护国家统一发挥了重要作用。

一　北宋的官制

北宋官制上承隋唐，下启明清，是中国官制史上的关键时期，又以复杂多变为历朝之最。宋朝官制之所以复杂，是因为北宋初年在形式上不仅完全继承了唐朝的官僚机构，而且又发展了使职差遣，并加以制度化，差遣成为真正的职事官。纵观宋朝官制，呈明显的阶段性，并以元丰改革官制为界线，分为北宋前期和元丰改制后两个阶段。

1. 北宋前期的官制

北宋前期，为了稳定人心减少新王朝的威胁，宋太祖没有触动后周的官僚机构，在保留旧机构的同时，增设临时机构，使之互相牵制，并差遣郎曹、寺监京朝官出任地方官，“三岁一易，坐镇外重分裂之务”[①]，这样宋朝前期按《唐六典》设置的一套整齐的三省、六部、九寺五监的行政管理制度，在名义上实存，但“皆空存其名而无其实”[②]。马端临在《文献通考》中对北宋前期官制的特点作了较好的总结：“宋朝设官之制，名号品秩一切袭用唐旧。……天下财赋、内庭、诸中外筦库，悉隶三司；……台、省、寺、监官无定员、无专职，悉皆出入分莅庶务。故三省六曹二十四司互以他官典领，虽有正官，非别敕不治本司事，事之所寄，十亡二三。……九寺五监尤为空官。……至于官人授受之别，则有官、有职、有差遣。”

宋初，尚书六部作为国家最高行政机关的设置和名称仍然保留，但其实际权力却有削弱和种种限制。六部长官多为他官兼摄，居某部者，不一定拥有管理该部之权。隋唐以来的省、台、寺、监等中央机构，有的徒有虚名，如三省六部，其重要权力被其他机关侵夺，其中工部之权被将作、都水分割。六部所属二十四司之权同样多被另一些司侵夺，有的甚至废为闲所。

《宋史·职官志》中记载：“三司三公不常置，宰相不专任……台、省、寺、监，官无定员，无专职，悉皆出入分泣庶务。故三省、六曹二十四司，类似他官主判，虽有正官，非别敕不治本司事，事之所寄，十亡二三。故中台令、侍中、尚书令不预朝政，侍郎、给事不领省职……居其官不其职者，十常八九。”[③]

元丰改制以后，恢复了三省制，将宋初的一些机关归并到三省之中，使宰相与三省重新联结起来，实现了三省分立。三省中以尚书省地位最为重要，其下设六部，即吏部、户部、礼部、兵部、刑部、工部。“凡天下之务，六曹所不能与夺者，总决之。”④

2. 工部

工部，据《宋史·职官志三》记载：“工部，掌天下城郭、宫室、舟车、器械、符印、钱币、山泽、苑囿、河渠之政。凡营缮，岁计所用财物，关度支和市；其工料，则饬少府、将作监检计其所用多寡之数。凡百工，其役有程，而善否则有赏罚。兵匠有阙，则随以缓急召募。籍坑冶岁入之数，若改用钱宝，先具模制进御请书。造度、量、权、衡则关金部。印记则关礼部。凡道路、津梁，以实修治。”

工部主要由尚书、侍郎组成。尚书“掌百工水土之政令，稽其功绪以诏赏罚。总四司之事，侍郎为之贰。若制作、营缮、计置、采伐所有财物，按其程序以授有司，郎中、员外郎参掌之。”郎中“凡制作、营缮、计置、採伐材物，按程序以授有司，则参掌之。”虞部郎中掌山泽、苑囿、场冶之事。水部郎中掌沟洫、津梁、舟楫、漕运之事。

3. 三司

北宋前期真正职掌土木工程的是三司。三司是指盐铁、度支、户部司，为主财机构。唐天祐三年（906 年）始有三司之名，宋初沿置。三司权力很大，总掌全国财政收支大计，夺户部之权；兼掌城池土木工程，夺工部之职；又领库藏、贸易、四方贡赋、百官添给，侵太府寺之权。“三司所领天下事，几至大半，权位之重，非他司比。”[⑤]三司下各有八案（所领案数时有变化），修造案为户部所领案之一，掌京师城建、修葺及陶器、砖瓦的烧制。另八作司、排岸司、作坊、诸库薄帐、审核诸州营修城防工程建筑、官署、桥梁，所用竹木的筏运也在其管辖范围之内。修造案官员由朝官充，为临时差置，如嘉祐二年（1057 年）十月二十三日，上年大水冲毁的十余万间营房需突击修治，临时设勾当修造案公事，工程完毕即罢[⑥]。

三司机构庞杂，二十四案所辖事务众多，自然会出现管理不善、积弊甚多的现象。为了减少弊端，划一制度，景德二年（1005 年）创建了“提举在京诸司库务司”的机构，“时议者言辇下库务，其数逾百三十，出纳或致因循，三司簿领繁多，不能案视，故特置此职，提举察京城储蓄受给、监生能否，及覆验所受三司计度移用之事焉。”[⑦]对这一机构的设置及运作情况，《宋史》中没有给予记载，但《宋会要辑稿·职官》则有专门记载，另《续资治通鉴长编》也记载了该机构的建置和罢免时间，北宋真宗景德二年（1005 年）十月十五日始置，神宗元丰元年（1078 年）十月二十九日罢，运作时间 73 年。《宋会要辑稿》与此记载一致，“真宗景德二年十月，命龙图阁待制戚纶、宫苑使刘承珪都大提举诸司库务。言者以库务百三十余所，出纳多不整齐，又三司事丛，无由按视，故置此职。凡三司计度染练、造作、修补、变转物色，委朝官使臣往库务与本监官取文帐点检，仍不往经略巡辖。如三司失照管又积弊公事，并委所司制置以闻。”[⑧]由此可见，在京提举诸司库务司是作为三司的辅助机构而建立的，但并不直接从属于三司，元祐三年（1088 年）八月，王觌说：“臣窃闻旧来三司与提举诸司库务，各差勾当公事官互换点检一季，每年亦只共四季点检。缘提举司自是一司，非三司所辖，既三司自欲知所辖场物职事废，乃即差勾当公事官与提举司官互换此处点检，理无不可。”[9]所以皇帝下诏常以“三司、提举司”并称，在监督管理各库务官吏、事务等方面，提举司还有独处之权，只有在有关制度变动时才同三司商议，必要时还可以越过三司直接上奏。

所谓在京诸司库务，是指三司、九寺、五监等所隶属的诸多在京库、务、院、坊，至于提举司所辖库务的数目，变动较大，如景德二年（1005 年）为 130 处，景德四年（1007 年）为 82 处，治平二年（1065 年）为 102 处，熙宁三年（1070 年），《续资治通鉴长编》记载为 72 处，《宋会要辑稿》则记载为 74 处，所辖库务数目的变化是机构合并或划出的缘故。这些数以百计的诸司库物有一个共同的特点，就是均有钱物的出入，包括了京城除粮草之外几乎所有钱物的储藏和出纳事务，实际为国家命脉之所系，任务繁重，职权重大。提举司的历任长官，地位仅略低于三司使，常用显官外戚。诸司库物的官秩虽然不高，但职务却很重要，常被视为肥缺，“三司使副使子弟多乞监在京库务”[10]，“京师诸司库务，皆由三司举官监掌，而权贵之家子弟亲戚，因缘请托，不可胜数，为三司使者常以为患。”[11]被选出的勾当官，按时赴各库务“点检”，主要是对人员和账目两方面的检查。同时还从制度方面对诸司库务的弊病加以改革，英宗治平年间（1064 年～1067）还制定了《在京诸司库务条式》[12]。

在京提举诸司库务所辖的众多库、务、院、坊机构中，修建部门占了一定的数量。修建部门可分为两部分，即营造和建材，其中与营造有关的机构是提举修内司、提举修造司、提点修造司、八作司，属于建材机构的是竹木务、事材场、退材场及东西窑务。分述如下：

提举修内司，宋真宗大中祥符五年（1012 年）七月始见有修内司之名[13]，“领雄武兵士千人，供皇城内宫省垣宇缮修之事。真宗天禧四年（1020 年）六月诏，自今后修内司差内侍使臣二人，入内使臣一人勾当，从本省之请也。”这段记载表明修内司掌管的范围是皇城内宫。皇城即指开封宫城，也称大内，周围五里，是北宋帝王政治、生活的主要场所，皇城内建有诸多殿、堂、楼、亭，据《宋会要》记载，大约有50处。

修内司下设提举内中修造所和提举在内修造所两个机构，修内司根据所承修缮物的具体位置设置都大提举内中修造、提举在内修造等差遣。如“仁宗嘉祐三年六月二十一日，以入内内侍省内侍都知史志聪、副都知任守忠为都大提举内中修造。先是修皇城仪殿西屋，而三司言禁中营造多虚名役及大费材料，故命志聪等总领之。九月五日以勾当皇城司入内侍省副都知邓保吉、文思使带御器械李继和提举东华门以南诸处修造。”⑭提举内中修造所与提举在内修造所的营修范围不同，前者在宫城内，与入内内侍省官员共同负责，后者在皇城内，与皇城司官员共同负责。两者的营修范围也有混淆的时候，入内内侍省官员特别强调宫禁的特殊性，要与皇城司划清营修范围的界线。如“仁宗嘉祐三年……志聪、守忠言，内中并系宫禁所掌，提举其诸处殿庭门户、库务、城壁之类，从来修葺自系皇城司管辖，省内相度。大内自紫宸、垂拱、集英殿以北、崇政殿以南，连接后苑以至延福、广圣宫、龙图、天章、宝文阁并接近宫省，乞分令志聪等管勾；东华门以南并宣佑门东，直北至拱宸门东及右银台门，北至广圣宫南，诸处乞令皇城司管勾。”⑮但“英宗治平二年九月，罢皇城司提举修造司，命入内内侍省副都知石全育、入内内侍省押班李继和都大提举在内修造，又命同提举诸司库务、刑部郎中张师颜督促修内司官员。四年闰三月十四日，诏差同提举诸司库务张师颜专切提举在内修造。”⑯这样提举在内修造所单独掌管了皇城的缮修之事。直到熙宁二年（1069年）才有了明诏，将二所的修缮界限和职掌范围清楚地确定下来，“诏在内修造系宫殿门，委提举内中修造主领，其系皇城司内宫殿门外者，或令提举在内修造作施行。”[17]可见在营造维修工程中，专制政体的集权主义精神也贯穿在其中。

八作司，宋初置，先后隶三司、提举在京诸司库务司，元丰以后隶将作监。“太平兴国二年分两司，景德四年并一司，……天圣元年始分置官局。”东西八作司的职掌，据《宋史·职官志》五《将作监》记载，掌京师内外修缮之事，除此之外，还对工程修缮起监察、制裁的作用。八作司管辖的八作分别为“泥作、赤白作、桐油作、石作、瓦作、竹作、砖作、井作”[18]。“大中祥符五年诏抽差殿侍在八作司监修勾当，……七年三月，八作司言当司先差殿侍五十人分监，在京修造率多旷慢，望委本司按罪笞责。……九年七月诏八作司应在京修造自八月朔悉权罢之，以郊礼在近供役繁多故也。”[19]八作司承揽工程众多，难免出现工程积压、拖延之事，故而“每年年终，将一年应历内应修造、去处、间架已未数及催过功役，有无剩役、减料，状上三司……”[20]

这里将这八作与《营造法式》中的十三作做一比较。十三作分别为壕寨（土作）、石作、大木作、小木作、雕作、旋作、锯作、竹作、瓦作、泥作、彩画作、砖作、窑作。在中国古代建筑中，负责木构架构件制作、组合、安装和竖立的是大木作，八作司所承担的八作均不在大木作之中，《营造法式》中的十三作由八作司之外的广备攻城作承担。

广备攻城作在东西八作司之外，专门制造攻城武器，由东、西广备四指挥承担，后并入八作司。它曾先后隶于提举在京诸司库务司、将作监、军器监，后并入东、西八作司。广备攻城作分为二十一作，为大木作、锯作、小木作、皮作、大炉作、小炉作、麻作、石作、砖作、泥作、井作、赤白作、桶作、瓦作、竹作、猛火油作、钉铰作、火药作、金火作、青窑作、窑子作[21]，具体由广备四指挥、工匠三指挥承担。

广备指挥分东、西二指挥，为杂役厢军番号名，先后隶属于提举在京诸司库务司、将作监、军器监，从事于攻城武器的制作。

提点修造司，监修督掌京城营缮及京畿县屯兵营舍修葺之事，太平兴国七年（982 年）设置，淳化三年（992 年）分左、右厢，五年（994 年）又合为一，熙宁二年（1067 年）五月罢。设提点官，由诸司使及内侍二人提举。淳化四年（993 年）诏提点修造司，自今在京监修屋宇，若间数不多，不需遣人去处，只委本处监官专副等计料添修。乾兴元年（1022 年）四月“三司言，提点修造司申去年十二月诸处修造文帐，省司典检，有二千六百七十八处。”[22]由此可见，提点修造司主要是审理工程文账，类似于当今预算审核之类的工作。熙宁二年（1069 年）罢提点修造司，所掌管的修造公事由三司点检修造所执行。

京西河洛抽税竹木务，淳化、至道年间（990 年～997 年）已设置，大中祥符四年（1011 年）京东西抽税竹木场并入[23]。“掌受诸炉水运材植及抽算诸河商贩竹木”[24]，设勾当官，由京朝官或合门祗候充。“京西抽税竹木务，在汴河上锁东南。掌受陕西水运、南方竹索及抽算黄、汴、惠民河商贩竹木。”[25]

事材场，北宋太平兴国七年（982 年）创置[26]，先后隶三司、提举在京诸司库务司，是特为防止东西八作欺隐木料行为而设。设勾当官 4 人，由武臣诸司使副、合门祗候及内侍充。共领工匠 1653 人，工匠分三等，另领杂役 304 人。木料在供给用料单位之前，事材场要先行计度用料数量，并做初步砍、截加工。从事材场所领工匠的数目来看，事材场加工任务繁重，从另一个侧面体现了宋代营建和修造工程的规模。

伴随事材场的设置，东西退材场与之一并设置，收受京城内外废退的材木，量其长短、宽狭、曲折进行分类处理，供营建及加工杂器所用，剩余废材，供燃烧用。景德三年（1006 年）省监官，由事材场监官监领[27]。这一机构的设置，表明宋代注重木材节约。

东西窑务，建隆年间（960 年 ~ 963 年）设置，景德四年（1007 年）废。大中祥符二年（1009 年）为修玉清昭应宫复置，并将京西受纳场地改为西窑务[28]，掌挖、烧陶土，制作砖瓦，以供营建使用，同时兼造日常生活所需器皿，先后隶三司、提举在京诸司库务司，元丰以后隶将作监。设监官三人，领工匠一千二百人，工匠工种分十种，分别为瓦匠、砖匠、装窑匠、火色匠、粘胶匠、鸟兽匠、青作匠、积匠、鞏窑匠、合药匠[29]。

以上为提举在京诸司库务司所辖营建、修缮部门的大致情况，基本上掌握了与营建、修缮有关的一切事务。在提举在京诸司库务司发挥作用的七十四年中，经历了形成、发展、衰亡的过程，其所辖库务的数目逐渐减少，尤其是熙宁年间（1068 年 ~ 1077 年）宋神宗锐意改革，设置三司条例司以整理财政，并涉及诸司库务之事。各库务之管辖权，在元丰改革官制时，又分属了其他官署机构，新设和扩大的机构取代了提举司，熙宁八年（1075 年）以后，已不见提举在京诸司库务司的活动记载。

4. 元丰改制以后的官制

宋仁宗时期（1023 年 ~ 1063 年），宋的官僚机构越来越庞大，官员人数越来越夺，但总体呈现萎靡不振的腐败景象。巨额的冗官俸禄，庞大的军费开支，统治阶级的大兴土木，赋税的大量增加，使人民苦不堪言，阶级矛盾日益激化。于是仁宗于庆历三年（1043 年）开始了对官制的改革，“设官置局”，将太祖、太宗、真宗的三朝典故、法令编撰成书，作为模范，参照执行，以达到“颓纲稍振，敝法渐除”的目的，这就是所谓的“庆历新政”。但却触犯了官僚权贵的既得利益，并遭到他们的激烈的反对，最终被迫取消。治平四年（1067 年）宋神宗即位，任用王安石进行变法，并成立了“三司条例司”这一主持变法的机构。这场变法前后进行了二十年之久，其中包括对官僚制度的改革。元丰三年（1080年）八月，宋神宗正式发布诏令，要仿效“成周以事建官，以爵制禄”的原则，使“台、省、守、监之官实典职事，领空名者一切罢去，而易之以阶，因以制禄。”将以前的“寓俸禄”官一律改为相应的阶，按阶的高低给薪俸。宋神宗这场在元丰年间（1078年~1085年）对官制改革，史称“元丰改制”，是中国历史上经历时间最长、反响最大的变法运动——熙丰变法的产物。

元丰改制分为两个阶段，第一阶段是变法派为推行新法需要进行的“董正治官”阶段，部分地恢复了寺监的职能，将作监就是熙宁四年（1071年）复置的[30]。第二阶段是神宗亲自主持的以正名为主的元丰新制改革阶段。元丰五年（1082年），在完成“元丰官制格目”的前提下，正式颁行新官制，依《唐六典》恢复三省、六部、九寺、五监之职。随之，工官制度随之发生了极大变化。

元丰改制以后，三省成为最高机构，中书省成为中央造令、传旨的政务机构，门下省成为审令机构，尚书省成为执行机构。尚书省掌实行由门下省所付制、诏、敕、令，统管吏、户、礼、兵、刑、工六部及所属二十八司，其中工部辖四司。朝廷有疑事，尚书省集百官商讨以定夺，六部有难以解决的事务，又予以总决，如需请示裁夺，则按类分送中书省或门下省，凡更改法令，议定后上奏。

三省均设有若干房，门下省分九房，中书省分八房，尚书省分十房，工房均为其所设房之一。门下省各房“皆视其房之名而分尚书省六曹二十四司所上之事，以主行之”[31]，所以门下省工房掌尚书省工部四司所上文书。中书省工房“主行大营造应取旨计度及河防修闭”[32]，编制五人，凡重大营造工程经费的预算与奏清，河防的治理，包括堵塞决堤与修堤皆在其管辖范围之内。此外还日常处理尚书省所上奏请、台谏所陈奏疏、内外臣僚官司申请。尚书省工房掌工部所属四司，即工部司、屯田司、虞部司、水部司所上之事，营造、鼓铸、屯田、塘泊、官庄户、职田、山泽、狩猎、桥梁、舟船、车辆、河渠、工匠等，皆在其所辖范围之内㉝。

工部在元丰改制以后开始举职，掌城池、屋宇、街道、桥梁修造，舟、车器械百工制作及铸造钱币等事㉞。官额十人，工部尚书、工部侍郎各一人，工部四司郎中与员外郎各一人。元祐二年（1087 年）置权工部侍郎，文臣中没有任给事中、中书舍人或侍从官而任侍郎职者，带“权”字。元祐三年（1088 年）又置权工部尚书，正三品，以安排资格未及、职务需要的新进之人㉟。

工部有六案，为工部常设部门，分别为工部工作案，掌舟、车、器械、货币等百工制作；工部营造案，掌城池、宫室、屋宇、街道、桥梁修造；工部材料案，掌计划、采伐所需建筑、铸造等材料；工部兵匠案，掌所辖院、场、所、务等服役兵匠；工部检法案，掌检阅有关各部及本部诏令、条法等；工部知杂案，掌工部具体事务的料理，类似于后勤总管部门㊱。又专立一案，名为御前军器库。

工部所辖四司之一的工部司，设郎中、员外郎各一员，其职能为按程序，将制作、修造、计划、采伐材料等事务分别授予有关司局。六部每年要从事大量的工作，每项工作都有相应的文书及账簿，这样就有了管勾尚书六部架阁库的差遣官，主管六部已处理好并存放二年以上的档案文书，包括编制目录、登记及随时提供检索。具体到工部，有工部架阁官这一职事官，主管工部档案库，将工部文书、账簿送架阁库，编制目录，逐一登记。架阁官由进士出身、有政绩的选人担任，为储才之地。

九寺中唯有宗正寺和大宗正寺设有与营造有关的案所。宗正寺是统率皇族的权威机构，通掌皇权的教育、训喻、政令，纠察违失，并裁决宗室纠纷和诉讼。宗正寺掌宗庙、诸陵荐享祭祀。宋太祖至宋仁宗期间（960 年 ~ 1056 年），宗室繁衍很快，达数千人，宗正寺难以统管，所以建大宗正寺，以便更好地完成职掌。大宗正寺设六案，工案为其一，掌宗室迁出京师外住修造[37]。

北宋皇陵群称西京诸陵，管理诸陵的官司称西京诸陵所，看守皇陵、岁时荐献、修补陵园及园庙、祠坟。北宋时有七帝八陵，即赵宏殷的永安陵，宋太祖的永昌陵，宋太宗的永熙陵，宋真宗的永定陵，宋仁宗的永昭陵，宋英宗的永厚陵，宋神宗的永裕陵，宋哲宗的永泰陵。各陵均置陵所，属官有陵使、副陵使、都监、巡检、勾当香火内官等。

将作监的称谓始见于隋开皇二十年（600 年），最初掌盥手用具、焚版币等杂事，熙宁四年（1071 年）十一月开始振职，专领在京修造事。元丰改制中罢三司，将作监举凡土木工程版筑造作之政令、城壁、宫室、桥梁、街道、舟车、营造之事。“将作监，凡土木工匠版筑造作之政令总焉。辨其才干器物之所需，乘时储积以待给用，庀其工徒而授以法式。寒暑蚤暮，均其劳逸作止之节。凡营造有计帐，则委官覆视，定其名数，验实以给之。……凡出纳籍帐，岁受而会之，上于工部……”[38]由此可知，将作监不但领导具体建设项目，而且还负责制订建筑管理之政令，储备人力物力，管理工匠并向工匠传授技术及法规，劳动日定额的制定，建设账目的汇总上报，乃至治理河渠、修路造船等都在其业务管辖范围之内。为了完成这些繁杂的工作，将作监中设有“监”、“少监”、“丞”、“主簿”等官员，“监掌管宫室、城郭、桥梁、舟车、营缮之事，少监为之二，丞参领之”。

北宋前期，由于所领职事很少，所以只设判将作监事一人，以朝官以上充。熙宁四年（1071 年）整顿后，置同判监士二名，以资浅者带“同”字，简称同判、同判监。元丰新制，置将作监、少监各一名，丞、主簿二名。值得一提的是，将作监丞、主簿任用科举中的新进之士，“太平兴国二年始命第一、第二进士及九经授将作监丞、大理评事、同判诸州”[39]。“太平兴国二年三月二十三日，诏新进及第进士吕蒙正以第一等为将作监……十一月二十日以新及第进士胡旦、田锡、赵昌炎、李苏为将作监丞。”[40]“进士、诸科同出身试将作监主簿”[41]。元丰以后的将作监下分五案，所隶十个官署，即修内司、东西八作司、竹木务、事材场、麦䴵场、窑务、丹粉所、作坊物料库第三界、退材场、帘箔场，大多为北宋前期提举在京诸司库务所辖的机构，其职掌也大致与之相同，只是隶属部门发生了变化。《宋史·职官志·将作监》明确记载：“修内司，掌宫城、太庙修缮之事。东西八作司，掌京城内外修缮之事。”对于两个部门的修缮范围给予明确划分。麦䴵场掌受京畿诸县夏租䴵䴸，以供泥墙等营建使用。窑务，掌陶为砖瓦，以给营缮。丹粉所，掌烧变丹粉，供彩绘装饰使用。作坊物料库第三界，掌储积材物，以备用。退材场，掌受京城内外退弃材木，抡其长短有差，其曲直中度者以给营建。帘箔场，掌抽算竹木、蒲苇，以供帘箔内外之用[42]。

5. 宋代杰出的工官与营造著作

宋元时期是我国古代科技发展的高峰时期，其中建筑技术已步入成熟阶段。都料将喻皓撰写的《木经》三卷，是中国历史上第一部关于木结构的手册，可惜仅保存部分片段。匠作监李诫编写的《营造法式》，标志着中国古代建筑技术已经发展到了一个新水平，具有高度的科学价值。

《木经》由北宋时木匠喻皓撰写，大部分亡佚，只在沈括

《梦溪笔谈》中存有片段记载。喻皓生卒确切年代不详，浙东人，曾任杭州都料匠，负责设计、施工，擅长营造，尤其擅长营造塔。由于长期从事建筑实践，又勤于思索，在木结构建筑技术方面积累了丰富经验。欧阳修在《归田录》中称喻皓“国朝以来，木工一人而已”。但是由于中国古代统治阶级鄙视劳动，他的生平事迹记载得很少，被人传颂的主要是在汴梁建开宝寺塔和在杭州建梵天寺塔。端拱二年（989 年），为了建造开宝寺塔，朝廷从全国各地抽调了一批名工巧匠，喻皓在其中，由于营建技术经验丰富，被受命主持这项工程。建塔前，喻皓先做木样（模型）进行研究，并勘察地势，预见北面基础可能因潮湿引起不均匀沉陷，立刻采取添高塔基的措施[43]。塔的形状及高度史料有记载：“八角十三层，高三百六十尺。”[44]“塔初成，望之不正，而势倾西北，人怪而问之。答曰：‘京师地平无山而多风，吹之百年，当正也。’”[45]喻皓在开宝寺塔设计之初，不仅考虑到了塔的结构技术问题，同时还考虑到了塔周围环境以及气候对塔可能造成的荷载影响，这样细致周密的设计是宋朝理性主义思想的体现，是建筑设计技术进步的表现。

杭州梵天寺塔也是喻皓设计的，其他匠师完成施工建造。当塔建到第二、三层时，主管官员钱氏登临时发现塔身有摇晃，工匠们向喻皓请教解决办法，告知逐层安装木板后用钉子钉紧即可，工匠照做，果然稳定。从现代建筑技术的角度来看，这种解决方法是通过加强塔的结构刚度来提高塔的自然抗震动能力，科学合理，同时表明喻皓在所擅长营建的木塔领域，确实有过人的技术和丰富的经验。

中国古代营建技术主要靠师徒传授来传承，至宋代，还没有记述和总结营建经验的书籍问世，喻皓经过多年努力，晚年写成了《木经》三卷，成为中国历史上第一部木结构建筑手册，可惜失传，唯沈括的《梦溪笔谈》中有简略记载，虽然只是一鳞半爪，但一定程度上却反映了北宋的建筑技术水平。现存《木经》片段表明，喻皓把房屋建筑分为“三分”，也就是三段，“自梁以上为上分，地以上为中分，阶为下分”，每一分都有具体规格，“凡梁长几何，则配极几何，以为榱等。如梁长八尺，配极三尺五寸，则厅法堂也，此谓上分。楹若干尺，则配堂基若干尺，以为榱等。若楹长一丈一尺，则阶基四尺五寸之类。以至承拱榱桷等、皆有定法，谓之中分。”引文中所说的榱即圆椽，桷即方椽。喻皓将下分台阶分为竣、平、慢三个等级，而三者的分界在于荷辇人（抬轿者）前杆和后杆荷重姿势的不同，“前杆垂尽臂，后杆尽展臂为竣道；前杆平肋，后杆平肩为慢道；前杆垂手，后杆平肩为平道。”[46]这种以人的活动为基本设计尺度的方法具有较强的实用性。《木经》的问世，不仅促进了当时建筑技术的交流和提高，而且对后来建筑技术的发展有很大影响。北宋崇宁二年（1103 年）由李诫编写的《营造法式》中有关“取正”、“定平”、“举折”、“定功”等条目都是参照《木经》写成的。

北宋后期，政治腐败，宫廷生活日趋奢靡，统治者建造了许多豪华、精美的宫殿、苑囿、府第、官署、寺观。在修造过程中官吏贪污成风，使国库无法应付浩大的开支。为了挽救统治阶级的危机，宋神宗锐意改革，并制定各种与财政、经济有关的条例，《元祐法式》就是改革后所编，成书于元祐六年（1091 年）。但是由于缺乏用材制度，造成工料太宽，还是不能防止营建中出现的各种浪费弊端，于是下令重编，此重任落在了将作监李诫的肩上。

李诫，字明仲，河南郑州管城县人，北宋大观四年（1110 年）卒。出身于官吏世家，其祖父曾任尚书、祠部员外郎、秘阁校理，最高至司徒。其父为龙图阁直学士，官至中大夫，正议大夫。元丰八年（1085 年）正逢哲宗登基，其父亲为李诫恩补了郊社斋郎这一小官，不久调至济阴县任县尉。由于除盗有功，晋升为承务郎。元祐七年（1092 年）入将作监任职。任官二十二年，有十三年是在将作监供职，一生的精力主要贡献于营造，从最下层的官员开始，步步升迁，最终至将作监。

李诫是北宋在营造方面的高级官员兼技术专家，承担了许多营造项目，所涉及的工程范围也非常广泛，有木构建筑、园林建筑以及陵墓建筑。初入将作监时，李诫为该监最下层之小官——主簿，四年以后，即绍圣三年（1096 年），升为将作监丞，六年后，即崇宁元年（1102 年）升为将作少监。在这次晋升之前，他曾主持完成皇家重要工程建设项目——五王邸，当时的李诫在营建方面已积累了相当经验，掌握了一定的建筑技术，即所谓“其考工庀事，必究利害、坚窳之制，堂构之方与绳墨之运，皆已了然于心。”崇宁二年（1103 年），他曾被调离将作监，以通直郎官阶出任京西转运判官，但“不数月，复召回将作任少监”，主持营建礼制建筑“辟雍”。辟雍建成后，大约在崇宁三年（1104 年），被升为将作监的最高官职“监”，此后主管将作监五年。期间，完成了许多重要建设项目，同时，官阶也随之递增。例如尚书省建成时升为奉议郎，龙德宫、棣华宅建成时升为承议郎，东京皇城朱雀门落成后升为赐五品服的朝奉郎，皇城景龙门和九成殿落成后升为朝奉大夫，从此步入高级官阶。以后又完成了开封府廨、太庙、慈钦太后佛寺等工程，同时晋升为朝散大夫、右朝议大夫（赐三品服）和中散大夫。李诫自承务郎升至中散大夫，共升迁十六级，其中属于“吏部年格迁者七官而已”，其余九次多因其在将作监的工作成绩卓著而升迁。龙德宫是一例。据《汴京遗迹志》记载：“景龙江北有龙德宫，初，元符三年以懿亲宅潜邸为之，及作景龙江，江夹岸皆奇花珍木，殿宇比比对峙，中途曰壶春堂，绝岸至龙德宫。其地岁时次第展拓，后尽都城一隅焉，名曰撷芳园。山水秀美、林麓畅茂，楼观参差，犹艮岳、延福也。”从时间上可推知，龙德宫原来是宋徽宗的潜邸，后来次第展拓，成为宋东京的一座皇家园林。崇宁二年（1103 年），李诫修建龙德宫之时，正是徽宗当朝后将私邸扩建成皇家园林之时，这一工程之重要和质量要求之高是可想而知的，恐怕只有李诫这样经验丰富的官员才能胜任。从史籍中还可看到，每当修建国家级重要工程时，皇帝都要召李诫，例如“崇宁四年七月二十七日，宰相蔡京等进呈库部员外郎姚舜仁，请即国丙巳之地建明堂，绘图以献上，上曰先帝常欲为之，有图，见在禁中，然考究未甚详，仍令将作监李诫同舜仁上殿。八月十六日李诫同舜仁上殿。”由此可见，李诫在国家建设中占据着不可替代的重要地位。正因如此，李诫被指定承担编修《营造法式》。编修期间，他“乃考究群书，并询匠公，以增补之而分别其类别，至元符三年而书大成，奏上之，崇宁二年镂版颁行。”《营造法式》对历代建筑经验和宋代的建筑技术成就作了系统的总结，对官府各种建筑的用材选择、各种结构的技术标准及技术操作都作了严格的规定。《营造法式》编制最初的目的是为了控制工料，杜绝浪费和贪污，但由于李诫的才干和丰富的营造实际经验，使这部法式在最终完成时，超出了原来所设想的范围，不仅仅局限于定额管理范围，而是对各工种的技术做法进行了整理、加工和提高，并上升到一定的理论水平，具有较高的科学价值。全书共 34 卷，计 357 篇，3555 条，其中 308 篇、3272 条是历代工匠相传，是经久可行之法[47]。全书包括以下四类内容：

第一类（卷一、二），将北宋以前经史群书中有关建筑工程技术方面的史料加以整理，汇编成“总释”两卷，卷中诠释了各种建筑物和构件的名称，并说明当时一些定额的计算方法，书中称其为“总释”。

第二类（卷三至十五），按照营造工种，将世代流传经久、可供实用的经验，分门别类编制成技术规范和操作规程，形成“各作制度”，共十三作，分别为：

（1）壕寨制度（卷三），有关房屋地基处理及筑城、筑墙、测量、放线等方面的制度。

（2）石作制度（卷三），有关殿阶基、踏道、柱础、石钩栏等的使用及加工制度，并有石雕题材及技法。

（3）大木作制度（卷四、五），有关木结构屋宇构造作法的制度，梁、柱、斗栱、槫、椽等均包括在内。

（4）小木作制度（卷六至十一），有关建筑物的门、窗、栏杆、龛、橱等精细木工的型制及构造作法的制度，前三卷为门窗、栏杆等装修部分，后三卷为佛、道帐和经藏，叙述了神龛和经架的制作方法。

（5）雕作制度（卷十二），有关木雕题材、技法等方面的制度。

（6）旋作制度（卷十二），有关旋工制品的规格及加工技术的制度。

（7）锯作制度（卷十二），有关木材材料切割的规矩及节约木料的制度。

（8）竹作制度（卷十二），有关建筑中所使用的竹编制品规格及加工技术的制度。

（9）瓦作制度（卷十三），有关瓦规格及使用制度，并说明了各种瓦件的等第、尺码和用法。

（10）泥作制度（卷十三），有关垒墙及抹灰的制度。

（11）彩画作制度（卷十四），有关建筑彩画格式、使用颜料及操作方法的制度。说明了彩画构图和配色的基本法则和方法，并据不同部位、构架和等第，叙述各种不同题材、图案的画法。

（12）砖作制度（卷十五），有关砖规格及使用的制度。

（13）窑作制度（卷十五），有关烧制砖瓦、琉璃等构陶材质材料的规格、制造、生产以及砖瓦窑的建造方法。

第三类（卷十六至二十八），有关功限料例，总结编制出各工种的用工及用料定额标准，其中“诸作功限”详细规定了各工种构架和劳动定额，“料理”详细规定了各作的等第、大小所需要的材料限量。

第四类（卷二十九至三十四），有关各作图样，结合各作制度绘制图样 193 幅，供营造中使用。

《营造法式》成书后，皇帝下诏，向全国各地官署颁布，成为当时指导营造活动的权威性典籍，直至明以后仍有人在刻印、抄录并使用。《营造法式》的问世，标志着宋代建筑技术的标准化和定型化，准确地反映了中国在 11 世纪末至 12 世纪初整个建筑行业的科学技术水平和管理经验，不仅向人们揭示了北宋的建筑技术、建筑科学、建筑艺术风格，还反映了当时的生产关系、建筑业劳动状况和生产力水平等多方面的状况，以其较高的科学价值在中国古代技术性典籍中独放异彩，受到许多藏书家们的高度评价。如翟宣颖称：“疏举故书义训，通以令释，由名物之演嬗，得古今之会通，一也。北宋故书多有不传于今者，本编所印，颇有佚文异说，足资考据，二也。凡一物之作必究其形式、尺度、程度，咸使可寻，由此得与今制相较，而得其同异，三也。所用工材，虽无由得其价值，而良窳贵贱，固可约略而得，四也。程功之限，雇役之制，搬用之价，兼得当时社会经济状况，五也。花纹形体若拂菻、狮子、嫔伽、化生之类，得睹当时外族文化影响，六也。”陈銮跋称：“诚生平恒领将作，……国家大役事皆出其手，故度材程功，详审精密，非文人纸上谈可比。”邵渊耀跋称：“李明仲《营造法式》一书，考古证今，经营惨淡，允推绝作。”张镜蓉跋称：“自来政书考工之属，能罗括众说，博洽详明深悉，夫饬材辨器之义者，无踰此书。”《读书敏求记》则评述该书“虽辗转影钞，实祖宋本图样，界画最为清整。”

中国古代十分重视城墙修筑，城墙质量的优劣关系到国家和城镇的防御和安危。宋代专设了修护城墙的壮城兵，人力不足时，还派遣厢军或其他禁军修筑和维修城池，并招募或征调民力修筑城池。宋代对城墙本体在高度、厚度和坡度方面的技术要求既实际又科学。《武经总要》是宋康定五年（1045 年）颁布的一部军事著作，由曾公亮、丁度奉敕编成，虽然是一部军事著作，但在其前集的制度卷中，有测量工程及城垣守备建筑工程的式样。该书卷十二中记载了筑城制度，特别强调了筑城牢固法，对当时的筑城制度起到了指导作用。熙宁八年（1076 年），《梦溪笔谈》的作者沈括，由于曾任军器监，在城防工程方面有研究，编成的《修城法式条约》，内容除壕作法外，还包括了敌楼马面和敌团的式样、间距、规格等。南宋陈规、汤璹撰写的《守城录》是中国宋代城邑防御的专著，由陈规的《靖康朝野佥言后序》、《守城机要》和汤璹的《建炎德安守御录》三部分组成，原各自成帙，合为一书，刊行于世。为了增强城邑防御能力，主张改革城门、城墙、城郭旧制，如收缩易受炮击的四方城角，拆除马面墙上的附楼，筑高厚墙，形成重城重壕的新城防体系。上述三部著作不仅体现了宋代城墙防御建设水平，而且从另一个侧面体现了宋代壕寨领域的技术水准。

6. 宋代的工官与营造活动

宋代是我国古代建筑发展的一个新阶段，科学技术和生产工具比以前有了更大的进步，手工业分工细密，作坊规模不断扩大，并多集中于城镇中。反映在建筑上，首先是都城布局打破了汉、唐以来的里坊制度，从而使城市的布局与结构发生了变化。另外在宫殿、寺庙建筑群的布局上，也出现了不少新手法，建筑装修与色彩日趋华丽。由于采用了以“材”为标准的模数制，木构建筑的设计与施工实现了规模化，砖石塔的建筑更是达到了极盛。在各种建筑活动中，各级工官除主持各类建筑工程设计，还负责估工估料、组织施工以及建筑材料的征调和制作。

(1) 工官与营造工程设计

宋代著名文学家苏轼在《思治论》中说："夫富人之营造宫室也，必先料其资材之丰约以制宫室之大小，然后择工良者而用一人焉。必告之曰：吾将为屋若干，度用材几何？役夫几人？几日而成？土、石、竹、苇吾于何取之？其工良者必告之曰：某所有木，某所有石，用财役夫若干。主人率以听焉，及期而成。既成而不失当，择规矩之先定也。"[48]这里的工良者就是设计者兼施工者，也就是"都料匠"之类的人。他们据主人的意见，做出设计方案，并计算用料、用费、用工、时日，这是为富人营造，工程不大。至于大的工程，例如整组建筑（庙宇、宫殿、陵墓）或整个城市的营建，设计工作就显得更加重要。

建筑不是抽象的东西，可用图形来表达，因此有了设计图，先是对建筑物局部关系进行综合，并对这一综合进行表现，进而有了鸟瞰图。为了进一步表现建筑物的特点，至宋代又出现了一种新画——界画，是以宫室、楼台、屋宇等建筑物为题材，采用界笔、直尺画线的绘画，也叫宫屋、屋术。界画在宋代被作为设计图来使用，例如宋代《宋朝名画评》卷三记载："刘文通，京师人，善画楼台屋木，……大中祥符初，上将营玉清昭应宫，敕文通先立小样图……下匠氏为准，然后成葺。"由此可见，界画就是工程设计图及施工图。建筑是立体的实物，仅用平面表现，不能对建筑的各立面和高度进行全方位观察，这样就不得不用模型。著名工匠喻皓就是使用模型来进行设计，并在开宝寺木塔建造时有良好的运用。

(2) 工官与估功估料

宋《营造法式》共三十六卷，其中第十六至二十八卷是有关"料例"和"功限"的专卷。书中将各个工种的劳动定额称为"功"，以"功"为单位，分别制定各工种所需要的工作量。在

"功"之下还有"分"、"厘"，对工作量的限定十分精细。有关"筑城"工作量是这样规定的："诸开掘及填筑城基，每各五十尺一功。削掘旧城及就土修筑女头墙及护崄墙者亦如之。诸于三十步内供土筑城，自地至高一丈，每一百五十担一功。诸纽草萋二百条，或砍橛子五百枚，若划削城墙四十尺，各一功。"[49]又如造木柱，"柱，每一条，长一丈五尺，径一尺一寸，一功。若径增一寸，加一分二厘功。若长增一尺五寸，加本功一分功；或用方柱，每一功减二分功，若壁内暗柱圆者，每一功减三分功，方者，减一分功。"[50]在重大工程的营建中，工官对工程进行用功总估算。如宋真宗崇信道教，大中祥符二年（1009年）始建玉清昭应宫，凡二千六百一十楹，有司料功需十五年。该宫工程浩大，工极天下之巧，承担工程营造的是修宫使丁谓，由于采用快速营造法，仅用七年便建造而成，丁谓也因修玉清昭应宫而被史书广为记载。

材料的估计比劳动力的估计要容易些，《营造法式》对工程中各种材料的估计很精确，如规定泥作，每方一丈。每方红石灰的配制为：石灰三十斤，赤土二十三斤，土朱一十斤；黄石灰的配制为：每方石灰四十七斤四两，黄土二十五斤十二两。宋代建筑注重装修，宋代彩画是中国古代建筑装饰的高峰，彩画的用料估计更精细，如《营造法式》卷二十七中规定："应刷染木植，每面方一尺，各使下项：定粉，五钱三分。墨煤，二钱二分八厘五毫。土朱，一钱七分四厘四毫。白土，八钱。土黄，二钱六分六厘。黄丹，四钱四分。雌黄，六钱四分。合青华，四钱四分四厘。合深青，四钱。合朱，五钱。生大青，七钱。深二绿，六钱。常使紫粉，五钱四分。藤黄，三钱。槐花，二钱六分。中锦胭脂，四片。描尽细墨，一分。熟桐油，一钱六分。"精确的料例和功限规定，不仅杜绝了贪污和浪费，而且对统一建筑形式、风格，保证建筑艺术效果和建筑技术水平都发挥了重要作用。

(3) 工官与组织施工

任何营造设计都是通过施工成为成品的。史籍中记述的一些宋代重大工程都是在很短的时间内完成的，充分说明宋代施工中的劳动力管理、材料生产和运输以及组织施工均处在一个较高的水平。据史籍记载，大中祥符九年（1016年）八月二十三日，内廷着火，长春殿、崇德殿、会庆殿、崇明殿被毁，命宰臣吕夷简为大臣修葺使，并同时派其他官员通管勾，十月功毕。四大殿从烧毁之日到重建完工，只用了短暂的两个月。还有上面所说的玉清昭应宫，在施工中由于采用了快速施工法，使得预计二十五年才能完成的巨大工程，在七年内就得以完工，比预计的工程施工期缩短了一半，这不能不说是施工中的奇迹。沈括在《梦溪笔谈》中记载了一个颇有意义的施工组织计划事件："祥符中（1008年~1016年），禁火（皇宫失火）。时丁晋公主营复宫室，患取土远，公乃令凿通衢取土，不日成巨堑，乃决汴水入堑中，引诸道木排筏及船运杂材尽自堑中入至宫门。事毕，却以斥瓦砾灰壤实于堑中，复为通衢。一举而三役济，计省费以万计。"之中的三役是指取土、运输、清场，采用把街道掘成运河这一措施，将三役一举解决，此项举措，《中国古代建筑史》视为"运筹学"和"线形规则"的初步运用。这是一次十分出色的施工组织计划，文中的丁晋公就是丁谓，从工部员外郎累迁至工部尚书，是一位杰出的施工组织者和工程规划者。

一般而言，中国古代建筑遵循"就地取材"的原则，唯独宫廷建筑，为了体现威武、壮丽的气势，竭尽全力搜聚天下奇材进行建造，所以宫廷的建筑用材常常采用远距离输送。以修建玉清昭应宫为例，可以认识其建筑材料的来源："其所用木石，则有秦陇歧同之松，岚州汾阴之柏，谭衢道永鼎吉之杉松桐楮，温台衢婺之豫樟，明越之松杉；其石则淄郑之青石，卫州之碧石，莱州之白石，降州之斑石，吴越之奇石，洛水之玉石。其采色则宜圣库之银朱，桂州之丹砂，河南之赭土，衢州之朱土，梓州之石青石绿，磁相之黛，秦阶之雄黄，广州之藤黄，孟泽之槐花，虢州之铅丹，信州之黄土，河南之胡粉，卫州之白垩，郓州之螺粉，兖州之墨，选歙之漆，贾谷之望石，莱芜之铁。其木石皆遗所在官部押兵民入山谷伐取，挽辎车泛舟航以至，余皆分布部纲输送。”[51]所取建筑材料几乎遍布全国各地，材料的运输自然成为工官的重要职能之一。

（4）宋代的城市建设

宋代城市的营造有了与以往不同的理念，在满足统治阶级政治统治需要的基础上，对城市的经济活动也予以重视，城市的营造由里坊制向巷坊制变革，因此城市的格局和面貌发生了很大改变。北宋都城东京经过北宋九帝一百六十八年的大力营造，成为“人口上百万，富丽甲天下”的国际大都会，在中国古都发展史上发挥着承先启后的作用。

北宋东京开封地处中原，无山岳之险，因此外城的增筑，终北宋一代，屡修不止。从历史文献记载来看，北宋存在“宫城”与“皇城”两种称谓，两者在等级上是有差别的。宫城为内，皇城为外，内外有别。宫城又称大内，是皇宫所在地。《宋刑统》中有“其皇城门减宫城门一等”的记载，《宋会要》中则有“在内修造，系宫殿门内，委提举内中修造所主领，其系皇城门内宫殿门外者，即令提举在内修造所施行”的记载，可见两者的营造和修缮是由不同的营造部门进行的。东京城共有内城、外城和皇城三重城垣，北宋一代，统治者曾对东京城进行过多次增筑和修葺，使之成为一座壁垒森严的军事堡垒。

北宋政权初步建立，赵匡胤就于建隆三年（962 年）下诏：“广皇城东北隅。命有司画洛阳宫殿，按图修之。”《宋会要辑稿》方域一有记载：“建隆四年二月七日，帝亲视皇城版筑之役。十一日，修崇元殿，帝诏近臣及侍卫军校。……建隆四年五月十四日，诏重修大内，以铁骑都将李怀义、内班都知赵仁遂护其役。……太宗雍熙二年九月十七日，以楚王宫火，欲广宫城，诏殿前都指挥刘延翰等经度之，画图来上。帝恐动民居，曰：内城褊隘，诚合开展，拆动居人，朕又不忍，令罢之，但迁出在内三数司而已。”宋人叶少蕴在《石林燕语》中也有记载：“太祖建隆初，以大内制度草创，乃诏图洛阳宫殿，展皇城东北隅，以铁骑都尉李怀义与中贵人董役，按图营建。初命怀义等，凡诸门与殿须相望，无得辄差，故垂拱、福宁、柔义、清居四殿正重，而左右掖于升龙、银台等门皆然，惟大庆殿与端门少差尔。”

《续资治通鉴长编》卷九记载：开宝元年（968 年）“发进甸丁夫增修京城，马步军副都头王延义护其役。”大中祥符元年（1008 年）“勾当八作司谢德权言：京城外女墙圮缺，水道壅塞，望发籍兵葺筑；计工六十三万五千六十二。”[52]在上奏的同时，就对工程用工进行了预算。大中祥符九年至天禧二年（1016 年～1018 年），又再次对外城进行增修。

北宋时期消耗人力、物力最多、规模最大的修城筑城活动发生在宋神宗时期。熙宁八年（1075 年）八月，为了修城，神宗还特意下诏，并在诏书中作了亲笔批注：“都城久失修治，熙宁之初，虽尝设官完善，费工以数十万计，今遣人视之，乃颓圮如故。若非选官总领，旷日持久，不能就绪。可差入内东头供奉官宋用臣提辖修完，有当申请事条具以闻。仍差河北、东京、简中、崇胜、奉化十指挥及废监牧军士五千人专隶其役，军士乃隶步军司。应缘修城役使，犯杖以下，令提举修城所决之，合干追照，仍送步军司。每五百人许奏辖殿直以下至殿侍一人督役。”[53]为了加快增修建设速度，通过总结营建修缮经验，于熙宁八年（1075 年）作出“特选总官领其役”的决定，以保证工程进度和经费合理应用。实践证明，这一决定带来了显著效应，从熙宁八年至元丰元年（1075 年～1078 年）的三年中，京城修建项目

“初度功五百七十九万有奇，至是所剩者十之三”。通过长期建设，宋代都城开封的格局发生了变化，由原来的内外两层城墙演变为宫城、皇城、外城三套方城，不仅增强了皇帝的权威性，而且加强了都城的防御能力。都城不仅仅是朝廷的政治中心，其经济、文化职能也得到显著加强。官署分布逐渐集中，重要机关都设在宫城之内，便于朝廷政令的发布和实施。市坊制度终于崩溃，取而代之的是新的市、坊有机结合的城市体制。

（5）宋代的园林营造

宋代是中国词文学的极盛时期，出现了脍炙人口的山水诗和流传史册的山水画，文人画家陶醉于山水风光，借景抒情，融汇交织，形成文人构思的写意山水园林艺术，他们亲自参加造园，使造园多以山水画为蓝本，诗词为主题，以画设景，以景入画，使三度空间的园林艺术比一纸平面上的创作更有特色，在造园中体会“快人意，实获我心哉”的感觉，人工理水、叠造假山、构筑园林成为宋代营造活动项目之一。

以书画著称的宋徽宗赵佶喜好游山玩水，更喜欢造园，政和三年（1113 年）在宰相蔡京的主持下，于皇宫北建延福宫、修艮岳，政和七年（1117 年）“命户部侍郎孟揆于上清宝箓宫之东筑山，象馀杭之凤凰山，号曰凤凰山，命宦者梁师成专董其事。”[54] 艮岳虽规模不大，但在中国造园史上所取得的成就具有划时代意义。艮岳的建造是先构图立意，然后根据画意施工建造，即《艮岳记》中所说的“按图度地，庀徒僝工”。而艮园的设计者正是赵佶本人，他精于书画，艺术素养极高。艮园的设计山石奇秀、洞空幽深，根据不同的景区要求，布置亭、台、轩、榭等，疏密错落，有的追求清淡脱俗、典雅宁静，有的供坐观静赏峰峦之势，有的供远眺近览周边美景。艮岳的建造大约持续了六年时间，花费了大量的人力、物力和财力，在平江（今苏州）特设“应奉局”，专门收取江南的石料和花木，并委派朱勔主管应奉局的“花石纲”[55]事务，“载以大舟，挽以千夫，凿河断桥，运送汴京，营造艮岳。”

中原地区经济繁荣，文化昌盛，洛阳又是北宋的政治中心西京的所在地，造园活动非常兴盛，见于文献记载也很多。宋人李格非在《洛阳名园记》中记载了当时比较著名的园林 19 处，其中 18 处为私家园林，并称工部侍郎董俨的游憩园，即西园和东园为“最得山林之乐”，此园“亭台花木，不为行列”，在模仿自然的同时，又取山林之胜。园内借助地形的起伏变化，建造三堂，登高台可略观全园之胜，但又不是一览无余，“堂虽不宏大，而屈曲甚茁，游音至此，往往相失，岂前世所谓述楼者类也。”园内意境幽深，空间变化有致，并“有堂可居”，与董俨本人为工部工官，对造园的精通有很大关系。

（6）宋代参与营建活动的官员

宋代由于营造活动多，史籍中出现了许多与营造有关的官员，其中有的是工官，有的是其他官员。

丁谓（962 年～1033 年），长洲（今苏州）人，为淳化三年（992 年）进士。官运亨通，历任三司户部判官、工部员外郎、三司盐铁副使。大中祥符九年（1016 年）九月，丁谓以参知政事身份任平江军节度使，天禧初（1017 年）以吏部尚书复参知政事。不久，拜同中书门下平章事，兼任昭文馆大学士、监修国史、玉清昭应宫使、平章事兼太子少师。乾兴元年（1022 年）封为晋国公，显赫一时，贵震天下。丁谓为人机敏有智谋，诗、图书、博弈、音律无不洞晓。在宋代营建活动中，留下了诸多痕迹。宋真宗营建玉清昭应宫时，左右近臣上疏劝谏。真宗召问丁谓，丁谓答道：“陛下有天下之富，建一宫奉上帝，且所以祈皇嗣也。群臣有沮陛下者，愿以此论之。”从此便无人再敢劝谏。大中祥符二年（1009 年），丁谓为修玉清昭应宫使，征集大批工匠，严令日夜不停，每绘一壁，给二烛，原计划二十五年完成的营建工程仅用了七年便完成，最终“成二千六百余楹。其廊庑壁龛，多聚古今名画，甍栱皆楹，胥以金饰。每朝议初上，碧瓦凌空，翠彩照射，莫可名似”，深得皇帝赞赏。后又总领建造会灵观、修景灵宫以及祥符中宫内殿宇失火后的殿宇修复。

郭忠恕（？～977 年），五代末期至宋代初期的画家，工画山水，尤其擅长界画。“界画”是随着山水画发展而派生的一科，主要是画山水画中的亭台楼阁、舟船车舆。他所绘制的宫殿楼阁，精密工致，法度严谨，明代王肯堂在《郁冈斋笔尘》）中评价郭忠恕：“先界重楼复阁，层见叠出，良木工料之，无一不合规矩。”宋代李廌在《德隅斋画品》的“楼居仙图”中有这样一段话：“至于屋木楼阁，恕先自为一家，最为独妙。栋梁楹桷，望之中虚，若可投足；阑楯牖户，则若可以扪历而开阖之也。以毫记寸，以分计尺，以尺计丈，增而倍之，以作大宇，皆中规度，曾无小差，非至祥至悉、委曲于法度之内，皆不能也。”可见他笔下重楼复阁的谨慎与准确。郭忠恕的界画既忠实表现了错综复杂的屡楼重阁、回廊曲栏，又符合实际的比例尺寸，使画面上的建筑显示出巧妙、灵动的感染力，充分体现了其高度的匠心和卓越的技法，《圣朝名画评》称他的界画为“一时之绝”，被列为“神品”。宋太宗即位后，闻其名，授他为国子监主簿。郭忠恕的界画能绘制得如此精确，与他精通建筑结构和建筑形式密不可分。宋太宗在诏都料将喻皓建开宝寺塔时，郭忠恕就发现了喻皓所做塔小样中的差错。指出“小样未底一级折而计之，至上层余一尺五寸杀，收不得，宜审之”，喻皓以尺较之，过如其言。而此时的郭忠恕为国子监主簿，其具体工作是“令刊定历代字画”。

韩琦（1008 年～1075 年），相州安阳（今属河南安阳县）人，出身世宦之家，天圣五年（1027 年）考中进士，授将作监丞、通判淄州（今属山东）。入直集贤院、监左藏库。景祐元年

(1034 年) 九月迁开封府推官。二年十二月迁度支判官，授太常博士。三年八月，拜右司谏，封为国公。韩琦性喜营造，所临之郡，必有改作，皆宏壮雄深，称其度量。

宋用臣，开封（今河南开封）人，宋神宗年间（1068 年 ~ 1085 年）曾任登州防御使、宣政使、瀛州刺史、蔡州观察使等职。《宋史·列传·宋用臣》称其“为人精思强力，以父荫隶职内省。神宗建东西府，筑京城，建尚书省，起太学，立原庙，导洛同汴，凡大工役，悉董其事。”史籍中对其中项目有记载，如《皇宋通鉴长编纪事本末》记载，熙宁八年（1075 年），神宗下诏派宋用臣筑城，除用大批民工外，还役羡卒万人，创机轮以发土，节省了大量的人力、物力，加快了筑城速度。汴河以黄河水为源，宋代虽采取许多措施，但汴河泥沙淤积日益严重，朝廷曾派数人往汴口考察，以谋解决，但未果。元丰二年（1079 年）正月，神宗复遣宋用臣前往调查，回京城后，提出了解决方案并被批准执行。三月，以宋用臣以都大提举身份实行导洛通汴工程，七月全部竣工。治理河流本来就是工部管辖范围内之事，具有营建才能的宋用臣，在治理汴河中被重用成为必然。

宋升，崇宁初（1102 年），由谯县尉为敕令删定官，数年，至殿中少监。其父宋乔年死后，复为京西都转运使，莅葺西宫及修三山新河，擢至显谟阁学士。徽宗欲谒诸陵，有司为西幸作准备，宋升治宫城，广袤十六里，创廊屋四百四十间，在建筑装饰方面采用了异同寻常的油饰配料，以骨灰为地，以真漆为饰，致使洛城外二十里古冢遭殃。

秦九韶（1202 年 ~ 1261 年），安岳人，是宋元四大数学家之一。二十岁左右，随父亲移居京都，其父亲曾任工部郎中和秘书少监，为他阅读史籍、接触营建创造了机遇，由于本人勤学，性极机巧，“星象、音律、算术，以至营造等事，无不精究，游戏、球、马、弓、剑，莫不能知。”绍定四年（1231 年），秦九韶考中进士，先后担任县尉、通判、参议官、州守、同农、寺丞等职。淳祐四年至七年（1244 年～1247 年），在丁母忧时，把长期积累的数学知识和研究所得加以编辑，写成了闻名的《数学九章》，并创造了“大衍求一术”。嘉熙二年（1238 年），回临安丁父忧时，为解决西溪两岸群众的交通不便，在西溪上设计修建了“西溪桥”，其营建才能在桥梁营建中有体现。“湖州西门外苕水流经，入城面势浩荡，乃以术攫取之。遂建堂其上，极其宏敞。堂中一间横亘七丈，邱海筏之奇材为前楣位置，皆自出心匠；凡屋脊、两翚、搏风皆以砖为之。堂成七间，后为列屋以处秀姬，管弦制乐度曲，皆极精妙。”[56]如此大规模的建筑，又具有独特的建筑形式，体现了秦九韶在营建领域的奇思构想和高超技术。

吕拙，生卒年代不详，京师人。善丹青，尤喜楼观之画。宋代是我国界画发展的高峰期，画院的多数画家都能熟练掌握界画技法，画院的职衔有“待诏”、“艺学”、“祗候”、“学生”等。《宋史·选举志》明确规定，界画家能迁升“待诏”，故南宋邓椿说：“画院界作最工，专以新意相尚。”据《图画见闻志》记载，至道中（995 年～997 年），吕拙召入图画院祗候。真宗时开始营建玉清昭应宫，吕拙绘郁罗萧台样呈上，上览图嘉叹，下匠氏营台于宫，升为待诏。玉清昭应宫的油饰彩绘征召天下名手至京师者约三千人，吕拙的界画“精巧密细，观者无倦。又能廓落地势，映带池塘”，最终入选，同其他入选人员为宫中 2610 余间殿堂进行油饰彩绘。

韩重赟（？～974 年），磁州武安（今属河北）人。北宋重要将领和开国功臣之一。后周世宗显德元年（954 年）“高平之战”后，以功升任殿前司铁骑指挥使。曾参与赵匡胤发动的陈桥兵变，“以翊戴功”升为侍卫亲军司马军主力龙捷左厢都指挥使，后逐渐升迁为殿前司正。建隆三年正月，宋太祖扩建皇城东北部，并按洛阳宫殿图修建宫殿，由韩重赟督建，这是宋代由军职执行营建的实例之一。

刘承珪（949 年 ~ 1012 年），宋朝宦官。楚州山阳（今江苏淮安）人。屡有劳绩，曾参与封查府库、平定动乱、防备契丹、修建玉清昭应宫、制定权衡法、编著《太宗实录》和《册府元龟》等，官至宣政使、应州观察使。咸平三年（1000 年）迁北作坊使。当时边境未宁，决定修天雄军城垒，刘承珪受命乘传经画，又命提举内东、崇政殿等诸门的修建，迁宫苑使。

大中祥符五年（1013 年），刘承珪以身体有病为由，要求致仕。当时玉清昭应宫尚未竣工，负责玉清昭应宫营建的丁谓对真宗说："承珪领宫职，修宫建殿，藉其管辖，望圣上勿许其所请。"可见，刘承珪在当时营建活动中发挥着至为重要的作用，由于他继续要求致仕，故为他特置景福殿使这一荣衔。

阎承翰，真定人。宋朝建立后，事太祖，太宗时擢为殿头高品，稍迁内侍供奉官、内殿崇班。当时营建活动项目多，八作司材木颇有隐弊，阎承翰建议于都城西置事材场，治材以给之，在建筑用材方面提出合理化建议，对营建中的营私舞弊有节制作用。

刘文通，京师人，善画楼台屋木。真宗时（997 年 ~ 1022 年）入图画院艺学。大中祥符初（1008 年）建玉清昭应宫时，刘文通先画小样图，匠人据其成葺。

邓守恩，并州人。少以黄门事太宗。大中祥符五年（1012 年）七月，朝廷为奉五岳，决定于朱雀门东建保康门，并徙汴河广济桥于大相国寺前，命丁谓等在奉节、致远三营地及填干地之西兴筑，当时官为内侍的邓守恩负责营建；同年十二月，为安置南京诸帝石像于中京观德殿，诏丁谓等于京城择地建宫，丁谓等上奏："司天少监王熙元言：按《天文志》，太微宫南有天庙星，乃帝王祖庙也，宜就大内之丙地。"乃得锡庆院吉地，即令丁谓等与内侍邓守恩修建；七年（1014 年）又兼修真游殿、景灵宫，工程结束后迁内殿承制；八年（1015 年）预修大内，改西京作坊副使，次年大内修缮工程结束后，授东染院使，充会灵观都监。天禧二年（1018 年）又修祥源观成，迁崇仪使；三年（1019 年）授入内押班，郊祀时被召为行宫使；四年（1020 年）春迁文思院使，同年，掌皇城、国信二司，整肃禁卫，迁入内副都知。建天章阁时，又受命领营建。

王钦若（962 年～1025 年），临江军新喻（今江西新余）人，北宋大臣。宋咸平四年（1001 年）为参知政事；大中祥符五年（1012 年）为枢密使，同平章事。次年上表领衔编纂《册府元龟》，天禧元年（1017 年）为相，与丁谓、林特、陈彭年、刘承珪交结，时人谓之五鬼。在营建玉清昭应宫时，为修玉清昭应宫副使，修景灵宫时，又为修景灵宫副使，并兼修兖州景灵宫、太极观。昭应宫营建工程结束后，迁尚书工部侍郎，拜三司使，兖州宫观修缮结束后，迁吏部侍郎。仁宗在东宫时，以工部尚书兼太子宾客，改詹事。

宋代各级工官，虽然不是每一位都懂建筑、设计、施工，但是他们当中的大多数掌握一定的技术和规划知识，有一套法式运行制度，有工程管理经验和施工组织经验，是国家机器的一部分，以劳动人民的力役为统治阶级服务，但他们所取得的某些成就，或多或少地集中反映了劳动人民的创造发明，能以工匠们的实践经验为基础加以条理归纳，对中国古代建筑的继承、发展和建筑科学的进步起了积极的推进作用。

二　辽代的官制

辽是以契丹贵族为主，并联合燕云地区的豪强地主以及奚和渤海的贵族而组成的封建国家。辽在我国北部地区的统治从辽太祖阿保机神册元年（916 年）建立世袭皇权的奴隶主专政国家开始，到天祚帝保大五年（1125 年）被金所灭为止，共计 210 年。辽的版图“东至海，西至流沙，北绝大漠”。在辽的统治范围内，有契丹人、汉人和渤海人，他们的生活状况不同，契丹人的生活方式是“畜牧畋渔以食，皮毛以衣，转徙随俗，车马为家”；而汉人和渤海人的生活方式则是“耕稼以食，桑麻以衣，宫室以居，城郭以治”[57]。为此辽代统治阶级采取了“因俗而治”的政策，也就是所谓的“以国制治契丹，以汉制待汉人”的统治对策。

《辽史·百官志》对辽代官制有这样一段记载：“契丹旧俗：事简职专，官制朴实，不以名乱之，其兴也勃焉。太祖神册六年，诏正班爵。至于太宗，兼制中国，官分南、北，以国制治契丹，以汉制待汉人。”从中可以看出，辽代初年的官制与太宗以后的官制是不同的。

辽代初年，契丹中央官僚机构在皇帝之下大体分为朝官、宫卫、腹心部和族帐。皇帝以下职位最高的是于越；北、南宰相是皇帝的辅佐；执掌兵马大权的是迭剌部夷离堇；执掌皇族事宜的是惕隐；专司刑狱的是决狱官。这些官员后来发展成为一套北面朝官，处理全国一切重大事务并偏重于契丹等族各部事务。另外还设政事令、左右尚书和汉儿司，这些官员后来发展成为南面朝官，处理有关汉族事务。北面朝官和南面朝官因分别设在皇帝帐殿的北面和南面而名，是契丹奴隶主贵族为了适应社会发展，针对不同生产类型和不同民族的人民而建立的一套双轨制统治机构，《辽史·百官志一》对此予以记载：“辽国官制，分北、南院，北面治宫帐、部族、属国之政；南面治汉人州县、租赋、军马之事。因俗而治，得其宜焉。”

辽代的南面官基本上沿袭唐代官制，后来又兼宋制而略有变通。中央设有三省、六部、台、寺、院、监、诸卫等。

辽代南面官系主要职官简表

<table>
<tr><th colspan="2">部门</th><th>官名</th><th>备注</th></tr>
<tr><td colspan="2">三师</td><td>太师、太傅、太保</td><td></td></tr>
<tr><td colspan="2">三少</td><td>少师、少府、少保</td><td></td></tr>
<tr><td colspan="2">三公</td><td>太尉、司徒、司空</td><td></td></tr>
<tr><td colspan="2">枢密院</td><td>枢密使等</td><td></td></tr>
<tr><td rowspan="3">三省</td><td>中书省</td><td>中书令、大丞相、左右丞相、同中书门下平章事、参知政事、中书侍郎等</td><td></td></tr>
<tr><td>门下省</td><td>侍中、常侍、给事中、门下侍郎等</td><td></td></tr>
<tr><td>尚书省</td><td>尚书令、左右仆射、左右丞等</td><td></td></tr>
<tr><td rowspan="6">六部</td><td>吏部</td><td rowspan="6">尚书、侍郎等</td><td></td></tr>
<tr><td>户部</td><td></td></tr>
<tr><td>礼部</td><td></td></tr>
<tr><td>兵部</td><td></td></tr>
<tr><td>刑部</td><td></td></tr>
<tr><td>工部</td><td></td></tr>
<tr><td colspan="2">御史台</td><td>御史大夫、中丞、侍郎等</td><td></td></tr>
<tr><td colspan="2">翰林院</td><td>翰林都林牙、南面林牙等</td><td></td></tr>
<tr><td colspan="2">诸寺</td><td>卿、少卿等</td><td>诸寺为太常、崇禄、卫尉、宗正、太仆、大理、鸿胪、司农等</td></tr>
<tr><td colspan="2">诸监</td><td>监、少监（国子监为祭酒、司业）</td><td>诸监为秘书、司天、国子、太府、少府、将作、都水等</td></tr>
<tr><td colspan="2">三京宰相府</td><td>左右相、左右平章政事</td><td>三京：东京辽阳府、中京大定府、南京析津府（燕京）</td></tr>
<tr><td colspan="2">五京留守司</td><td>留守</td><td>五京：东京辽阳府、中京大定府、南京析津府、上京林潢府、西京大同府</td></tr>
</table>

三 金代的官制

金代是由女真族建立的政权，公元1114年，女真族联合东北地区各民族掀起了反辽的战争，并取得了抗辽战争的胜利，进而将矛头指向北宋，天会四年（1126年）十二月攻陷汴京，使宋室被迫南迁，形成宋金南北对峙的局面。

1. 金代的中央官制

金建国以后，金太祖保留了建国前部落时代的勃极烈制度。熙宗改革，废除勃极烈制度，袭用辽南面官的三省制度。后海陵王确立了金尚书省一省制，正如《金史·百官志》记载："海陵庶人正隆元年罢中书门下省，止置尚书省。自省而下官司之别，曰院、曰台、曰府、曰司、曰寺、曰监、曰局、曰署、曰所，各统其属以修其职。职有定位，员有常数，纪纲明，庶务举，是以终金之世守而不敢变焉。"[58]

金代尚书省机构设置尚书令、左丞相、右丞相、平掌政事、左丞、右丞和参知政事，其中尚书令一名，为正一品，总领纲纪、仪刑端揆。左丞、右丞相各一名，从一品，平章正事二名，从一品，均为宰相，掌丞天下，平章万机。左丞、右丞各一名，正二品，参知政事二名，从二品，为执政官，为宰相之贰，佐治省事。

金代尚书省机构设置及下辖工部编制情况

机构		官品	员额（名）	执掌
尚书令		正一品	1	总领纲纪、仪刑端揆
左丞相、右丞相		从一品	各1	宰相，掌丞天下，平章万机，下辖六部等机构
平章正事		从一品	2	
左丞、右丞		正二品	各1	均为执政官，为宰相之贰，佐治省事
参知政事		从一品	2	
左司	郎中	正五品	1	掌本司奏事，总察吏、户、礼三部受事付事，兼代修起居注官，回避其间记述之事。每月朔朝，则先集是月秩满者为簿，名曰“阙本”，及行止簿、贴黄簿、并官制同进呈，御览毕则受而藏之
	员外郎	正六品	1	
	都事	正七品	2	掌本司受事付事，检勾稽失，省署文牍，兼知省内宿直、检校架阁等事
右司	郎中	正五品	1	掌本司奏事，总察兵、刑、工三部受事付事，兼带修注官，回避其间记述之事
	员外郎	正六品	1	
	都事	正七品	2	掌本司受事付事，检勾稽失，省署文牍，兼知省内宿直
工部	尚书	正三品	1	掌修造营建法式、诸作工匠、屯田、山林川泽之禁、江河堤岸、道路桥梁之事。下属有覆实司，掌覆实营造材物、工匠价直等事
	侍郎	正四品	1	
	郎中	从五品	1	
	员外郎	从六品	1	

2. 金代的工官与营造活动

女真人所建立的金朝在征服中国北方之后，面临着将单纯的军事征服进一步深化的问题。从金熙宗开始，女真统治者就开始了逐渐汉化的过程。由于金国政治中心始终在偏居东北一隅的上京会宁府，为统治黄河流域带来不便。海陵王执政以后，迁都成为迫切需要。为了达到克服阻力、顺利迁都的目的，采取了彻底毁灭上京的极端措施，于贞元元年（1153 年）完成了迁都中都的大业，使一个边疆王朝成功转化为了一个中原王朝，并拉开了北京在中国历史上占据重要地位的帷幕。迁都后对中都进行了大规模扩建，并修建皇城、宫城，形成了宫城居中的格局。在修建中都之前扩建燕京时，曾“调诸路民夫匠营燕宫室，一依京师制度”，并“遣画工写京师宫室制度，阔狭修短，尽以授之左相张浩辈，按图修之”[59]。所以中都城和宫城是仿北宋首都汴梁的规制建造的，修筑时“役民八十万，兵夫四十万，作治数年，死者不可胜计”[60]，主持修建的是张浩、苏保衡、卢彦伦 等。

张浩（？ ~1163 年），辽阳人，本姓高，远祖乃高句丽的东明王，后籍于渤海。天显三年（928 年），辽太宗耶律德光升东平郡（辽阳一带）为南京，并迁东丹民以实东平。张浩的曾祖高霸仕辽有功，随迁，并改称张姓。张浩博览经史，精通汉族文化，有同金太祖完颜旻接触的机会，并因才干受到重用，升为丞应御前文字。天会八年（1130 年），又被赐为进士及第，授秘书郎。后为提点缮修东京（辽阳）宫阙，任卫尉卿、权签宣徽院事、管勾御前文字等官职。

金熙宗完颜亶统治时期（1136 年 ~ 1149 年），为适应历史的发展，坚持实现汉化政策，在经济、政治制度等方面进行了重大改革。天眷二年（1139 年），张浩受命详定内外仪式，先后任户、工、礼三部侍郎，擢为礼部尚书，一度负责六部事宜。以后又为外官，先后居彰德军节度使、燕京路都转运使、平阳（山西临汾）尹等要职。皇统九年（1149 年）十二月，金朝发生宫廷政变，熙宗被杀，海陵王完颜亮自立为帝。张浩为户部尚书，拜参知政事，进为尚书右丞。天德三年（1151 年）三月，海陵王为准备迁都，下诏兴修燕京，营造宫室，四月，张浩以尚书右丞的身份主持修建燕京都城和营建宫室的重任。燕京城及其宫殿仿照北宋都城汴京的规制，在辽代南京城的基础上大规模扩建。其位置在今北京城的西南隅，城郭略呈正方形，由大城、皇城和官城三部分构成。城外大路宽广，夹道植柳，延伸百里，异常壮丽。张浩以营建中都之功，进拜平章政事。贞元二年（1154 年）二月，拜尚书右丞相兼侍中，封潞王，改封蜀王，拜左丞相。

苏保衡（1113 年～1167 年），应州浑源（今山西浑源）人。其父死后，被荐之于朝，赐进士出身，补太子洗马，调解州军事判官。在修建中都时，与张浩共同分督工役，后迁工部尚书，为中都营建的总督造者。在中都营建中的表现得到皇上称许，遂改任大兴少尹，负责督建金皇陵。皇陵建成后，又升为工部尚书。大定二年（1162 年），山东发生变乱，苏保衡受诏前去安抚。返京后，改任刑部尚书，复行户部尚书，入京为太常卿，迁礼部尚书；大定三年（1163 年），拜参知政事。南宋请和时，他又受诏赴南京处理有关事宜，上下称善，进为右丞相。京城曾因宫女纵火烧毁多处宫殿，但因连年用兵，未能及时修缮。与宋朝讲和后，朝廷大规模修建宫殿，苏保衡监护工役。

卢彦伦，临潢人，在金国的都城建设史上留下了重要痕迹。金国最初的都城是会宁府，在今黑龙江阿城南白城镇。金太祖完颜旻在位期间，因忙于战争，未顾及宫殿修建。太宗完颜晟即位后，于天会二年（1124 年）命卢彦伦主持修建都城。卢彦伦“为经画，民居、公宇皆有法”，都城的修筑集当时辽朝、南宋建筑风格于一身，大致采取近似中轴线、均衡和对称的手法规划街道里坊和营筑宫室官邸，使上京城成为当时中国北部的都城大邑。

张仅言，平州义丰（今河北省滦县）人。曾侍世宗读书，世宗即为后，初内藏库副使，转少府监臣，仍主内藏。张仅言能心计，凡宫室营造、库府出纳、行幸顿舍，都由他负责，为世宗的心腹，世宗尝曰："一经仪言，无不惬朕意者。"大定六年（1166年），提举修内役事，……寻兼祗应司，迁少府监，提控宫籍监、祗应司如故。护作太宁宫，引宫左流泉溉田，岁获稻万斛。提举大内工役，护作大宁宫。十七年（1177年），复提点内藏，典领昭德皇后山陵，迁劝农使，领诸职如故。

孔彦舟，相州林虑（今河南林县）人。初仕宋，后归金，因伐宋有功，迁工部尚书河南尹，封广平郡王。年青时，曾在汴京一带生活，对汴京皇宫规模和建筑有深刻影响，参照当年汴京的格局，为完颜亮绘制了燕京城皇宫设计图。南宋诗人范成大以起居郎、假资政殿大学士官衔，于乾道六年（1170年）出使金国，并写成使金日记《揽辔录》，其中较翔实地记录了金中都的壮丽景观，金碧翚飞、规模壮丽，"……遥望前后殿屋，崛起处甚多，制度不经，工巧无遗力，所谓穷奢极侈者。炀王亮始营此都，规模多出于孔彦舟，役民夫八十万，兵夫四十万，作治数年，死者不可胜计。"孔彦舟在燕京城的发展建设中作出了不可磨灭的贡献。金中都及宫殿虽然是少数民族所建，但是大量的汉族匠人参加设计与施工，整体仿造宋东京宫城的格局，宫殿仿东京宫殿建筑风格，成为12世纪前后中国宫殿建筑的代表。

在营建中都的同时，并对开封进行营建。贞元元年（1153年），正式将开封府定为南京。贞元三年（1155年）五月，"南京大内火""烧延殆尽"，随后予以重修，工程始于正隆元年（1156年），历时约四年。据《金史》相关资料记载，正隆三年（1158年）十一月，"诏左丞相张浩、参知政事敬嗣晖营建南京宫室"。四年（1159年）又命渤海人、户部郎中高德基"与御史中丞李筹、刑部侍郎萧中一俱为营造提点"，官员梁肃"分护役事"。此次重修"大发河东、陕西材木，浮河而下，经砥柱之险，筏工多沉溺，有司不敢以闻，乃诬以逃亡，锢其家”，耗资巨大，“运一木之费至二千万，牵一车之力至五百人。宫殿之饰遍傅黄金，而后间以五采，金屑飞空如落雪。一殿之费以亿万计，成而复毁，务极华丽。”“起天下军、民、工匠，民夫限五而役三，工匠限三而役两，统计二百万。运天下林木花石，营都于汴。将旧营宫室台榭，虽尺柱亦不存，片瓦亦不用，更而新之。至于丹楹刻桷，雕墙峻宇，壁泥以金，柱石以玉，华丽之极，不可胜计。”

宋辽金时期是一个多民族政权并存的时期，各地社会发展不均衡，导致建筑发展也不平衡。代表当时先进生产力与生产关系的宋朝，建筑技术发展很快，并在建筑领域取得了卓越成就。辽金由于继承宋朝制度，在营造上任用汉匠，建筑技术和艺术也得到不同程度的发展，在某些建筑领域也取得了一定的成绩。

附一　傅冲益李诫墓志铭

大观四年二月丁丑，今龙图阁直学士李公譓对垂拱上问弟诫所在。龙图言，方以中散大夫知虢州。有旨趋召，后十日，龙图复奏事殿中，既以虢州不录闻，上嗟惜。久之诏别官其一子。公之卒二月壬申也。越四月，丙子其孤葬公郑州管城县之梅山从先尚书之茔。公讳诫，字明仲，郑州管城县人。曾祖讳惟寅故尚书，虞部员外郎，赠金紫光録大夫。祖讳惇裕，故尚书祠部员外郎、秘阁校理，赠司徒。父讳南公，故龙图阁直学士、大中大夫，赠左正议大夫。元丰八年哲宗登大位，正议时为河北转运副使，以公奉表致方物，恩补郊社斋郎，调曹州济阴县尉。济阴故盗区，公至则练卒，除器明购罚，广方略得，剧贼数十人，县以清净，迁承务郎。元祐七年，以承奉郎尉将作监主簿。绍圣三年，以承事郎为将作监丞。元符中，建五王邸成，迁宣义郎。时公宰将作且八年。其考工庇事，必究利害，坚窳之制，堂构之方，与绳墨之运，皆已了然于心。遂被旨著《营造法式》。书成，凡二十四卷，诏颁之天下。已而丁母安康郡夫人某氏丧。崇宁元年，以宣德郎为将作少监。二年冬，请外以便养以通直郎为京西转运判官。不数月，复召入将作为少监。辟雍成，迁将作监再入将作。又五年，其迁奉议郎以尚书省，其迁承议郎以龙德宫、棣华宅，其迁朝奉郎赐五品服，以朱雀门，其迁朝奉大夫，以景龙门九成殿，其迁朝散大夫以开封府廨，其迁右朝议大夫，赐三品服，以修奉太庙，其迁中散大夫以钦慈太后佛寺成。大抵自承务郎至中散大夫，凡十六等。其以吏部年格迁者七官而已。大观某年丁正议公丧初正议病疾，公赐告归，又许挟国医以行，至是上特赐钱百万。公曰："敦匠事治穿具力，足以自竭。然上赐不敢辞，则以与浮屠氏为其所谓释迦佛像者，以侈上恩，而报罔极云，服除知虢州，狱有留系弥年者，公以立谈判，未几，疾作，遂不起。吏民怀之，如久被其泽者，盖享年若干，公资孝友，乐善赴义，喜周人之急，又博学多艺能。家藏书数万卷，其手抄者数千卷。工篆籀草隶皆入能品，尝纂重修《朱雀门记》，以小篆书丹以进，有旨勒石朱雀门下。善画，得古人笔法。上闻之，遣中贵人谕旨，公以五马图进，睿鉴称善。公喜著书，有《续山海经》十卷，《续同姓名录録》二卷，《琵琶录録》二卷，《马经》三卷，《六博经》三卷，《古篆说文》十卷。公配王氏封奉国郡君子，男若干人，女若干人云云冲益观虞舜命九官而垂公共居其一，畴咨而后命之。盖其慎且重，如此诚以授法庶工，使栋宇器用不离于轨，物此岂小夫之所能知哉。及观周之《小雅·斯干》之诗，其言考室之盛，至于庭户之端，楹椽之美，且又嗟咏骞扬，奂散之壮，而实本宣王之德政。鲁僖公能复周公之宇，作为寝庙，是断是度，是寻是尺，而奚斯实授法于庶工。方绍圣、崇宁中，圣天子在上，政之流行，德之高远，巍然沛与山川其侔大也。而后以先王之制，施之寝庙官寺栋宇之间，当是时地不爱材，工献其巧，而公独膺垂奚斯之任者十有三年，以结睿知致显位，所谓君子攸宁，孔曼且硕者，视宣王僖公之世为甚陋，而公实尸其劳，可谓盛矣。冲益初为郑圃治中始从公游及代远京师，久困不得官遇，公领大匠遂见取为属，寖以微劳，窃资秩繄，公德是赖，既日夕后，先熟公治身临政之美，泣而为铭。铭曰：维仕慕君，不有其躬，何适非安，唯命之从，譬之庀材，唯匠之为，尔极而极尔，榱而榱亦，譬在镕不谒而择，为利则断，为坚择击，垂在九宫，世载阙贤曰：‘汝共工，没齿，不迁匪食之志，繄职则然公为一尉，群盗斯得公在将作，寝庙奕奕，为垂奚斯以爰帝绩。仕无大小，必见其贤，无不自尽以虔所，天帝以为能世，以为才劳能实，多福録具来，有生会终，公有贻宁，窾辞贞珉，尽力之劝。

——引自李明仲《营造法式》第八册《赐紫金鱼袋李公墓志铭》。

附二　丁谓传（节选）

丁谓字谓之，后更字公言，苏州长洲人。……淳化三年，登进士甲科……累迁尚书工部员外郎……，大中祥符初，……议即宫城乾地营玉清昭应宫，……乃以谓为修玉清昭应宫使，复为天书扶侍使，迁给事中，真拜三司使。祀汾阴，为行在三司使。建会灵观，谓复总领之。迁尚书礼部侍郎，进户部，参知政事。建安军铸玉皇像，为迎奉使。朝谒太清宫，为奉祀经度制置使、判亳州。……又为修景灵宫使，摹写天书刻玉笈，玉清昭应宫副使。大内火，为修葺使。历工、刑、兵三部尚书，再为天书仪卫副使，拜平江军节度使、知升州。天禧……三年，以吏部尚书复参知政事。是岁，祀南郊，辅臣俱进官。故事，尝为宰相而除枢密使，始得迁仆射，乃以谓检校太尉兼本官为枢密使。时寇准为相，尤恶谓，谓媒蘖其过，遂罢准相。既而拜谓同中书门下平章事、昭文馆大学士、监修国史、玉清昭应宫使。……仍进尚书左仆射、门下侍郎、平章事兼太子少师。天章阁成，拜司空。乾兴元年，封晋国公。仁宗即位，进司徒兼侍中，为山陵使。……允恭方为山陵都监，与判司天监邢中和擅易皇堂地。夏守恩领工徒数万穿地，土石相半，众议日喧，惧不能成功，中作而罢，奏请待命。谓庇允恭，依违不决。内侍毛昌达自陵下还，以其事奏，诏问谓，谓始请遣使按视。既而咸谓复用旧地，乃诏冯拯、曹利用等就谓第议，遣王曾覆视，遂诛允恭。后数日，太后与帝坐承明殿，召拯、利用等谕曰："丁谓为宰辅，乃与宦官交通。"因出谓尝托允恭令后苑匠所造金酒器示之，又出允恭尝干谓求管勾皇城司及三司衙司状，因曰："谓前附允恭奏事，皆言已与卿等议定，故皆可其奏；且营奉先帝陵寝，而擅有迁易，几误大事。"拯等奏曰："自先帝登遐，政事皆谓与允恭同议，称得旨禁中。臣等莫辨虚实，赖圣神察其奸，此宗社之福也。"乃降谓太子少保、分司西京。……谓机敏有智谋，憸狡过人，文字累数千百言，一览辄诵。在三司，案牍繁委，吏久难解者，一言判之，众皆释然。善谈笑，尤喜为诗，至于图画、博弈、音律，无不洞晓。每休沐会宾客，尽陈之，听人人自便，而谓从容应接于其间，莫能出其意者。真宗朝营造宫观，奏祥异之事，多谓与王钦若发之。初，议营昭应宫，料功须二十五年，谓令以夜继昼，每绘一壁给二烛，七年乃成。真宗崩，议草遗制，军国事兼取皇太后处分，谓乃增以"权"字……

——引自《宋史》卷二百八十三，《列传》四十二。

注　释

① 宋・林駉《古今源流至论・续集》卷五《六部》，《四库全书》第942册，第428页。

② 宋・徐自明《宋宰辅年录》卷一，《四库全书》第596册，第9页。

③《宋史》卷一百六十一，《职官志》一。

④《宋史》卷一百六十一，《职官志》一。

⑤《朝野杂记・甲集》卷十七，《三司户部沿革》。

⑥《宋会要辑稿・职官》五之四十三。

⑦《续资治通鉴长编》卷六十一"庚寅"条，《四库权书》315册，第11页。

⑧《宋会要辑稿・职官》二十七之四十一。

⑨《续资治通鉴长编》卷三百八十五，《四库全书》320册，第598页。

⑩《宋会要辑稿・职官》二十七之四十五。

⑪ 宋・欧阳修《归田录）卷下，《四库全书》1036册，第546~547页。

⑫《宋会要辑稿・职官》二十七之四十六、四十七。

⑬《续资治通鉴长编》卷七十七，甲辰，《四库全书》315册，第238页。

⑭《宋会要辑稿・职官》三十之一。

⑮《宋会要辑稿・职官》三十之一。

⑯《宋会要辑稿・职官》三十之二。

⑰《宋会要辑稿・职官》三十之二。

⑱《宋会要辑稿・职官》三十之七。

⑲《宋会要辑稿・职官》三十之八。

⑳《宋会要辑稿・职官》三十之十二。

㉑《宋会要辑稿・职官》三十之七。

㉒《宋会要辑稿・职官》三十之十六。

㉓《宋会要辑稿・食货》五十五之十三。

㉔《宋史・职官志》五《将作监》，第3918页，中华书局，1977年。

㉕《宋会要辑稿·食货》五十五之十三。
㉖《宋会要辑稿·食货》五十四之十五。
㉗《宋会要辑稿·食货》五十四之十五。
㉘《续资治通鉴长编》卷六十六“丁丑”，《四库全书》315 册，第 72 页。
㉙《宋会要辑稿·食货》五十五之二十。
㉚《续资治通鉴长编》卷二百二十八，熙宁四年十一月壬午，《四库全书》317 册，第 743 页。
㉛《宋会要辑稿·职官》二之二。
㉜《宋会要辑稿·职官》三之五。
㉝《宋会要辑稿·职官》四之五。
㉞宋·孙逢吉《职官分记》，卷十一，《四库全书》923 册，第 284 页。
㉟宋·李埴《皇宋十朝纲要》卷十二。
㊱《宋史·职官志》三，《工部》，中华书局，1997 年。
㊲《宋会要辑稿·职官》二十之二十一。
㊳《宋史》卷一百六十五，《将作监》。
㊴《宋会要辑稿·选举》一之五。
㊵《宋会要辑稿·选举》二之一。
㊶《续资治通鉴长编》卷六十，丁丑，《四库全书》314 册，第 823 页。
㊷《宋史·职官志》五《将作监》，第 3918 页，中华书局，1977 年。
㊸中国自然科学研究所编《中国古代建筑技术史》附录《中国建筑大事年表》，第 593 页，科学出版社，1985 年。
㊹明·李濂《汴京遗迹志》卷十，《四库全书》587 册，第 616 页。
㊺宋·欧阳修《归田录》卷上，《四库全书》1036 册，第 532 页。
㊻宋·沈括《梦溪笔谈》卷十八，《四库全书》862 册，第 804 页。
㊼刘敦桢《中国古代建筑史》，第 228 页，中国建筑工业出版社，1990 年。
㊽《古今图书集成》79 册，第 95318 页，《考工典》，中华书局，巴蜀书社。
㊾宋·李诫《营造法式》卷十六，《壕寨功限》，商务印书馆，1933 年。
㊿宋·李诫《营造法式》卷十九《大木作功限》，商务印书馆，

1933 年。

⑤1 《丛书集成》833 册，《宋朝事实》卷七，中华书局，1985 年。

⑤2 《续资治通鉴长编》卷六十八，大中祥符元年正月丙子。

⑤3 《续资治通鉴长编》卷二百六七，熙宁八月庚戌。

⑤4 清・钱泳《履园丛话・古迹》。

⑤5 纲：指宋代水路运输货物组织，全国各地从水路运往京师的货物都要进行编组，一组谓一纲。

⑤6 宋・周密《癸辛杂识续集・秦九韶》。

⑤7 《辽史》卷三十二《营卫志》。

⑤8 《金史》卷五十五，志第三十六《百官一》。

⑤9 《金图经》，转引自《大金国志》附录三。

⑥0 宋・范成大《揽辔录》。

第七章　元、明、清时期的工官

在宋、金对峙时期，蒙古各部落随着畜牧业生产的发展，出现了私有财产，开始进入由氏族社会到奴隶社会的变革过程，并在变革过程中出现了铁木真这样的杰出人物。公元 1206 年，铁木真创立了蒙古帝国，并被尊称为成吉思汗，结束了蒙古长期分裂的局面。这时铁木真已经占领了东起兴安岭，西迄阿尔泰山，南达阴山界壕各部的牧地，控制着非常广泛的地区。面对如此辽阔的领域和众多的被征服者，成吉思汗建立了一套统治机构进行统治，在政治上建立分封制度，颁布大扎撒法典，在军事上设置卫军。军事和政治两套系统相结合成为蒙古帝国政治统治的明显特点，对巩固其内部统一发挥了积极作用。以成吉思汗为首的蒙古贵族很快侵入了长城以南地区，公元 1234 年，成吉思汗的儿子窝阔台灭了金国，占领了金朝统治下的广大地区。对这些地区的统治继续采用统治草原游牧部落的方法显然不适用，于是逐渐建立了相应的统治秩序，用汉法治中原。公元 1271 年，成吉思汗的孙子忽必烈改国号为大元，取《易经》“大哉乾元”之意。公元 1279 年灭南宋，统一了全国，结束了三百多年来国内几个政权并立的局面。元朝凡 15 帝，到至正二十八年（1368 年）朱元璋推翻元朝统治为止，历时 165 年。

一　元代的工官

成吉思汗所建蒙古汗国的官制比较简单，实行的是斡耳朵宫帐制。忽必烈即位前，蒙古的政权机构十分混乱，“既取中原，定四方，豪杰之来归者，或因其旧而命官，若行省、领省、大元帅、副元帅之属者也；或以上旨命之，或诸王大臣总兵政者承制以命之。若郡县兵民赋税之事，外诸侯亦得自辟用，盖随事创立，未有定制。”①

1. 元代的中央机构

忽必烈即位后，“采取故老诸儒之言，考求前代之典，立朝廷而建官府”②，沿袭宋、金旧制，建立了比较完整的官僚机构。据《元史》卷八十五《百官志一》记载：“世祖即位，登用老成，大新制作，立朝仪，造都邑，遂命刘秉忠、许衡酌古今之宜，定内外之官。其总政务者曰中书省，秉兵柄者曰枢密院，司黜陟者曰御史台。体统既立，其次在内者，则有寺，有监，有卫，有府；在外者，则有行省，有行台，有宣慰司，有廉访司。其牧民者，则曰路，曰府，曰州，曰县。官有常职，位有常员，其长则蒙古人为之，而汉人、南人贰焉。于是一代之制始备，百年之间，子孙有所凭藉矣。”忽必烈建立的官僚机构终元一代。

元朝统一中国以后，国家规模超过汉、唐，蒙古汗国的官制已不适应，为了行使有效的国家管理，蒙古统治者对历代中原王朝官制，特别是金朝官制进行借鉴，形成了颇具特色的元朝官制。元朝没有采用隋唐确立的三省制度，而是沿用金朝尚书省制度，更名为中书省，与枢密院、御史台成为三个管理全国政务的最高行政机构。

元代中央官制简表

部门	官名	品级	职掌	备注
三公	太师、太辅、太保	正一品	以道燮阴阳，经邦国	元以皇太子领中书令，地位特崇；元以右为上，左为下；中书省为常设机构，尚书省三置三废，故权归中书省；自文宗以后，专任右相，左相时置时废
中书省	中书令，一人		典领百官，会决庶务	
	右、左丞相，各一人	正一品	统六官，率百司，居令之次令缺，则总省事，佐天子，理万机	
	平章政事，四人	从一品	掌机务，贰丞相，凡军国重事，无不由之	
	右、左丞，各四人	正二品	副宰相裁成庶务，号左右辖	
	参政，二人	从二品	副宰相以参大政，而其职亚于右、左丞	
	参议中书省事，四人	正四品	典左右司文牍，为六曹之管辖，军国重事咸预决焉	
	左司郎中，二人（另有员外郎、都事各二人）	正五品	掌吏礼房之科九、知除房之科五、户杂房之科七、科粮房之科六、银钞房之科二、应办房之科二	
	右司郎中，二人（另有员外郎、都事各二人）	正五品	掌兵房之科五，刑房之科六，工房之科六	
	左司元外郎，二人	正六品		
	右司元外郎，二人			
	左司都事，二人	正七品		
	右司都事，二人			
六部	尚书，各三人	正三品		元代六部为：吏、户、礼、兵、刑、工
	侍郎，各二人	正四品		
	郎中，各二人	从五品		
	元外郎，各二人	从六品		

续表

部门	官名	品级	职掌	备注
枢密院	枢密使	从一品		元代例由皇太子领枢密使虚职。有重大军事行动，则与其地设行枢密院，事毕则罢
	知枢密院使	从一品		
	同知枢密院使	正二品		
	枢密副使	从二品		
	知枢密院使判	正五品		
御史台（内台）	御史大夫	从一品		元代另设江南诸道行御史台及陕西诸道行御史台，称为外台，品秩同内台
	御史中丞	正二品		
	侍御史	从二品		
	治书侍御史	正三品		
宣政院	宣政院使	从一品		掌宗教及管理吐蕃（西藏）事务
	同知	正二品		
	副使	从二品		
宣徽院	宣徽院使	从一品		
	同知院	正二品		
	副使	从二品		
太常礼院	太常礼院使	从一品		
	同知	正二品		
将作院	将作院使	从一品		
	同知	正二品		
通政院	通政院使	从一品		
	同知	正二品		
其他	略			翰林院、集贤院设官同前代

中原是蒙古汗国经济最发达的地区，为了加强对这一地区的控制，元朝政府要设立一个权力更集中、能代表中央对地方各级政府实行监督的机构，于是产生了燕京行省这一部门，不仅治理汉地的行政，而且掌管汉地的财富，成为蒙古统治阶级为征调中原财产、控制中原

地区而专立的机构。忽必烈将政治中心移到燕京后，中央政府远离汉地的矛盾得以解决，燕京行省随之完成了自己的使命，并入中书省。

元代由中书省一省制代替沿行已久的三省制，并由中书省统辖六部。但是元代并不是绝对没有设尚书省，据《元史》记载，元代曾先后三次设尚书省，不过时间都不是很长，随设随罢。除了财政上的原因之外，也有新进权贵企图防止尚书省同中书省争权的因素③。

2. 元代的工部

元代的中书省设中书令 1 人，常以皇太子兼之④，但多为挂职。中书省的实际长官是右丞相和平章正事。中书省下设六部，元初以吏、户、礼为左三部，兵、刑、工为右三部，后又以吏、礼为一部，兵、刑为一部，户、工为一部，之后开始分为六部。

至元元年（1264 年），始分立工部。“设尚书三员，正三品；侍郎二员，正四品，郎中二员，从五品；员外郎二员，从六品。掌天下营造百工之政令。凡城池之修浚，土木之缮葺，材物之给受，工匠之程序，铨注局院司匠之官，悉以任之。世祖中统元年，右三部置尚书二员，侍郎二员，郎中五员，员外郎五员，内二员，专署工部事。至元元年，始分立工部。尚书四员，侍郎三员，郎中四员，员外郎五员。三年，复合为右三部。七年，仍自为工部。尚书二员，侍郎仍二员，郎中三员，员外郎如旧。二十三年，定尚书、侍郎、郎中、员外郎各以二员为额。明年，以曹务繁冗，增尚书二员。二十八年，省尚书一员。首领官：主事五员。蒙古必阇赤（即高级书写人员）六人，令史四十二人，回回令史四人，怯里马赤（即译史）一人，知印一人，奏差三十人，蒙古书写一人，典吏七人。又司程官四人，右三部照磨一人，典吏一人⑤。

元代工部管辖事务众多，所辖机构庞杂，以下为工部所辖机构一览表。

元代工部所辖机构一览表

序号	机构名称及所属机构		品级	职掌	设置
1	左右部架阁库		正八品	掌六部文卷簿籍架阁之事	管勾二员，典吏十二人
2	诸色人匠总管府		正三品	掌百工之技艺	至元十二年始置，总管、同知、副总管各一员；十六年置达鲁花赤一员，增同知、副总管各一员；二十八年省同知一员；三十年省副总管一员。后定置达鲁花赤一员，总管一员，同知二员，副总管二员，经历一员，知事一员，提控案牍一员，令史五人，译史一人，奏差四人
	所属	1. 梵像提举司	从五品	董绘画佛像及土木刻削之工	提举一员，同提举一员，副提举一员，吏目一员；至元十二年始置梵像局。延祐三年升提举司，设今官
		2. 出蜡局提举司	从五品	掌出蜡铸造之工	提举一员，同提举一员，副提举一员，吏目一员；至元十二年，始置局；延祐三年，升提举司，设今官
		3. 铸泻等铜局	从七品	掌铸泻之工	大使一员，副使一员；至元十年始置官三员；二十八年省管勾一员，后定置二员
		4. 银局	从七品	掌金银之工	大使二员，直长二员。至元十二年始置
		5. 镔铁局	从八品	掌镂铁之工	大使一员。至元十二年始置
		6. 玛瑙玉局	从八品	掌琢磨之工	直长一员。至元十二年始置
		7. 石局	从七品	董攻石之工	大使一员，管勾一员。至元十二年始置

续表

序号	机构名称及所属机构		品级	职掌	设置
2	所属	8. 木局	从七品	董攻木之工	大使一员，直长一员。至元十二年始置
		9. 油漆局	用从七品印	董髹漆之工	副使一员。至元十二年始置
		10. 诸物库	正九品	掌出纳诸物之事	提领一员，副使一员。至元十二年始置
		11. 管领随路人匠都提领所		掌工匠词讼之事	提领一员，大使一员，俱受省檄。至元十二年始置
3	诸司局人匠总管府		正三品	领两都金银器盒及符牌等一十四局事；掌毡毯等事	达鲁花赤一员，总管一员，副达鲁花赤一员，同知一员，副总管一员，经历一员，知事一员，提控案牍一员，令史四人；至元十四年以八局改隶工部及金玉府，止领五局一库
	所属	1. 收支库	正九品	掌出纳之物	大使一员
		2. 大都毡局	从七品	管人匠一百二十五户	大使、副使各一员
		3. 大都染局	从九品	管人匠六千有三户	大使一员
		4. 上都毡局	从五品	管人匠九十七户	大使一员，副使一员
		5. 隆兴毡局		管人匠一百户	大使一员，副使一员
		6. 剪毛花毯蜡布局		管人匠一百一十八户	大使一员，副使一员

续表

序号	机构名称及所属机构		品级	职掌	设置
4	提举右八作司		正六品	掌出纳内府漆器、红瓮、捎只等，并在都局院造作镔铁、铜、钢、鍮石，东南简铁，两都支持皮毛、杂色羊毛、生熟斜皮、马牛等皮、鬃尾、杂行沙里陀等物。中统三年始置提领八作司，秩正九品。至元二十五年改升提举八作司，秩正六品。二十九年以出纳委积，分为左右两司	提举二员，同提举一员，副提举一员，吏目一人，司吏九人，司库十三人，译史一人，秤子一人
5	提举左八作司		正六品	掌出纳内府毡货、柳器等物	
6	所属	诸路杂造总管府	正三品		至元元年改提领所为提举司；十四年又改工部尚书行诸路杂造局总管府；定置达鲁花赤一员，总管一员，同知一员，副总管一员，知事一员，提控案牍一员，令史六人，译史1人
		1. 帘网局			大使一员，副使一员；并受省札。至元元年始置
		2. 收支库			大使一员，副使一员。至元三十年始置

续表

序号	机构名称及所属机构		品级	职掌	设置
7		茶迭儿局总管府	正三品	管领诸色人匠造作等事	宪宗朝置；至元十六年始设总管一员；二十七年置同知一员；后定置府官，达鲁花赤一员，总管一员，同知一员，知事一员，提控案牍一员，司吏四人
	所属	1. 诸司局	用从七品印	掌造作出纳之物	提领一员，相副官二员，中统三年始置
		2. 收支库			提领一员，大使、副使各一员
8	大都人匠总管府		从三品		至元六年始置。达鲁花赤一员，总管一员，同知一员，经历一员，提控案牍一员，令史十人，通事一人
	所属	1. 绣局	用从七品印	掌绣造诸王百官段匹	大使一员，副使一员
		2. 纹锦总院		掌织诸王百官段匹	提领一员，大使一员，副使一员
		3. 涿州罗局		掌织造纱罗段匹	提领一员，大使一员
		4. 尚方库		掌出纳丝金颜料等物	提领一员，大使、副使各一员
9	随路诸色民匠都总管府		正三品	掌仁宗潜邸诸色人匠	达鲁花赤一员，总官一员，同知一员，副总管一员，经历一员，知事一员，提控案牍一员，照磨一员，令史八人，译史二人，知印、通事各一人，奏差四人

续表

序号	机构名称及所属机构		品级	职掌	设置
9	所属	1. 织染人匠提举司	从七品		至大二年设。达鲁花赤一员，提举一员，同提举一员，副提举一员，吏目一员
		2. 杂造人匠提举司	从七品		
		3. 大都诸色人匠提举司	从五品		达鲁花赤一员，提举一员，同提举一员，副提举一员，吏目一员
		4. 大都等处织染提举司	从五品	管阿难答王位下人匠一千三百九十八户	达鲁花赤一员，提举一员，同提举一员，副提举一员，吏目一员
		5. 收支诸物库	从七品		提领一员，大使一员，副使一员，库子二人
10	提举都城所		从五品	掌修缮都城内外仓库等事	提举二员，同提举二员，副提举二员，吏目一员，照磨一员。至元三年置
	所属	左右厢	从九品		官四员。至元十三年置
11	受给库		正八品	掌京城内外营造木石等事	提领一员，大使一员，副使一员。至元十三年置
12	符牌局		正八品	掌造虎符等	大使一员，副使一员，直长一员。至元十七年置
13	旋匠提举司		从五品		提举一员，副提举一员。至元九年置
14	撒答剌欺提举司		正五品		提举一员，副提举一员，提控案牍一员；至元二十四年，以札马剌丁率人匠成造撒答剌欺，与丝细同局造作，遂改组练人匠提举司为撒答剌欺提举司

续表

序号	机构名称及所属机构		品级	职掌	设置
15	别失八里局		从七品	掌织造御用领袖纳失失等段	大使一员，副使一员。至元十三年始置
16	忽丹八里局		给从七品印		大使一员。至元三年置
17	平则门窑场		给从六品印		提领一员，大使一员，副使一员，至元十三年置
18	光熙门窑场		给从八品印		提领一员，大使一员，副使一员，至元二十五年置
19	大都皮货所		用从九品印		提领一员，大使一员，副使一员。至元二十九年置
20	通州皮货所		用从九品印		提领一员，大使一员，副使一员。延祐六年置
21	晋宁路织染提举司				提举一员，照略案牍一员
	所属	1. 官织染人匠局			每局各设提领一员，副提领一员，惟泽州、云州则止设提领一员
		2. 云内人匠东、西局			
		3. 本路人匠局			
		4. 河中府、襄陵、翼城、潞州、隰州、泽州、云州等局			
22	冀宁路织染提举司				各置提举一员，同提举一员，副提举一员，照略案牍一员
	真定路织染提举司				
	所属	1. 开除局			大使一员，副使一员，照略案牍一员
		2. 真定路纱罗兼杂造局			大使一员，副使一员

续表

序号	机构名称及所属机构	品级	职掌	设置
23	南宫、中山织染提举司			各设提举一员，同提举、副提举一员，照略案牍一员
24	中山刘元帅局			大使一员，副使一员
25	中山察鲁局			大使一员，副使一员
26	深州织染局			大使一员，副使一员，照略案牍一员
27	深州赵良局			大使一员，副使一员
28	弘州人匠提举司			提举一员，同提举一员，副提举一员，照略案牍一员
29	纳失失毛段二局			院长一员
30	云内州织染局			大使一员，副使一员，照略案牍一员
31	大同织染局			大使一员，副使一员，照略案牍一员
32	朔州毛子局			大使一员
33	恩州织染局			大使一员，副使一员，照略案牍一员
34	恩州东昌局			提领一员
35	保定织染提举司			提举一员，同提举一员，副提举一员，照略案牍一员
36	大名人匠提举司			提举一员，同提举一员，副提举一员，照略案牍一员
37	永平路纹锦等局提举司			提举一员，同提举一员，副提举一一员，照略案牍一员

续表

序号	机构名称及所属机构	品级	职掌	设置
38	大宁路织染局			大使一员，副使一员，照略案牍一员
39	云州织染提举司			提举一员，同提举一员，副提举一员，照略案牍一员
40	顺德路织染局			大使一员，副使一员，照略案牍一员
41	彰德路织染人匠局			大使一员，副使一员，照略案牍一员
42	怀庆路织染局			大使一员，副使一员，照略案牍一员
43	别失八里局			官一员
44	宣德府织染提举司			提举一员，同提举一员，副提举一员，照略案牍一员
45	东圣州织染局			院长一员，局副一员
46	宣德八鲁局			提领一员，副使一员
47	东平路疃局			直长一员
48	兴和路荨麻林人匠提举司			提举一员，同提举一员，副提举一员，照略案牍一员
49	阳门天城织染局			提领一员，副使一员，照磨案牍一员
50	巡河提领所			提领二员，副提领一员

从上述元代工部及所属机构的设置来看，无论是机构数量还是官员设置都超过以往任何一个朝代。除工部之外，其他机构的设置也同样，经忽必烈整顿后的元朝政府机构内外官员总数达两万六千余人，其中有品级的官员两万二千余人，其中蒙古人、色目人有六千余名，汉人一万五千余名。

3. 元代与营造有关的其他机构

在元代的机构设置中，大都留守司虽不是工部的所属机构，但在其机构掌管权限中涉及众多营造事务。据《元史·百官六》记载："大都留守司，秩正二品。掌守卫宫阙都城，调度本路供亿诸务，兼理营缮内府诸邸、都宫原庙、尚方车服、殿庑供帐、内苑花木，及行幸汤沐宴游之所，门禁关钥启闭之事。留守五员，正二品；同知二员，正三品；副留守二员，正四品；判官二员，正五品；经历一员，从六品；都事二员，从七品；管勾承发架阁库一员，正八品；照磨兼覆料官一员，部役官兼壕寨一员，令史十八人，宣使十七人，典吏五人，知印二人，蒙古必阇赤三人，回回令史一人，通事一人。至元十九年，罢宫殿府行工部，置大都留守司，兼本路都总管，知少府监事。二十一年，别置大都路都总管府治民事，并少府监归留守司。皇庆元年，别置少府监。延祐七年，罢少府监，复以留守兼监事。"大都留守司机构设置复杂，其具体设置如下表（见第224页）。

太禧宗禋院是掌神御殿朔望岁时讳忌日辰禋享礼典的机构。天历元年（1328年）废会福、殊祥二院，改置太禧院总管二院事务，次年改为太禧宗禋院，设五大总管府，有院使、副使等官。同时掌管几个大寺的财产，如隆禧总管府掌南镇国寺财产，会福总管府掌大护国寺财产，崇祥总管府掌大承华普庆寺财产，隆祥总管府掌普明寺财产，寿福总管府掌大圣寿万安寺财产。在统治

元大都留守司机构设置表

序号	机构名称及所属机构		品级	职掌	设置
1	修内司		从五品	领十四局人匠四百五十户，掌修建宫殿及大都造作等事	提点一员，大使一员，副使一员，直长五员，吏目一员，照磨一员，部役七员，司吏六人；中统二年置；至元中增工匠，计一千二百七十二户
	其属	1. 大木局	从八品	掌殿阁营缮之事	提领七员，管勾三员；中统二年置
		2. 小木局	从八品		提领二员，同提领一员，副提领三员，管勾二员；提控四员。中统四年置
		3. 泥厦局	从八品		提领八员，管勾二员。中统四年置
		4. 车局	从八品		提领二员，管勾一员。中统五年置
		5. 妆钉局	从八品		提领二员，同提领二员。中统四年置
		6. 铜局	从八品		提领一员，同提领一员，管勾一员；中统四年置
		7. 竹作局			提领二员，提控一员。中统四年置
		8. 绳局			提领二员。中统五年始置
2	祗应司		从五品	掌内府诸王邸第异巧工作，修禳应办寺观营缮，领工匠七百户	大使一员，从五品；副使一员，正七品；直长三员，正八品；吏目一员，司吏二人。国初，建两京殿宇，始置司以备工役

续表

序号	机构名称及所属机构		品级	职掌	设置
2	其属	1. 油漆局		掌两都宫殿髹漆之工	提领五员，同提领、副提领各一员。中统元年置
		2. 画局		掌诸殿宇藻绘之工	提领五员，管勾一员。中统元年置
		3. 销金局		掌诸殿宇装鋈之工	提领一员，管勾二员。中统四年置
		4. 裱褙局		掌诸殿宇装潢之工	提领一员；中统二年置
		5. 烧红局		掌诸宫殿所用心红颜料	提领二员；至元元年置
3	器物局		从五品	掌内府宫殿、京城门户、寺观公廨营缮，及御用各位下鞍辔、忽哥轿子、帐房车辆、金宝器物，凡精巧之艺，杂作匠户，无不隶焉	大使一员，从五品；副使一员，正七品；直长二员，正八品；吏目一员，司吏二人。中统四年始立御用器物局，受省劄札。至元七年改为器物局
	其属	1. 铁局		掌诸殿宇轻细铁工	提领三员，管勾三员，提控一人；中统四年置
		2. 减铁局		掌造御用及诸宫邸系腰	管勾一员，提控二人。中统四年置
		3. 盒钵局		掌制御用系腰	提领二员。中统四年置
		4. 成鞍局		掌造御用鞍辔、象轿	提领三员。中统四年置
		5. 羊山鞍局		掌造常课鞍辔诸物	提领一员，提控一员。至元十八年置
		6. 网局		掌成造宫殿网扇之工	提领二员，管勾一员。中统四年置

续表

序号	机构名称及所属机构		品级	职掌	设置
3	其属	7. 刀子局		掌造御用及诸宫邸宝贝佩刀之工	提控二员。中统四年置
		8. 旋局		掌造御用异样木植器物之工	提领二员。中统四年置
		9. 银局		掌造御用金银器盒系腰诸物	提领一员。中统四年置
		10. 轿子局		掌造御用异样木植鞍子诸物	提领一员。中统四年置
		11. 采石局	从七品	掌夫匠营造内府殿宇寺观桥闸石材之役	大使、副使各一员；至元四年置石局总管。十一年，拨采石之夫二千余户，常任工役，置大都等处采石提举司。二十六年罢，立采石局
		12. 山场			提领一员，管勾五员。至元四年置
4	大都城门尉		正六品	掌门禁启闭管钥之事	尉二员，副尉一员；至元二十年置，以四怯薛八剌哈赤为之；二十四年复以六卫亲军参掌
5	犀象牙局		从六品	掌两都宫殿营缮犀象龙床卓器系腰等事	大使、副使、直长各一员，司吏一人；中统四年置，设官一员。至元五年增副使一员，管匠户一百有五十
	其属	1. 雕木局		掌宫殿香阁营缮之事	提领一员。至元十一年置
		2. 牙局		掌宫殿象牙龙床之工	提领一员，管勾一员。至元十一年置

续表

序号	机构名称及所属机构		品级	职掌	设置
6	大都四窑场		从六品	营造素白琉璃砖瓦，隶少府监	提领、大使、副使各一员，领匠夫三百余户；至元十三年置
	其属	1. 南窑場			大使、副使各一员。中统四年置
		2. 西窑場			大使、副使各一员。至元四年置
		3. 琉璃局			大使、副使各一员。中统四年置
7	凡山采木提举司		从五品	掌采伐车辆等杂作木植，及造只孙系腰刀把诸物	达鲁花赤、提举各一员，并从五品；同提举一员，正七品；副提举一员，正八品；吏目一员，司吏六人。至元十四年置
8	上都采山提领所		从八品		提领、副提领、提控各一员。至元九年，以采伐材木，炼石为灰，征发夫匠一百六十三户，遂置官以统之
9	凡山宛平等处管夫匠所				提领二员，同提领二员，管领催车材户提领一员。至元十五年置
10	器备库		从五品	掌殿阁金银宝器二千余事	提点一员，从五品；大使一员，从六品；副使二员，正七品；直长四员，正八品，二千余事。至元二十七年置
11	甸皮局		正七品		大使一员，管匠三十余户。至元七年置。十四年始定品秩。二十一年改隶留守司

续表

序号	机构名称及所属机构	品级	职掌	设置
12	上林署	从七品	掌宫苑栽植花卉，供进蔬果，种苜蓿以饲驼马，备煤炭以给营缮	署令、署丞各一员，直长一员。至元二十四年置
13	养种园		掌西山淘煤，羊山烧造黑白木炭，以供修建之用	提领二员。中统三年置
14	花园		掌花卉果木	管勾二员。至元二十四年置
15	苜蓿园		掌种苜蓿，以饲马驼膳羊	提领三员
16	仪鸾局	正五品	掌殿庭灯烛张设之事，及殿阁浴室门户锁钥，苑中龙舟，圈槛珍异禽兽，给用内府诸宫太庙等处祭祀庭燎，缝制帘帷，洒扫掖庭，领烛剌赤、水手、乐人、禁蛇人等二百三十余户	轮直怯薛大使四员，正五品；副使二员，从六品；直长二员，正八品；都目一员，书吏二人，库子一人。至元十一年置局，秩正七品。二十三年升正五品。至大四年仁宗御西宫，又别立仪鸾局，设置亦同。延祐七年增大使二员，以宦者为之
	领四提领所 1. 烛剌赤			提领八员，提控四员
	领四提领所 2. 水手			提领二员
	领四提领所 3. 针工			提领一员
	领四提领所 4. 蜡烛局			提领一员

续表

序号	机构名称及所属机构	品级	职掌	设置
17	木场		掌受给营造宫殿材木	提领一员，大使一员，副使一员。至元四年置南东二木场。十七年并为一场
18	大都路管领诸色人匠提举司	从五品	掌大都诸色匠户理断昏田词讼等事	提举一员，从五品；同提举一员，正七品；副提举一员，正八品；吏目一人，司吏二人。中统四年置人匠奥鲁总管府，秩从四品。至元十二年改提举司。十五年兼管采石人户
19	真定路、东平路管匠官	从七品		每路大使一员，副使一员。中统四年置
20	保定路、宣德府管匠官	从七品		保定大使一员，副使一员，管匠官一员；宣德二员。中统四年置
21	大名路管匠官	从七品		大使一员，管匠官三员。中统四年置
22	晋宁、冀宁、大同、河间四路管匠官	从七品		每路大使、副使各一员。中统四年置
23	收支库	正九品	掌受给营缮	提点一员，大使一员，副使二员，直长二员，库子二人。至元四年置
24	诸色库	从八品	掌修内材木，及江南征索异样木植，并应办官寺斋事	大使一员，副使一员，司库二人。至大四年置

续表

序号	机构名称及所属机构	品级	职掌	设置
25	太庙收支诸物库	从八品		大使、副使各一员，司库四人。至治二年以营治太庙始置
26	南寺、北寺收支诸物二库	从七品		提领、大使各一员，副使二员，司库之属凡十人。至治元年以建寿安山寺始置
27	广谊司	正三品	总和顾和买、营缮织造工役、供亿物色之务	司令二员，正三品；同知二员，正四品；副使二员，正五品；判官二员，正六品；经历、知事各二员，照磨一员。总和顾和卖、营缮、织造工役、供亿物色之务。至元十四年改覆实司辨验官，兼提举市令司。大德五年又分大都路总管府官属，置供需府。至顺二年罢之，立广谊司

阶级的保护下，各寺院大规模地置产收税，并设有与营造有关的营缮司负责寺院的维护修缮，以正式官署执行寺院之事，这在之前的历史上是没有的。

元太禧宗禋院中与营造有关的机构设置一览表

机构名称及所属机构		品　级	设　置
隆禧总管府	福元营缮司	正五品	达鲁花赤、司令、副使、吏目、司吏各一员
	普安智全营缮司	五品	达鲁花赤、司令、大使、副使、吏目、司吏各一员
	佑国营缮都司	正四品	达鲁花赤、司令、大使、副使、知事、提控案牍各一员
会福总管府	仁王营缮司	正五品	达鲁花赤、司令、大使、副使各一员
	会福财用所	从七品	提领、大使、副使各一员
崇祥总管府	永福营缮司	正五品	达鲁花赤、司令、大使、副使、都目各一员
	福营缮提点所		
	昭孝营缮司	正五品	达鲁花赤、司令、大使、副使各一员
	普庆营缮司	正五品	
	崇祥财用所		提领、大使、副使各一员
	永福财用所		
隆祥总管府	普明营缮都司	正四品	达鲁花赤、司令、大使、副使、知事、提控案牍各一员
	集庆万寿营缮都司	正四品	
	龙翔万寿营缮提点所		
	元兴营缮都司	正四品	达鲁花赤二员，司令、大使、副使、知事、提控案牍各一员
	护圣营缮司	正五品	达鲁花赤、司令、大使、副使各一员
	集庆崇禧财用所		大使、副使各一员

续表

机构名称及所属机构		品　级	设　置
寿福总管府	万安营缮司	正五品	达鲁花赤、司令、大使、副使、都目各一人
	万宁营缮司	正四品	
	延寿营缮司	正五品	

元代的皇后、太后、太子诸王都有领地和丁口，并拥有自己的一套机构，管理众多包括营缮在内的事务，国官与宫官交错设置，是历史上少见的奇特现象，与元代本身的职官制度有关。

中政院是元朝的后宫管理机构，元贞二年（1296 年）始置中御府，大德四年（1330 年）升中政院，至大四年（1311 年）并入典内院，皇庆二年（1313 年）复为中政院。有院使、同知、佥院等官，掌管皇后宫中营造事务的是内正司，置卿四员，正三品；少卿二员，正四品；丞二员，从五品；典簿二员，从七品；照磨兼管勾一员，正九品。内正司下设尚工署，从五品。置令一员，从五品；丞二员，从六品；书史一人，书吏四人。“掌营缮杂作之役，凡百工名数，兴造程序，与其材物，皆经度之，而责其成功。”

储政院是元朝皇太子的辅翼机构，院下所管辖的延庆寺专门掌管修建佛寺。储政院下设管领怯怜诸色民匠总管府，掌怯怜口人匠造作等事。怯怜口是元朝皇室、诸王、贵族的私属人口，其中有大批的各种工匠，专为领主服役。斡耳朵为宫殿之意，各斡耳朵有自己的怯怜口人匠总管府或提举司，如大斡耳朵设长信寺，五宗斡耳朵设长秋寺，掌各自管辖范围内包括营缮在内的诸事，同时还设怯怜口诸色人匠提举司，掌正宫造作之役。承徽寺掌答儿麻失里皇后位下包括营缮在内的诸事；长宁寺掌英宗速哥八剌皇后位下包括营缮在内的事务。

4. 元代的营造活动

元代建筑的发展大致可以分为三个阶段，即蒙古诸汗时期、忽必烈时期和元朝中晚期。蒙古人早在逐渐南下的过程中，就开始吸收各地建筑形式来建设城市。忽必烈推行“汉法”，使朝廷礼仪、都城规划、宫室布置都迅速汉化，但仍保持蒙古族传统建筑的特色。

早期的都城和林，在窝阔台汗时便开始营建都城宫阙。公元1235年，河北宣德（今宣化县）人刘敏（刘德柔），领山东十路、山西五路两个总管府的汉族工匠和西域工匠五百人，“立行宫，改新帐殿，城和林，起万安之阁、宫闱司局”，并开始在城内建道观和佛寺。宪宗蒙哥时期（1251年~1259年），和林建造了高达一百米的“大佛阁”，气势雄伟，公元1368年重修，并被赐名“兴元阁”。和林城的建设持续了十几年，直到公元1251年蒙哥罢筑时，工匠还有约1500人。和林城建成后，窝阔台又在和林北七十余里的扫邻城建行宫，即迦坚茶寒殿，在和林南三十里的图苏城建迎驾殿[6]。和林城的建设是汉族人刘敏主持营建，汉族和西域工匠共同营建，其城市布局、宫殿和佛寺的形式既受中原建筑的影响，又融汇蒙古帐殿、中亚伊斯兰教建筑以及西方基督教等多种建筑元素，呈现出独特的都城风貌。

元代以燕京为都城的想法源于忽必烈。宪宗二年（1252年）七月，成吉思汗的大将木华黎之孙霸都鲁向忽必烈建议：“幽燕之地，龙盘虎踞，形势雄伟，南控江淮，北连朔漠。且天子必居中以受四方朝觐。大王果欲经营天下，驻跸之所，非燕不可。”忽必烈对此深表赞许。事实上，北京地理位置十分险要，北、西、东北三面高山环绕，形成天然屏障。北扼居庸关，右耸太行山，左面是沧海，南襟河、济，是理想的建都之地。宪宗六年

(1256 年)，忽必烈“命僧子聪卜地桓州东、滦水北，城开平府，经营宫室”⑦，其中的子聪即刘秉忠。公元 1260 年，忽必烈即位，新任丞相安童和刘秉忠等人认为漠南汉地已归本朝所有，中原、江南旦夕可下，定鼎、驻跸之所不应再在漠北的和林，而开平初建，人口稀少，农、牧、手工业都不太发达，难以满足大国首都的物资需求，加上交通不便，也不利于对全国的统治，建议参考唐朝的两都制和辽金的陪都制，以燕京为国都，以开平为陪都。随后下令成立提点宫城所负责营建。之后不久，又仿金朝制度，在燕京成立了修内司和祗应司，专门负责宫殿营建。

当时燕京破坏严重，诗人笔下有“野花迷辇路，落叶满宫沟”、“可怜一片繁华地，空见春风长绿蒿”之句，是当时燕京真实的写照。刘秉忠、赵秉温等在金中都之外寻觅新址，最后选定了金中都旧址东北、以琼华岛为中心的湖区以及周围旷地。

营建工程首先是琼华岛的修建。琼华岛原是金代离宫万宁宫的组成部分，蒙古军在占领中都前先攻占了万宁宫，并对其进行了焚掠，万宁宫遭到极大破坏。琼华岛因在湖泊中，部分建筑得以保存，至元元年（1264 年）二月开始对其进行修建。修内司原仅设木局，为了营建工程，又增加了小木局、泥沙局、车局、装钉局、铜局、竹作局和绳局等；祗应司在原来油漆局、画局和裱褙局的基础上，又增加了增销局、烧红局、御用器物局、琉璃局、犀牙局以及窑场等，其中御用器物局“凡精巧文艺杂作匠户无不隶焉”，这些机构的增设表明，大规模的营建宫殿即将来临。据欧阳玄的《圭斋集》记载：“至元三年十二月，命也黑迭儿与张柔、工部尚书段天佑共同负责修筑大都宫城。”“至元二年，定都于燕。八月，授也黑迭儿嘉仪大夫领茶迭儿局诸色人匠总管府达鲁花赤，兼领宫殿府。”

大都是元代城市建设的典型代表，拥有宏伟的规模、严整的规划和完善的设施，体现了一个强大帝国首都的气势。据记述赵秉温生平事迹的《赵文昭公行状》记载：公“与太保刘公（刘秉忠）同相宅，公因图上山川形势、城郭经纬与夫祖、社、朝、市之位，经营制作之方。帝（世祖忽必烈）命有同稽图赴功。”[8]大都的规划完全遵从《周礼·考工记》中“左祖右社，面朝后市”的都城规划原则，经周密规划后开始兴建，最大的特点是结合已有地理条件，紧傍什刹海东岸，确定全城的中轴线，并以今鼓楼所在处为全城中轴线的起点，并就地建立“中心台”，建“中心阁”，实际上成为大都全城的平面设计几何中心，并有意识地在太液池东岸设计营建宫城“大内”，在太液池西岸设计营建兴盛宫和隆福宫，分别供皇太后和太子居住，这样便形成了隔河相望、鼎足而三的布局，居中的是瀛洲仪天殿和琼花岛的广寒殿。这一总体布局的四面绕以萧墙，即日后的皇城城墙。萧墙以内为大都城的核心部分，核心的核心是宫城大内，自然占据了全城中轴线上最重要的位置。

大都皇城、宫城和宫殿的营建始于至元三年（1266 年），其中宫城于“至元八年八月十七日申时动工，明年三月十五日即工”[9]，至元十年（1273）年“初建正殿、寝殿、香阁、周庑两翼室”。至元十一年（1274 年）正月，“帝始御大殿，受皇太子、诸王、百官朝贺”，同年“起阁南直大殿及东西殿”[10]，以后陆续添建。大都营建工程投入了大量的人力和物力，仅负责采石的役夫就有二千余户[11]。至元四年（1267 年）“伐木作大都城门”时，用了三千人，至元八年（1271 年）征“中都真定、顺天、河间、平滦等地二万八千余人[12]进行营建，“打造石材、搬运木植及一切营造等处……不下一百五、六十万工”[13]，从一个侧面体现了大都营建工程的巨大。至元十三年（1276 年）大都建成，二十年（1283 年）城内修建基本完成，二十一年（1285 年）建立留守司和大都路总管府以管理大都。建成后的都城，南北中轴直线贯通，东西建筑对称排列，街道整齐划一，泾渭分明，成为当时世界上规模最大、景色最美的城市，其宏伟规模与富丽堂皇受到中外文人骚客、名人大贾的赞誉。黄钟文在《大都赋》中这样写道："华区锦市，聚万国之珍异，歌棚舞榭，选九州岛之秾芬"，是对当时大都繁荣的真实讴歌。大都同样是当时国际经济中心，各国商品荟萃于此。李洧孙在《大都赋》中描述道："东隅浮巨海而贡篚，西旅越葱岭而献贽，南陬逾炎荒而奉珍，朔部历沙漠而勤事……"马可·波罗在其游记中称大都皇宫城"前所未见"，宫中大殿"可谓奇观"，其"壮丽富瞻，世人布置之良，诚无逾于此者"，"外国巨价异物及百物之输入此城者，世界诸城无能与比。"

5. 元代的营造官员

元代在中国建筑发展史上留下了重要足迹，元大都的营建奠定了今北京城的基础。大都的主要设计者是刘秉忠（1216 年 ~ 1274 年），邢州（今河北邢台）人，17 岁时为邢台节度使府令史，元太宗十年（1238 年）辞去吏职，先入全真道，后出家为僧，法名子聪，号藏春散人。乃马真后元年（1242 年），禅宗高僧海云奉忽必烈之召赴漠北，路过云中时携刘秉忠同行。忽必烈向海云询问"佛法大意"，秉忠侍侧，应对称旨，"论天下事如指诸掌"，得到赏识，被留在王府，成为忽必烈最早的汉人谋士。乃马真后十年（1250 年），他上万言策，主张改革弊政，建议定百官爵禄，减赋税差役，劝农桑，兴学校等，为忽必烈采用"汉法"起了推动作用。公元 1260 年，忽必烈称帝，刘秉忠受命制定各项制度，立中书省为最高行政机构，设枢密院掌握兵权，设御使台主百官升降、举朝仪、定章服、修律历等。至元元年（1264 年）还俗，复刘氏姓，赐名秉忠，授光禄大夫等官职，同年建议迁都燕京。建议被采纳后，刘秉忠受命设计营建新都城——大都，整个营建工程在他“经画指授”下进行的[14]。

大都的设计者是孔彦舟，初仕宋，后归金，因伐宋数有功，迁工部尚书河南尹，封广平郡王。尝为炀王完颜亮设计营建中都，制度不经，工巧无遗力。民役夫八十万，兵夫四十万，历数载而毕。对于其设计建成的中都，《揽辔录》中有较为详细的记载，《海陵集》则对其壮丽有如下评述：“燕京城内地大半入宫禁，百姓绝少。其宫阙壮丽，延亘阡陌，上切霄汉，秦阿房、汉建章不过如是。”

具体负责大都营建工程的有汉人张柔、张弘略父子。张柔（1190 年～1268 年），易州定兴人（今河北保定定兴），为元统一中国立下战功。公元 1218 年降蒙古军，镇守满城，公元 1227 年移镇保州。当时的保州因战乱成为废墟，张柔对州城重新营建，修建城垣，规划市井，营建民居，并引护城河水入城，疏浚河道，排涝防旱，修莲花池，建书院，迁庙学，利交通，使保州城得以复兴，成为“燕南一大都会”，奠定了保定旧城的基础，显示了在营造方面的才能。忽必烈定都大都后，张柔奉命主持设计规划营建大都宫城。至元三年（1266 年），加荣禄大夫，判行工部事，负责大都营建。其子张弘略子承父业，佐其父为筑宫城总管，至元八年（1271 年）授朝列大夫、同行工部事，在大都城的营建史上留下了足迹。

参加大都营建工程的人众多，汉人、蒙人、女真人、色目人等不同种族的官员参加了营建工程的领导和管理。行工部尚书段桢不仅自始至终领导了营建工程，而且长期担当大都留守的重任，在都城建成以后相当长的一段时间内，城墙、宫殿、官署的维修和增建都是由他负责营建的。

也黑迭儿，阿拉伯人，生卒年不详。宪宗九年（1259 年）忽必烈伐宋北上，由武汉回京路遇其宅，也黑迭儿以金罽铺地敬迎，世祖大悦，由此结识。中统元年（1260 年）忽必烈即位后，命也黑迭儿掌管茶迭儿局。“茶迭儿”是蒙古语，意为“庐帐”，茶迭儿局即为掌管土木工程及工匠的官署。中统四年（1263年），也黑迭儿奏请修琼华岛，经过三年的营建，琼华岛广寒宫竣工，次年被任命为茶迭儿局诸色人匠总管府达鲁花赤兼领监宫殿。当时刘秉忠以相臣总领都城工程，张柔以勋旧而董宫城之役。二人位高权重，唯也黑迭儿位卑，所以宫殿工程的具体规划和营建必定以也黑迭儿为主，他受任之后，“夙夜不遑，心讲目算，指授肱麾，咸有成画”，根据都城的地理环境、都城规划设计原则对元大都进行规划和营建，依据“宫室城邑，非巨丽宏深，无以雄视八表”的既定政策，借用宏伟的都城规模和威武的宫殿气势显示元朝统治者的威力。也黑迭儿对大都作出整体规划，理政的宫殿、祭奠的亲堂、嫔妃起居游赏的楼阁、园林池塘以及宿卫、侍臣居住之室等无不在筹划之内，亲自指导了宫殿门阙、正朝、路寝、便殿、掖庭、祠庙、苑囿、宿卫居舍、百官第宅等多项工程类型的营建。经精心规划和营建后的元大都在规模、用料、做工、雕刻、色彩和内部装饰等多方面都达到了极致。至元十一年（1274年），元大都宫城和宫殿完工，元世祖“始御正殿，受皇太子、诸王、百官朝贺”。陶宗仪的《辍耕录》和萧洵的《故宫遗录》对大都宫殿有详尽描述，再现了其华丽景象。对也黑迭儿及其家族，欧阳玄在《圭斋文集》卷九《元赠效忠宣力功臣、太傅、开府仪同三司、上柱国，追封赵国公，谥忠靖《马合马沙碑》中有详细记载：“也黑迭儿系出西域，……至元三年定都于燕，八月授嘉议大夫佩已赐虎符，领茶迭儿局、诸色人匠总管府达鲁花赤，兼领监宫殿。时方用兵江南，金甲未息，土木嗣兴，属以大业甫定国势，方张宫室城邑，非巨丽宏深，无以雄视八表。也黑迭儿受任，劳绩夙夜不遑，心讲目算，指授肱麾，咸有成画。太史练日龟臬，斯陈少府命匠冬卿抡才取赀地，官赋力车骑教护属功其丽不亿，魏阙端门，正朝路寝，便殿掖廷，承明之署，受厘之祠，宿卫之舍，衣食器御，百执事臣之后，以及池塘苑囿游观之所，崇楼阿阁，缦庑飞檐，具以法。……首岁十二月，有旨，命光禄大夫安肃张公柔，工部尚书段天佑暨也黑迭儿同行工部，修筑宫城。乃具畚锸，乃树桢干，伐石运甓，缩版覆篑，兆人子来，厥基阜崇，厥地矩方，其直引绳，其坚凝金。又大称旨自是宠遇，日隆而筋力老矣。”也黑迭儿的儿子马哈马沙袭父职，阶至正议大夫，任工部尚书兼领茶迭儿局、诸色人匠总管府达鲁花赤。马哈马沙有四子，其中次子木八剌沙，阶正议大夫，曾掌管茶迭儿局，为工部尚书；四子阿鲁浑沙的儿子蔑里沙，任茶迭儿局总管府达鲁花赤。也黑迭儿一家四代，任职工部，掌管茶迭儿局，为建筑工程之家，为大都城的规划、营建作出了不可磨灭的贡献，为北京城的发展奠定了坚实的基础。

元代大量的营建活动涌现出了一批杰出的工匠。杨琼（？～1288年），保定路曲阳县（今河北曲阳县）人，心灵手巧，幼年与叔父杨荣共同学习石工。中统元年（1260年）大兴土木，为营建上都、大都宫殿和城郭，工部从全国各地征调大量能工巧匠来都供役，杨琼因技艺超群被诏，编入“匠户”，并负责管领雁南诸路石匠，成为京城石匠作头。中统二年至至元四年（1261年～1267年），参加建造上都开平、中都燕京宫殿和城郭等工程，许多宫殿石雕都出自其手，因功绩而升任大都等处山场石局总管；至元九年（1272年）督造朝阁大殿；至元十三年（1276年）拟建宫城轴线灵星门内金水河上的三座石桥，在进呈的图样中，唯杨琼的图样受到肯定，并命其督造；至元二十四年（1287年）授武略将军判大都留守司兼少府监，以石工艺及工程实绩而跻身仕途。

阿尼哥（1245年～1306年），尼波罗国（今尼泊尔）工匠。中统元年（1260年），忽必烈令帝师八思巴于西藏建金塔，尼波罗国奉诏选派80名工匠，阿尼哥为其中之一，并被任命为领队。

塔修成后，被带去朝见世祖忽必烈，受到赏识，从此留在中国参加重要营建工程。至元十年（1273 年）负责诸色人工匠总管府，至元十五年（1278 年）升为大司徒，领将作院事务。阿尼哥的主要成就是将印度式白塔建筑技艺和佛教梵像传到中国，北京妙应寺白塔和山西五台山塔院寺大白塔都是经阿尼哥之手建造，其中妙应寺白塔为元代喇嘛塔的代表作。五台山大白塔虽于明代重修，但基本保持了元代的风格。阿尼哥不但擅长建筑，而且还善于造像，元大都及上都寺观的佛像都出自其手，可以说是中国藏式佛像的创始者。元朝人十分推崇阿尼哥的技艺，称他“每有所成，巧妙臻极”，“金纫玉切”，“土木生辉”，正是这些杰出的工匠和其他更多的普通工匠谱写了元代建筑的精美篇章。

二　明代的工官

朱元璋在元末农民起义的战斗中扫灭群雄，推翻了元朝的统治，于公元 1368 年建立了明朝，先后经历 17 帝，历 276 年。

朱元璋自建立明朝以后，集军政大权于一身，加强了中央集权制。明王朝官僚机构的中坚力量由两部分组成：一部分是追随朱元璋打天下的各路英雄，即所谓开国功臣中的六国二十八侯；另一部分是由起义将领蜕变而来的文臣武将。明朝建立之初，政治制度大体上沿袭汉唐旧制，随着统治力量的逐步加强，才制定出一套新的制度。据《明太祖实录》卷二百三十九卷记载：洪武二十八年（1395 年）六月，太祖御奉天殿，敕谕文武群臣说：“自古三公论道，六卿分职。自秦始置丞相，不旋踵而亡。汉、唐、宋因之，虽有贤相，然其间所用者多有小人专权乱政。我朝罢相，设五府、六部、都察院、通政司、大理寺等衙门，分理天下事务，彼此颉颃，不敢相压，事皆朝廷总之，所以稳当。以后嗣君并不许立丞相，臣下敢有奏请立奏者，文武群臣即时劾奏，处以重刑。”明王朝所制定的这套制度，既没有复古，也没有完全创新，有取法于前代的，也有似同而实际相异的。然而随着时间的演变，明中期以后的制度与初期所定制度也有一定变化。

1. 明代的中央机构

洪武元年（1368 年）开始定六部之制，《明太祖实录》记载：“洪武元年八月，中书省奏定六部官制，部设尚书正二品，侍郎正四品，郎中正五品，主事正七品，先是中书省惟设四部以掌钱谷、礼仪、刑名、营造之务，上乃命李善长等议建六部，以分理庶务，至是乃定置吏、户、礼、兵、刑、工六部官……”《昭代典则》记载，帝召六部尚书入见奉天殿，谕曰：“朕肇基江左，军务方殷，官制未备。今以卿等分任六部。国家之事，总之者中书，分理者六部，至为要职。凡诸政务，宜悉心经理，或有乖违，患及天下，不可不慎。”洪武五年（1372 年）定六部职掌，岁末进行考绩，分其优劣，以行黜陟。六部官员相对稳定，不得轻易调动，有劳绩只在本部升用。

之后朱元璋对中央机构进行改革，洪武十三年（1380 年）罢中书省后，仿《周官》六卿之制，升六部秩，各设尚书、侍郎一人。六部官员品秩有所提高：尚书正二品，侍郎正三品，郎中正五品，员外郎从五品，主事正六品。建文中（1401 年），改六部尚书为正一品，设左、右侍中，正二品，位侍郎上，除去诸司清吏字，同时对中书省进行改革。当时中书省的大权掌握在独断专横的左丞相胡惟庸等人手中，胡惟庸是左相国、左丞相李善长的亲戚和同乡，受其推荐为官。据《明史·李善长传》记载：惟庸“宠遇日盛，独相数岁，生杀黜陟，或不奏径行。内外诸司上封事，必先取阅，害己者，辄匿不以闻。”这是朱元璋所不能容忍的。为了抑制中书省的权力，朱元璋曾发布“命奏事毋关白中书省”的政令，但是以胡为首的党羽变本加厉，阴谋武装政变。洪武十三年（1380年）八月，胡惟庸以擅权枉法的罪名被诛，三万余人受牵连被杀，史称“胡惟庸案”。同年，始定永远废除丞相一官。从此，长期存在于中国历史上的宰相制度被废除，明清五百多年来推行的是无宰相的君主专制体制。

在废除中书省丞相制后，朱元璋对中央机构重新进行了调整，形成了以六部为主干、府部院寺（司）为分理政务的行政格局。六部成为中央主理政务的最高一级权力机关，六部尚书分任国务，并直接受命于皇帝，以期待权力的极度集中。朱元璋通过罢中书省和废除宰相的手段，实现了大权独揽的夙愿。对此，《明太祖实录》卷一百二十九有记载：洪武十三年（1380年）春正月己亥，胡惟庸等既诛，上谕文武百官曰：“朕自临御以来，十有三年矣，中间图任大臣，期于辅弼，以臻至治。故立中书省以总天下之文治，都督府以统天下之兵政，御史台以振朝廷之纪纲。岂意奸臣窃持国柄，枉法诬贤，操不轨之心，肆奸期之蔽，嘉言结于众舌，朋比逞于群邪，蠹害政治，谋危社稷……赖神发其奸，皆就殄灭。朕欲革去中书省，升六部，仿六卿之制，俾之各司所事。”各部、司的权力都集中在正职手中，正如《明史·颜纪祖传》所说：“六部之正管于尚书，诸司之务握之正郎，而侍郎及副郎、主事止陪列画题。”

明太祖欲亲裁独断，但直接指挥六部百司很难办到，又不得不设立内阁。本来，内阁既非官署名，也非官职名，最初只是文臣入文渊阁当值参与机务。但久而久之，这些人逐渐升迁，并有了正式的办事处所，地位随之提高，职权逐渐超出六部之上。内阁又设置了六科，即吏、户、礼、兵、刑、工科，与营造有关的是工科。六科职权几乎全部包括了唐代门下省、尚书左右丞以及御史台的职责，职权范围很大。各科设都给事中、左右给事中、给事中，给事中人员的设立各科不同，其中工科最少，为四人。

六科掌管侍从、规谏、补阙、拾遗、稽察六部百司之事，是明朝政治舞台上一支十分活跃的力量，同时体现了明朝对监察制度的加强。

永乐十八年（1420 年）中央机构北迁，南京的部院官署依然存在，但规制简于北，被排斥的官员安置在南京，南京各官有一股势力与北京官吏暗斗，两京官员迭为消长，操纵朝局，形成明代奇特的官场现象。南京官员的品级与北京相同，南京最初设包括工部在内的三部，设尚书、右侍郎、首领官司务各一人。也置包括营缮司在内的四司，营缮司设郎中、员外郎各一人，其主事设置比其他司多，为三人。同时设六科，其中工科设给事中一人。

2. 明代的工部

明代工部掌营造政令，全国工程、制造、山泽、屯田、舟车及道路等事务都在掌管范围之内。首任尚书为单安仁，正二品，侍郎为张允文和杨翼，正三品，与尚书同摄政务。洪武六年（1373 年）分总部、虞部、水部、屯田四个属部，八年（1375 年）增立四科，十三年（1380 年）以屯田部为屯部，二十二年（1389 年）改总部为营部，下设营缮、虞衡、都水、屯田四个清吏司。《历代职官表》记载了明代工部的组织沿革："洪武初置工部及官署，以将作司隶也，六年增尚书郎各一人，设总部，虞部，水部并屯天为四属部，总部设郎中、员外郎各二人，余各一人。总部主事八人，余各四人。又置营造提举司，八年增立四科，科设尚书侍郎、郎中各一人，员外郎二人，主事五人，照磨二人。十年罢将作司，十三年定官制，设尚书一人，侍郎一人，四属部各郎中、员外郎一人，主事二人，十五年增侍郎一人，二十二年改总部为营部，二十五年置营缮所，二十九年又改四属部为营缮、虞衡、都水、屯田四清吏司，嘉靖后添设尚书一人，专督大工。”参照《明史》志第四十八《职官》一，列出明代工部机构设置表如下：

明代工部机构设置一览表

<table>
<tr><th colspan="2">机构名称及官员设置</th><th>人数</th><th>品级</th><th>备注</th></tr>
<tr><td rowspan="3">工部</td><td>尚书</td><td>一人</td><td>正二品</td><td></td></tr>
<tr><td>左侍郎</td><td>一人</td><td>正三品</td><td></td></tr>
<tr><td>右侍郎</td><td>一人</td><td>正三品</td><td></td></tr>
<tr><td rowspan="24">工部所属机构</td><td>司务厅司务</td><td>二人</td><td></td><td></td></tr>
<tr><td>营缮清吏司郎中</td><td>一人</td><td>正五品</td><td rowspan="4">后增设都水司郎中四人，员外郎一人，营膳司员外郎二人，虞衡司员外郎一人，主事二人，都水司主事五人，营膳司主事三人，虞衡司主事二人，屯田司主事一人</td></tr>
<tr><td>虞衡清吏司郎中</td><td>一人</td><td rowspan="3">正五品</td></tr>
<tr><td>都水清吏司郎中</td><td>一人</td></tr>
<tr><td>屯田清吏司郎中</td><td>一人</td></tr>
<tr><td>营缮所所正</td><td>一人</td><td>正七品</td><td></td></tr>
<tr><td>营缮所所副</td><td>二人</td><td>正八品</td><td></td></tr>
<tr><td>营缮所所丞</td><td>二人</td><td>正九品</td><td></td></tr>
<tr><td>文思院大使</td><td>一人</td><td>正九品</td><td></td></tr>
<tr><td>文思院副使</td><td>二人</td><td>从九品</td><td></td></tr>
<tr><td>皮作局大使</td><td>一人</td><td>正九品</td><td></td></tr>
<tr><td>皮作局副使</td><td>二人</td><td>从九品</td><td>后革</td></tr>
<tr><td>鞍辔局大使</td><td>一人</td><td>正九品</td><td></td></tr>
<tr><td>鞍辔局副使</td><td>一人</td><td>从九品</td><td>隆庆元年，大使、副使俱革</td></tr>
<tr><td>宝源局大使</td><td>一人</td><td>正九品</td><td></td></tr>
<tr><td>宝源局副使</td><td>一人</td><td>从九品</td><td>嘉靖间革</td></tr>
<tr><td>颜料局大使</td><td>一人</td><td>正九品</td><td>后革</td></tr>
<tr><td>军器局大使</td><td>一人</td><td>正九品</td><td></td></tr>
<tr><td>军器局副使</td><td>二人</td><td></td><td>后革一人</td></tr>
<tr><td>节慎库大使</td><td>一人</td><td>从九品</td><td>嘉靖八年设</td></tr>
</table>

续表

机构名称及官员设置		人数	品级	备注
工部所属机构	织染所大使	一人	正九品	
	织染所副使	一人	从九品	
	杂造局大使	一人	正九品	
	杂造局副使	一人	从九品	
	广积抽分竹木局大使	一人		
	广积抽分竹木局副使	一人		
	通积抽分竹木局大使	一人		
	通积抽分竹木局副使	一人		
	卢沟桥抽分竹木局大使	一人		
	卢沟桥抽分竹木局副使	一人		
	通州抽分竹木局大使	一人		
	通州抽分竹木局副使	一人		
	白河抽分竹木局大使	一人		
	白河抽分竹木局副使	一人		
	大通关提举司提举	一人	正八品	万历二年革
	大通关提举司副提举	二人	正九品	后副提举、典史俱革
	大通关提举司典史	一人		
	柴炭司大使	一人	从九品	
	柴炭司副使	一人		
	神木厂			皆籍其数以供修作之用
	大木厂			
	蓄材木			
	黑窑厂			
	琉璃厂			
	台基厂			

工部尚书掌天下百官、山泽之政令。工部所属机构中的营缮清吏司是管理营建的机构，典经营兴作之事，凡宫殿、陵寝、城郭、坛场、祠庙、仓库、廨宇、营房、王府邸第之役，鸠工会材，以时程督之。但是，凡宫殿营建和在外各项大营建工程的估工权都掌握在内府手中，工部只是奉行而已。内府参与营造在隋、唐、宋时期就存在，只是权力不如明代大。

据《明太祖实录》记载："洪武二十五年四月庚申，改将作司为营缮所，秩正七品，设所正、所副各二员，以木匠、瓦匠、漆匠、土工匠、搭材匠之精艺者为之。"营缮所、文思院、颜料局、杂造局等全部以诸匠中精于本艺者充当。营缮所的所正、所副大多为懂建筑的技师。下设郎中一人，正五品，为本司之长；员外郎一人，从五品；主事二人，正六品，后增设员外郎二人、主事三人，同时设首领官司务，负责部内庶务，并置司务厅，设首领官司务二人，从九品，掌本部内务。

3. 明代的营造活动

明洪武二年（1369 年）九月，"诏以临濠为中都，……命有司建置城池、宫阙如京师之制"[15]。早在元至正二十六年（1366 年）朱元璋就"命刘基等卜地，定作新宫于钟山之阳"。宫城是明初南京建设的重点，不仅大规模兴建，而且进行改建与扩建。其重要建筑的布局都经过礼部的商议，很多规划和建筑规制直接反映了朱元璋的意图。洪武元年（1368 年）建都南京，同年秋，徐达北伐，攻下元大都，改名北平，洪武二年十二月丁卯，"上以耀尝从徐达取元都，习知其风土人情，边事缓急，改授北平，且俾守护王府宫室。……耀因奏进工部尚书张允取《北平宫室图》，上览之，令依元旧皇城基，改造王府。耀受命，即日辞行。"[16]洪武十年（1377 年），"改作大内宫殿"。大内是元大都三组宫殿中的一组，三组宫殿以太液池琼华岛为中心，东岸的一组称大内，即宫城，规模最大，西岸偏南的一组称隆福宫，偏北的一组为兴圣宫。二十六年（1393 年）制定营造修理之制：内服造作，“凡宫殿门舍墙垣，如奉旨成造及修理者，必先委官督匠，度量材料，然后兴工。其工匠早晚出入、姓名、数目务要点闸，关察机密。所计物料并各色匠人，明白呈禀本部，行移支拨。其合用竹木，隶抽分竹木局。砖瓦石灰隶聚宝山等窑。治朱漆彩画隶营缮所。钉线等项隶宝源局。设若临期输班，人匠不敷，奏闻起取撮工。凡内府衙门及皇城门铺等处损坏，南京内守备并内宫监等衙门，或奏行，或揭帖到部。工程大者，委官会同相计修理，物料于各局窑丁字库支用。不敷，于屯田司支芦课抽分等银，令上元、江宁二县铺行办纳。工食，于贮库班匠银内动支。帮工军士，外守备差拨，随操起住。若工程不多，本部自行修理。”⑰并对营造工序、工匠管理、材料使用以及工费支出等作了详细规定。

明朝建立之初，为了加强对各地人民的统治，维系并巩固明朝政权，朱元璋推行分封制，“藩屏国家”，将自己的 26 个儿子中的 24 个儿子和侄孙封为王，各雄踞一方，共同“夹辅皇室”，各藩王府邸多为封国中的元代旧衙，并适度进行改造。“洪武三年七月辛卯，诏建诸王府，工部尚书张允言，‘诸王宫城宜各因其国择地，请秦用陕西台治，晋用太原新宫，燕用元旧内殿，……上可其奏，命以明年次第营之。’”⑱同年朱棣被封为燕王，这年春，朱棣从凤阳回到南京，受命就藩北平。燕王府使用的正是“元旧内殿”。《日下旧闻考》按语对燕邸有记载：明初燕邸仍西宫之旧，当即元之隆福兴圣诸宫遗址，在太液池西。洪武十二年“甲寅，燕府营造讫工，绘图以进，其制：社稷、山川二坛在王城南之右，王城四门，东曰体仁，西曰遵义，南曰端礼，北曰广智。门楼廊庑二百七十二间，中曰承运殿，十一间，后曰圆殿，次曰存心殿，各九间。承运殿之两庑为左、右二殿，自存心、承运周回两庑，至承运门为屋百三十八间。殿之后为前、中、后三宫，各九间，宫门两厢等室九十九间。王城之外，周垣四门，其南曰灵星，余三门同王城门名。周垣之内堂库等室一百三十八间。凡为宫殿室屋八百一十一间。"⑲

燕王朱棣后发动"靖难之役"，起事攻打侄儿建文帝，夺位登基。称帝后，欲建北平，永乐元年（1403年），诏以北平为北京，改北平府为顺天府。究其原因，首先，由于北京的地理位置所决定，正如群臣上疏请建北京宫殿时所述："伏惟北京，圣上龙兴之地。北枕居庸，西峙太行，东连山海，南俯中原，沃野千里，山川形胜，足以控四夷，制天下，诚帝王万世之都。"其次，正如顾祖禹所言："太宗靖难之勋既集，切切焉为北顾之虑，建行都于燕，因为整戈秣马，四征弗庭，亦势所不得已也。銮舆巡幸，老费实繁，易世而后，不复南巡。此建都所以在燕也。"第三，自洪武三年（1370年）被封为燕王后，多年的北平生活使他非常熟悉这里的风土人情，而且北平还是燕王的发迹之地，起事时的宿将谋臣，多为燕邸、北平都司及燕山三卫所属之将，一定程度上是恋乡之情的体现。永乐元年（1403年）正月，当礼部尚书李至刚提出以北平为京都时，正合朱棣心意，但是迁都意识是否萌发，尚难认定，但建立两京确是毫无疑问，并开始实施一系列充实北平的措施。如永乐元年（1403年）三月命都督佥事重开海运，输粮北京，自是岁为常；八月发流罪以下之人垦北京田，并徙直隶苏州等十郡、浙江等九省富民实北京；十一月命运淮阳藏粟一百五十七万六千余石转输北京。永乐二年（1404年）七月从海上馈运北京；九月，徙太原、平阳、泽潞、辽、沁万户充实北京。永乐三年（1405年）命漕运转输北京。之后类似的举措年年都有，充分体现了对北京的深谋远虑。据《明太宗实录》卷一百七十九记载：永乐十四年（1416年）十一月壬寅，明成祖“复诏群臣议营建北京。先是车驾至北京，工部奏请择日兴工。上以营建事重，恐民力不堪，乃命文武群臣复议之。于是公、侯、伯、五都督及在京都指挥等官上疏曰：臣等窃惟：北京河山巩固，水甘土厚，民俗淳朴，物产丰富，诚天府之国、帝国之都也。……河道疏通，漕运日广，商贾辐辏，财货丰盈，良材巨木已集京师，天下军民乐于趋事……诚所当为而不可缓……六部、都察院，大理寺、通政司、太常寺等衙门尚书、都御史等官复上疏曰：……今漕运已通，储备充溢，材用具备……伏乞早赐圣断，敕所司择日兴工。从之。”永乐四年（1406年）闰七月诏建北京宫殿，《明太宗实录》卷五十七记载：“永乐四年闰七月壬戌，文武群臣、淇国公丘福等请建北京宫殿，以备巡幸。遂遣工部尚书宋礼诣四川，吏部右侍郎师逵诣湖广，户部左侍郎古朴诣江西，右副都御史刘观诣浙江，右佥都御史仲成诣山西，督军民采木。……命泰宁侯陈珪、北京刑部侍郎张思恭督军民造砖瓦。……命工部征天下诸色匠作，在京诸卫及河南、山东、陕西、山西都司、中都留守司、直隶各卫选军士，河南、山东、陕西、山西等布政司、直隶凤阳、淮安、扬州、庐州、安庆、徐州、和州选民丁，期于明年五月俱赴北京。”这里记载“请建北京宫殿”的目的是“以备巡幸”，但是如此大规模地调运民丁，绝非仅仅是为了“巡幸”，显然为迁都作准备。另据《天府广记》记载：对于“赴京听役，率半年更代，人月给米五升。其征发军之处一应差役及间办银课等项令停止。……命泰宁侯陈、北京刑部侍郎张思恭督军民匠造备砖、瓦，造人月给米五斗。”但事实上，在《明太宗实录》永乐五年（1407年）的实录条中未见征用天下民夫、工匠营建北京的记载，可见这一计划并没有真正施行。究其原因有二：其一，朱棣出于巩固统治地位的目的，唯恐营建疲耗民力，招致天下骚动；其二，当时南北大运河的中段受黄河侵害，并没有通航，建材运输十分困难，再者即使征调天下民夫、工匠到北京，也难以保证数百万民工的粮食供应。另据《明太宗实录》记载："永乐六年（1408 年）六月庚辰，诏谕北京诸司文武群臣曰：北京军民……比以营建北京，国之大计，有不得已也。……自今北京诸不急之务及诸买办，悉行停止。……又敕泰宁侯陈珪及北京刑部：方今盛暑，军民赴工者，宜厚加抚恤。"虽然如此，从永乐五年至十八年，为营建北平的采木、烧砖、运输等一直没有停止过，所谓的"悉行停止"只是在准备营建过程中，出于对蒙古族三次大规模战争和安抚"靖难"以来不断服役百姓等诸多问题的考虑而实施的短暂停止。

对于明永乐年间改建北京城的具体情况，清康熙皇帝有如下评语："遍览明代《实录》，未录实事，即如永乐修京城之处，未记一字。"[20]只能从其他史料中获取相关信息。

明太宗朱棣欲迁都北平时，北平"元之宫室完备"，并较南京宫殿弘阔。元大都的建置一定程度上遵循了历代的建都原则，但它更多地反映了蒙古族的生活理念，如元大内没有按照《周礼》的三朝制度建三朝，仅建大明殿一朝并与寝宫相连，体现了蒙古族的生活习俗，宫城中的顶殿、棕毛殿、温室浴室、水晶殿等形制，特别是白色的琉璃殿顶，与汉人的理念不符，为汉人不能接受。当一些老臣劝朱棣利用北平宫殿为都城时，《太宗实录》记载："若就北平，要之宫室不能无更作，亦未易也。"所以，对于元大内的改造势在必行，于是，"及是将撤而新之，乃命工部作西宫，为视朝之所"[21]，一些具有游牧民族、喇嘛教和伊斯兰教风格的建筑，如顶殿、畏吾尔殿、棕毛殿、温室浴室、瀛洲亭、兴圣殿、延华殿等被改造。永乐"十四年八月丁丑，诏天下军民预北京营造者，分番赴工。"至此，明成祖营建北京的计划开始实施，同年八月，为了营建北京大内宫殿，朱棣下令在北京作西宫，次年（1417 年）四月西宫成。其制：“中为奉天殿，殿之侧为左、右二殿。奉天殿之南为奉天门，左右为东、西角门。奉天门之南为午门，午门之南为承天门。奉天殿之北有后殿、凉殿、暖殿及仁寿、景福、仁和、万春、永寿、长春等宫，凡为屋千六百三十余楹。”“至十五年，改建皇城。于东去旧宫可一里许，悉如金陵之制，而宏畅过之。按金陵殿作于吴元年。门曰奉天，三殿曰奉天，曰华盖，曰谨身。两宫曰乾清，曰乾宁。四门曰午门、东华、西华、元武。至洪武十五年改作大内。午门添两观，中三门，东西为左右掖门。奉天门之左右为东西角门。奉天殿之左右曰中左、中右。两庑之间，左文楼，右武楼。奉天门外两庑曰左顺、右顺、及文华、武英二殿。至二十五年，建金水桥及端门、承天门楼各五间，长安东西二门。北京宫殿悉仿其制。永乐十五年起工，至十八年殿工成。”[22]

最初受命组织北京城营建的是陈珪，泰州人。洪武初，从大将军徐达平中原，累迁至都督佥事，封泰宁侯，禄千二百石。永乐四年（1406 年）“董建北京宫殿，经画有条理，甚见奖重”[23]。协助他的是安远侯柳升和成山侯王通，工部尚书吴中负责具体设计。吴中（1373 年～1442 年），山东武城人，敏思多计算，规划井然。得朱棣信任，被委以重任，为永乐、洪熙、宣德、正统四朝工部尚书，北京明代宫殿、长陵、献陵、景陵多为其主持修建。永乐五年（1407 年）正月任工部尚书时，负责营建北京宫殿，永乐七年（1409 年）主持修建长陵，永乐九年（1411 年）修建京都九门城楼，正统七年（1442 年）二月致仕。

北京城的营建集中了来自全国的优秀匠师，征调了二三十万民工和军工，为了保障施工进度，采取场外加工的方法，据《日下旧闻考》记载，设置了五大厂，即神木厂、大木厂、台基厂、黑窑厂和琉璃厂。通过运河运到北京的木材多存放在神木厂、大木厂，其中神木厂设在今崇文门外，专门存放特大木材，而规格较小的木材则存放在今朝阳门外的大木厂。据有关史料记载，大木厂有仓房三千六百间，直至正统二年（1437年）仍有库存木材三十八万根之多。明代建筑已经采用模数字，大部分构件已经规格化，特设台基厂预制加工木构件，使得施工时仅组装即可，大大缩短了营建现场的施工工期。黑窑厂是专门烧制青瓦的窑厂，在今陶然亭和窑台一带。庞大的营建工程需要大量的青砖，河北、山东一带大量建窑烧坯，烧制宫殿营建所需条砖，山东临清一代大量承接“细泥澄浆新样城砖”。在今正阳门和宣武门之间的南郊，设置了烧造琉璃瓦的琉璃厂，宣武门外以西还特设存放柴草的草厂。北京宫殿经过十四年的营建，至永乐十八年（1420年）十二月竣工，其规模正如《明太宗实录》所记载：“凡庙、社、郊祀坛场、宫殿、门阙规制悉如南京，而高敞壮丽过之。复于皇城东南建皇太孙宫，东安门外东南建十王邸，通为屋八千三百五十楹”，成为一处规模宏大、气宇非凡的宫殿建筑群。《明会典》对皇城的具体规模有记载：“皇城起大明门，长安左右门，历东安、西安、北安三门，周围三千二百二十五丈九尺四寸。内紫禁城起午门，历东华、西华、元武三门，南北各二百三十六丈二尺，东西各三百二丈九尺五寸，城高三丈。垛口四尺五村五分，基厚二丈五尺，顶收二丈一尺二寸五分。”而参与督掌工程的官员和从役的工匠头都得到提升，如清吏司郎中蔡信为工部右侍郎，营缮所所副吴福庆等七人为所正，所丞杨青等六人为所副，木瓦匠金珩等二十三人为营缮所丞。永乐十九年（1421年），明朝廷宣布改北京为京师，次年正式迁都北京。

紫禁城宫殿是在元朝宫殿遗址上营建的，对元大内有相承之迹。鉴于元代后宫延春阁已出于紫禁城北墙之外，便在其故址上堆筑万岁山，使之成为“大内之镇山”，这样万岁山的中锋就成为北京城新的几何中心。为达到这一设计目的，借助缩减北段并延长南段的手法，造成紫禁城平面稍向南移的布局，但东西两面城址依然如旧，并不影响紫禁城居中轴线最重要位置，同时又为环绕宫墙开凿护城河提供了条件，其连带效应是利用护城河开凿的泥土筑万岁山，体现了设计建筑者的周密细致。余倬云先生认为："紫禁城宫殿的施工是经过长期准备，周密计划，充足备料，并做出大量预制构件之后，才在永乐十五年（1417 年）二月破土动工的。经过三年的大规模施工，永乐十八年（1420 年）九月竣工，其规模之大，构造之精，进度之快，却是建筑史上罕见的奇迹。"

单士元先生在《故宫史话》中将明代的紫禁城营建分为四个时期，第一时期为永乐开创时期，结合营建都城，将元大都的南城墙南拓，完成了北京城墙的修建，同时确定了皇宫规模，并设定了皇城范围，规划了皇城布局。前期为备料阶段，后期工程浩大，正式营建北京城、皇城和紫禁城。第二时期为正统完成时期，包括正统、景泰、天顺三朝，完成了各城门以及瓮城、天坛、地坛、日坛、月坛等的营建，并对皇宫进行了大规模兴建。第三时期为嘉靖扩建时期，由于商业发展迅速，北京前三门外成为繁盛的商业区，京都居民越来越稠密。为了治安需要，嘉靖二十三年（1544 年）加筑外罗城，周围二十八里，共七门，分别为永定门、左安门、右安门、广渠门、广宁门（清代改广安门）以及东便门、西便门，并在景山西建高玄殿。第四时期为明末衰落时期，从万历朝到明亡，期间多种因素致使国力由盛而衰，已无力再进行大规模的营建。

朱元璋是以"广筑墙"等策略驱除元政权而立国的，因此"朝廷视城为最重，岁必遣使巡行天下。凡偷惰者，重罪之，弗贷。"[24]据《明会典》记载："凡各处城楼窝铺，洪武元年令，腹里有军城池每二十丈置一铺，边境城每十丈一铺，其总兵官随机应变增置者不在此限。无军处所，有司自行设置，常加点视。勿致疏漏损坏，提调官任满得代，相沿交割，违者治罪。”以行政手段制定城楼窝铺的建造数量，并形成一种制度。洪武三十一年（1398 年），命武臣逐渐葺理所守城池。永乐十五年（1417 年），明成祖敕谕天下文武官员：“设立军卫城池，将御盗贼，军旅不练，城堡不修，队伍空缺，关防不谨，将何防御？”[25]洪熙元年（1425 年），明仁宗诏天下都司卫所修治城池，各地城池“遇有坍塌损坏，随即修理，合用材料支给官钞买办，不许因而生事扰人。若有坐视不行修理者，听风宪官纠举。”正统六年（1441 年），敕谕公、侯、伯、五府、六部、都察院等衙门正官，“各处城池颓塌者，亦督令于农闲时月，军民相兼修筑，不许违误。”[27]正统十四年（1449 年），明英宗下诏要求各地修筑葺理城池。景泰二年（1451 年），敕永平、山海、密云、居庸、白羊、紫荆、倒马诸关口守备都督、同知等官顾兴祖等曰：“即今春暖冻消，恐新修城堡壕堑坍淤塞，尔等其巡视修浚，务在坚厚深阔，经久无虞，不许徒事虚文，以取罪愆。”[28]景泰三年（1452 年），明代宗在改立皇太子中宫诏书中，要求各处对曾经修筑但未完工的城池“须量民时，或别设法修筑完备，保固官司、人民”[29]。成化二年（1466 年），“廷议，凡郡县无城池者，有司宜择农隙修筑，专遣宪臣奉玺书督之。”[30]正德八年（1513 年）令：“天下郡县凡无城郭者，有司督民修筑。”[31]天启六年（1626 年），明熹宗针对修理都城城垣、山海关边城等先后降旨：“都城关系紧要，城垣、桥梁坍塌处，所著分工修理，勒限报完，不得迟缓误事”；“关门防御，全赖城垣，岂容倾圮，速将蓟镇所留四营班军尽发修筑，以固金汤。”[32]可见，明代对城池修葺非常重视。基于这一基本国策，明代修筑城池活动远远超过以往任何朝代。据相关研究资料统计，明代筑城总次数约为 7489 次，其中府州卫筑城次数为 1034 次，占 13.81%，县州筑城次数为 5684 次，占 75.90%，其他类（官方所修筑军事堡寨、巡检司城等）筑城次数771次，占10.30%。筑城数量涉及至少2199座城池，其中府州卫级城池243座，县州城池1327座，其他类629座。在时间分布上，筑城次数位居前三位的分别是嘉靖、万历和洪武年间，年均筑城次数位居前三位的分别是隆庆、正德、崇祯年间。筑城次数位居前三位的省份分别是北直隶、山西、河南。为了适应火炮技术下的防护要求，许多城墙普遍得到加砌，今天保存下来的城垣大多数是在明代初期进行改建、扩建或新建的。

明代，对孔子的尊崇达到无以复加的地步，全国府州县三级孔庙的数量达到1560余所，孔庙的营造成为明代重要的营造内容。在统一的营造思想指导下，孔庙主要建筑的设置与空间关系相对固定，但在建筑形式上表现出多元性和地方性。

在陵寝制度方面，明代沿袭了“因山为陵”、帝后同陵和集诸陵于同一兆域的做法，但同时对旧的陵寝制度有所改革，形成了明代陵墓独有的特点。明皇陵为朱元璋父亲的陵墓，初草创，后在原址上兴建，洪武元年（1368年）二月立牌，号“英陵”，次年（1369年）改为“皇陵”，洪武八年（1375年）开始筑陵城，十二年（1379年）享殿竣工。明末被毁。明孝陵为朱元璋的陵墓，位于南京市钟山之阳，始建年代不详，洪武十五年（1382年）葬马皇后时，“命所葬山陵曰孝陵”，十六年（1383年）建享殿，永乐九年（1411年）建大金门。设内外两道围墙，轴线建筑自围墙正门开始，依次建有碑亭、石桥、石像生、棂星门、石桥、陵门、祾恩门、内陵门、石桥、方城名楼及宝城宝顶。自碑亭以北，陵区轴线即向西折。通过绕今称梅花山而至外金水区，再折而依轴线向北入陵门，形成独特的帝陵神道布置方式。

自营长陵开始，至最后一帝崇祯葬入思陵止，其间230多年，明朝先后修建了皇帝陵墓13座，分别为长陵（成祖）、献陵（仁宗）、景陵（宣宗）、裕陵（英宗）、茂陵（宪宗）、泰陵（孝宗)、康陵（武宗)、永陵（世宗)、昭陵（穆宗)、定陵（神宗)、庆陵（光宗)、德陵（熹宗)、思陵（思宗)，通称十三陵，均建在北京市昌平县（今昌平区）天寿山麓。《明太宗实录》卷九十二记载：“永乐七年五月，营山陵于昌平县，时仁孝皇后未葬，上命礼部尚书赵羾以明地理者廖均卿等择地，得吉于昌平县东黄土山，车驾临视，遂奉其山为天寿山。”每座陵各自成陵区，规模大小不等，布局规制基本完备。整个陵区占地面积约 40 平方公里，是中国现存规模最大、帝后陵寝最多的一处皇陵建筑群。

5. 明代的工匠管理

明代的工匠继承了元代工匠的世袭制度，工匠隶属于工部和内宫管理，工匠的服役时间是定时的，在非服役期间可以从事自由职业，与元代相比，工匠有了较多自由。明代工匠的供役法有轮班、住坐二种，轮班属工部，住坐属内府。轮班匠、住坐匠中几乎都是专门的技术匠人。工匠有两类：一类为轮班，三岁一役，役不过三月；另一类为住坐，月役一旬。据《明会典・工匠二》记载：“凡轮班人匠，洪武十九年令籍诸工匠，验其丁力，定以三年为班，更番赴京轮作，三月如期交代，名曰轮班匠，仍量地远近以为班次，置勘合给付之，至期，至部听拨，免其家他役。”轮班法虽然定为三岁一役，但是由于各色工匠从事的工种繁简不同，出现了几种不同的轮班制。在二十三万名工匠中，属于五年一班的有木匠；属于四年一班的有锯匠、瓦匠、油漆匠、竹匠、五墨匠、妆銮匠、雕銮匠、铁匠、双线匠；属于三年一班的有土工匠、搭材匠；属于两年一班的有石匠；属于一年一班的有表背匠、黑窑匠、琉璃匠、黄丹匠。工役有正工和杂工两种，杂工三日当正工一日，皆视役大小而拨节。据洪武时期（1368 年

~1398 年）的统计，除住坐匠和存留匠外，单轮班匠就有 3 万多人。到永乐时期（1403 年 ~1424 年），北京城的营建工匠人数仍在不断增加，宣德三年（1428 年）的“工匠，数倍祖宗之世”[33]，至景泰时（1450 年 ~1456 年），轮班匠尚有 28.9 万多人，在南京服役者有 5.8 万多人，在北京服役者有 18.2 万人。按四年一班计算，每年来北京服役的轮班匠为 4.5 万人，每季平均 1.1 万多人[34]。工匠们都是父死子继，世世代代在明王朝的严重奴役剥削下服役。正统十二年（1447 年），福建陈敏政曾说：“轮班诸匠，正班虽止三月，然路程窎远者，往返动经三四余月，则是每应一班，须六七月方得宁家。”其“一年一班者，奔走道路，盘费罄竭”[35]。因此，不少工匠在服役时，往往“典卖田地子女，竭借钱物绢布”。其住坐匠，在“兴工之初，工食未领，先称贷以自给，工完支银。计其出息，十已损二矣。而府吏胥徒，蚕食于公门者，又方聚喙而睁木焉。故匠工之所得者，仅十之六七耳。”[36]正因如此，明代官营手工业中反对剥削和奴役的斗争一直持续不断。

除常备工匠外，还要使用大量的夫役。夫役的来源有两种途径，即农民和军士，这样就有民匠、军匠之称，明代调集民夫或军士的行为，称之为助役。椐史料记载，凡有兴作，工部办物料，内监拨匠役，兵部拨军夫。明代营造活动中的班车为卫所之军，番上京师，总为三大营。这与明代的军队组织有关，明代军队组织以卫为单位，从京师到地方设若干卫，由于番上京师，故称为班车。在京各卫卒合在一起，称为京营。明英宗“土木之变”后，景帝改京营为十团，随后又有了团营之称。据史料记载，明代班军之数有十六万之多。班军参与的营建仅限于京城，地方营建城垣、河道和堡垒等的营建也借力于士卒，但必须奏明政府。明代，士卒是营建的重要力量，虽然没有成文的法规，但在营建活动中，班军人数与官匠人数有军三官七的通例，有时甚至更多，明英宗修复三殿时用人七万，班军就占了大半。另外还有囚人供役的做法。囚人以工代罪，根据自己犯罪程度的轻重从事繁简不同的工役。据《明会典》记载："国初造作工役，以囚人罚充，役满工部咨送刑部都察院，引赴御桥叩头发落……洪武二十六年定，在京犯法囚徒，或免死工役终身，或免徒流笞杖，罚役准折，如遇造作去处，量度所用多寡，或重务者，用重罪囚徒，细务者，用笞杖之数，临期奏闻移咨法司差拨差人监督管工……"

繁重的营造事务涌现出了大量优秀的工匠，元代开始从工匠中选拔工部官吏的现象到明代越演越烈，且选拔的官吏数量多，职位高。这一现象的产生有其广阔的社会背景、深刻的政治和经济原因。明太祖朱元璋早在称吴王时就开始修筑皇城和宫殿，登基后定都南京，对皇城加以扩建。明成祖决定迁都北京后，在元大都的基础上，在永乐四年到永乐十八年（1406 年～1420 年）的时间内，开始了大规模的修建北京城池、宫殿、坛庙、陵寝和园囿等工程。据缪荃孙《云自在龛笔记》所述，当时皇家宫殿楼亭多达 786 座，其中"三殿两宫，各四次被灾"[37]，每次"被灾"后均予以重建。大规模的营建工程耗费了大量的人力、物力、财力，也需要提高营建技术、改进营建工具，更需要技术卓越、富有丰富营造经验的匠师直接参与营建工程的管理，甚至领导工程顺利进行，正如明世宗所说的，"工役亦须得人"。但是，自明英宗以后，皇帝大多平庸，宦官与内阁首辅交替擅权，出现政治腐败、吏治败坏的现象。作为六部之一的工部，庸碌无为的官吏和贪污行为很多，甚至出现工部尚书利用工部一半大木为自己修建新宅的行为，延误了宫殿建筑的进度。这些现象促使朝廷选拔一批有能力的匠师来承担营建工程，以确保工程进度。再则，明代工匠束缚于匠籍，世世代代承担工役，生活十分贫苦，不得脱籍，不得从文，更不得为官。由于不堪统治者的压迫，他们采取了许多反抗形式。从木工、斫工、瓦工、石工中选拔出色的工匠充当匠官和工部官吏，不但能管理营建，而且能监督工匠，这种“以匠治匠”的政策极稳定了封建统治，又使工匠有了施展才华之地，积极性大大提高，并促进了明代建筑业的发展。

6. 明代杰出的工匠及营造者

大量的营造活动使营造业中名家辈出，如苏州吴县木工蒯祥（1398～1481年），其父为木工，能主持大营造，年老告退后，蒯祥代之。蒯祥参与了永乐十五年至十八年（1417～1419年）两宫三殿及五府六部的营建，正统（1436～1448年）以后的北京重大工程无不参与。“能主大营缮，永乐十五年，建北京宫殿；正统中，重作三殿及文武诸司，天顺末作之裕陵，皆其营度。凡殿阁楼榭，以至回廊曲宇，随手图之，无不中上意者。……每修缮，持尺准度，若不经意，既造成，不失毫厘。”蒯祥一家世代为木工，承担了营建北京宫殿、坛庙、诸司、城市和陵墓的“营度”之责，“凡百营造，祥无不预”，不但主持和参加了明代皇室工程，而且还从事明代皇陵的觅址及建造，代表作有长陵、献陵、裕陵、隆福寺等，其建筑活动跨越了半个多世纪，体现了在规划、设计、施工等多方面的卓越才能，因此被吸收进工部，从工部营缮所丞，而太仆司少卿，而工部侍郎、左侍郎。宪宗时，年八十余，“犹执技供养，上每以‘蒯鲁班’呼之。”[38]

蔡信，明武进阳湖（今江苏武进县）人。有巧思，少习工艺，授营缮所正，升工部主事。幼时习营建工艺，明初任工部营缮司营缮所所正，正九品，后升为工部营缮司主事，正七品。永乐间建北京，凡天下绝艺皆征至京，悉遵信绳墨，蔡信累官至工部侍郎。建造北京宫殿时，蔡信为工程负责人，官最终升至工部侍郎[39]。

杨青，明金山卫（今上海松江县）人，泥瓦工。永乐初在北京供役，并被授以营缮所的官职，在营建北京宫殿时又被授为“都知”，正统五年（1440 年）参加重建奉天、华盖、谨身三殿及乾清、坤宁二宫等工程，工程竣工后，升为工部侍郎。

雷礼，明丰城（今陕西丰城县）人，以勤敏为世宗所重，北京奉天、华盖、谨身三殿维修时负责营建监督，官至工部尚书。

徐杲，原本为木匠，巧思绝人，每有营建，辄独自拮据经营，操斤指示。嘉靖三十六年（1557 年）四月，北京宫殿遭火，祸殃许多建筑。明世宗要求工部尽快恢复殿宇，并首先建造奉天门。但是当时的工部尚书庸弱，致使工程长久不能开工。朱厚熜盛怒之下，另任工部尚书，并由工部侍郎雷礼和徐杲具体负责，一年之后，工程告竣，得到世宗赏识。随后奉天、华盖、谨身三殿的建造在两人的主持下，仅历时三年便完成。嘉靖四十年（1561 年）西苑永寿宫又遭火焚，雷礼及徐杲两人利用三殿的余材予以修复，经徐杲经度规划，工程只用了短暂的十个月就完工，受到厚赏，擢为尚书，二品。徐杲对官式建筑十分精通。营建三殿时，“诸将作皆莫省其旧，而匠官徐杲能以意料量，比落成，竟不失尺寸。”永寿宫被焚后，徐杲亲自踏勘“相度”，制定出方案，明代沈德符在《野获编》卷二中予以记载：“木匠徐杲以一人拮据经营，操斤指示，闻其相度，时第四顾筹算，俄顷即出而斵材，长短大小，不爽锱铢。”虽然徐杲被擢为尚书，位二品正卿，但“不敢以卿大夫自居”而谦退，士大夫门贬其为“躐官”。世宗一死，徐杲被罢官，下狱，直到戍边。徐杲以后，再没有工匠从官的做法。

陆贤、陆祥兄弟。据《无锡县志·方技》记载：陆之先人在元时就任可兀阑，即将作大匠，董匠作。洪武初朝被召入都，陆贤被委任为工部营缮司营缮所所正，官秩正九品，陆祥任郑王府工副，官从五品，历任洪武、永乐、洪熙、宣德、正统五朝工官，最后升至工部侍郎，代衔太仆少卿。

朱信，明华亭（今江苏省松江县）人，精算术，累官至户部郎中。当时在砌筑某处城墙时，朱信计算好了用砖数量，但却有剩余，有人诘之，朱信以“此失灰缝耳”作答，如其言度之，不失尺寸。

明嘉靖年间（1522 年 ~ 1566 年）是明代建筑活动的又一次高潮期，各地民匠被征调进京服役，木工出身的郭文英以巧力著名，被征调入京，参加了帝王庙、太庙、显陵、天坛皇穹宇、皇史宬、沙河行宫等营建工程，在长期的建筑实践中积累了许多实践经验，不久成了“作头”。每完成一项工程都得到皇帝的赏识，由作头而升任营缮所丞、所副、所正、营缮司主事、员外郎，最后至工部侍郎。

冯巧，生卒年月不详，明代皇家御用营造师，主管大内建筑的设计和营建。清初王士禛的《梁久传》记载：“明之季，京师有工师冯巧者，董造宫殿。自万历至崇祯末老矣。（梁）九往执役门下，数载终不得其传。而服事左右不懈益恭。一日，九独侍。巧顾曰：‘子可教矣’。于是尽传其奥。巧死，九遂隶冬官，代执营造之事。”中国古代在保守思想的支配下，工匠一般不会将自己摸索和积累的技术诀窍轻易授予他人，而冯巧最终将自己一生积累的营建技术和经验传授给梁九，体现了梁九在营建方面确实具有传承营建技艺的品质和素质，中国古代建筑正是依靠师徒之间的这种技术传承才具有一脉相传的特征。

梁九，生于明天启年间（1621 年 ~ 1627 年），卒年不详。长期在其师傅冯巧的门下学习技艺，最终由于自身具备的杰出营建才能而得到师傅的真传，营建技艺更加精湛，任职于工部，清初宫廷内的重要营建工程多由梁九负责营建。康熙三十四年（1695 年）太和殿焚毁后，梁九主持重建。动工前，他按十分之一的比例制作了太和殿木模型，其形制、构造、装修一如实物，指导实际重建工程，当时被誉为绝技。

明代出现了几位从事营造的太监，如阮安、释妙峰。阮安，交趾（今越南）人，永乐间太监，善于谋划，谙练建筑营造事务，明成祖营造北京新都时，他奉命参与城池、九门、两宫、三殿、五府、六部、诸司公宇等各项工程的营建，且量意营，悉中规制，工部奉行而已。据《英宗实录》记载："正统四年四月，修造京师门楼、城壕、桥闸。完正阳门正楼一，月城中左右楼各一，崇文、宣武、朝阳、阜城、东直、西直、安定、德胜八门各正楼一，月城楼一。各门外立牌楼，城四隅立角楼。……工部侍郎蔡信扬言众曰：役大，非征十八万人不可，材木诸费称是。上遂命太监阮安董其役，取京师聚操之卒万余，停操而用之。厚其饩廪，均其劳役，材木诸费，一出公府之所有，有司不预，百姓不知，而岁中告成。"阮安不仅谙练营造设计，对于工程的组织和实施也有自己一套独特的方法。

释妙峰（1540 年～1612 年），原名续福登，山西平阳人，所处年代为明代中晚期，是明代营造活动突破禁锢、建筑自由发展的时期，为妙峰的营建活动提供了良好的政治背景。妙峰 13 岁出家，在山西永济万固寺从一名普通僧人成为一名有声望的高僧。史料记载，年轻时曾云游普陀山、宁波、南京、北京、五台山等地，云游的经历使他眼界大开，并与皇室结下因缘，得到皇家的恩宠并一直惠及妙峰的后半生，为他营建才能的发挥提供了良好机遇。在万历十四年到二十五年（1586 年～1597 年）的十余年中，妙峰开始了自己的营建生涯，先后在山西永济万固寺和太原永祚寺从事营建活动，另外修建了陕西滑川桥、演府大桥等拱券类桥梁。在这些营建活动中，妙峰显示出了对砖结构的偏爱，经他手所建的塔、殿，其砌筑技术趋于规范，装饰风格较为一致。万历三十四年（1606 年）营建的五台山显通寺无量殿（七处九会大殿）是妙峰成熟期的代表作，与前期的无量殿和砖塔相比，仿木构建筑的趋势更彻底，装饰题材更统一，在砌造技术、粘接技术、使用异形砖等方面有明显的提高。

大量的营建活动还造就了出色的建筑管理专家——贺盛瑞，字凤山，生卒年不详。明万历二十年（1592 年）任工部屯田司主事，二十三年（1595 年）任工部营缮司郎中。任职期间，曾负责修建泰陵、献陵、公主府第、宫城北门楼、西华门门楼以及乾清宫、坤宁宫等项工程。其中乾清宫营建原估算造价白银 160 万两，他采用 60 余项改革措施，节约白银 92 万两，约为原估价的 57%。贺盛瑞因营建景陵、献陵、公主坟有功而迁升为郎中，后又负责营建乾清宫和坤宁宫。乾清宫是皇帝的寝宫，坤宁宫是皇后居住和祭神的地方，任用贺盛瑞主持营建两宫，是朝廷对他营造才能的肯定，但最终贺盛瑞还是因遭诬陷被贬，遂含冤作《京祭辩冤疏》和《冬官罪案》。其子贺仲轼历任地方官，曾任刑部主事，在任期间为父亲修建两宫冤案翻案，获得成功后，在父亲所书《京祭辩冤疏》和《冬官罪案》的基础上，写成《冬官纪事》，保存至今的是民国十八年（1929 年）的手抄本，记述了两宫营建时的用工用料和工程管理等，是目前我国孤本和善本书中极少见的类型，主要内容有以下三方面：一是大量使用商品买卖和货币流通手段，反映了明代资本主义的萌芽状况；二是在运输上使用了比较先进的运输工具；三是记载了营建过程中为节约银两、减轻了人民负担的事实。可以说，该书是研究故宫建筑史最详细、最原始的珍贵资料。

7.《鲁班营造正式》和《鲁班经》

中国古代的正史对营建技术记载得很少，多是历代匠师以口授和抄本形式薪火相传，由匠师自己编著的专书很少。宋初木工喻皓曾作《木经》，但早已失传，只有少量片断保存在沈括的《梦溪笔谈》中。唯有明代的《鲁班经》是流传至今的一部民间木工行业的专用书，具有重要的史料价值。这部书的前身是宁波天一阁珍藏的《鲁班营造正式》，现已残缺不全。刘敦桢先生曾对《鲁班营造正式》进行过校订，认为它是《鲁班经》更早的版本[40]，它的特点是在内容上只限于建筑，如一般房舍、楼阁、钟楼、宝塔、畜厩等，不包括家具、农具等。编排顺序比较合乎逻辑，首先论述定水平垂直的工具，再为一般房舍的地盘样及剖面梁架，然后是特种类型的建筑及其细部，如驼峰、垂鱼等。该本插图较多，与文字部分互为补充，保存了许多宋元时期手法，为后人留下了早期工匠用书的珍贵实物资料，对于认识古代民间匠师的职责、营建工程中涉及的问题、营建工程仪式和程序以及行帮规矩有一定的意义。但在编辑《鲁班经》时，时过境迁，一些《鲁班营造正式》中的营建技术做法和术语发生了很大变化，书中的一些内容与现实脱节，实用意义减弱，所以《鲁班营造正式》中的技术内容并未被看重，插图被删去，仅营建行帮中的规矩、手续、仪式和制度被保留，并且更多地摘抄了大量选择、魇镇禳解的符咒等内容，反映了明中叶以后风水迷信已普遍深入民众日常生活的现象，呈现出了与《鲁班营造正式》朴素实用、着重技术完全不同的面貌。《鲁班经》编成后，传播经久不衰，直至20世纪初，书中的一些具有神秘色彩的规矩、仪式、符咒、选吉日、定门尺之类的内容仍受到迷信者的追捧。《鲁班经》的主要流布范围大致在安徽、江苏、浙江、福建、广东一带，这些地区保存至今的明清民间木构建筑及其木装修以及家具等，许多与《鲁班经》的记载吻合或相近，证明它在实践中具有较强的指导和规范作用。

三 清代的工官

明万历四十四年（1616 年），女真族统治者努尔哈赤在东北地区建立了大金（史称后金）王朝，定都兴京（今辽宁新宾境内）。明崇祯九年（1636 年），努尔哈赤第四子皇太极改国号为清，改族名为满州。明崇祯十七年（1644 年），李自成攻入北京，明朝在农民起义的浪潮中覆灭。当时皇太极已去世，其子福临即位，改元顺治，睿亲王多尔衮摄政，乘机入关，以明降将吴三桂为先导，镇压了农民起义，取得了中央政权。顺治元年（1644 年）世祖福临入关，定都北京。清朝共历 11 帝，历时 276 年。

1. 清代的中央机构

清朝统治者入关前，随着统治范围的不断扩大，逐步建立和健全了一套脱离固有八旗制度的国家行政机构。皇太极重视和吸收汉族文化和封建统治经验，天聪五年（1631 年），仿照明代制度设立了吏、户、礼、兵、刑、工六部，每部设一贝勒作为长官，其下设有承政、参政、启心郎等官，兼用满、蒙、汉族官员。其中工部以贝勒阿巴泰管理部务，下设满承政二人，蒙、汉承政各一人，管理全国的工程事务。

清初官制相当简单，负责议政的是议政五大臣、理事十大臣，其他执行机构没有具体化。清朝初期，基本上是承袭入关前的旧制，以满洲特有的旗制为本部骨干，基本上按明代制度统治汉人，包括六部在内的机构都采用汉官名。到雍正、乾隆两朝，经过逐步调整，中央机构才稳定下来。中央首辅机构为内阁、军机处、通政使司，其中通政使司所属机构有登闻鼓厅，分设吏、户、礼、兵、刑、工六房，分别办理所属事务。掌理国家行政机构的是六部，其中工部掌工程事务机构。清代的六部，虽设尚书、侍郎为之长贰，但却是多头政治。根据清制，侍郎可以直接上奏，尚书无权节制。一个部正副长官六人，实际上就是六位长官，相互之间没有上下之分，都可以直接对皇帝负责，大大削弱了国家行政中枢的领导作用。

2. 清代的工部

清代的工部于天聪五年（1631 年）设置，置满汉尚书各一人为长官，左右侍郎也为满汉各一人，为副贰，其属郎有郎中、员外郎、主事，下设四清吏司，即营缮清吏司、虞衡清吏司、都水清吏司、屯田清吏司以及节慎库、皇木厂、琉璃窑、军需局、惜薪厂、制造库和料估所等机构。《光绪会典》卷五十八记载了清代工部的职掌："掌天下造作之政令，与其经费，以赞上奠万民。凡土木兴建之制，器物利用之式，渠堰疏障之法，陵寝供亿之典，百司以达于部，尚书、侍郎率其属以定议，大事上之，小事则行，以饬邦事。"由此可见，清代的工部既掌握国家大的营建工程，如坛庙、城郭、道路、桥梁、水利建设等，又掌握宫廷之需要，如殿廷装饰、陵寝工程，采办皇采等。工料银在一千两以上者，要请皇帝另派大臣督修。各项工程的经费分定款、筹款、借款、摊款四种。所谓定款是指动用的某种款项；筹款是指动拨其他款而筹备应用的款项；借款是指酌借某种款项，竣工后分期归还；摊款是民修工程，先由官垫经费，竣工后摊征归还。

工部承担北京都城、皇城、紫禁城、宫殿、太庙、社稷、天坛、地坛、日坛、月坛、先农坛、先蚕坛及都城内的庙祠、厅署、仓厂营房、府第等的兴建及维修责任，工部人员的设置，《光绪会典事例》卷二十记载如下：

清代工部人员设置一览表

名称		人数（名）	品级
尚书	满	1	从一品
	汉	1	
左侍郎	满	1	正二品
	汉	1	
右侍郎	满	1	正二品
	汉	1	
郎中	满	18	
	蒙古	1	
	汉	5	
员外郎	宗室	1	
	满	11	
	蒙古	1	
	汉	8	
堂主事	满	3	
	汉军	1	
主事	宗室	1	
	满	11	
	蒙古	1	
	汉	8	
司库	满	4	
司匠	满	2	
库使	满	31	
笔帖式（翻译满、汉章奏文籍之事）	宗室	1	
	满	85	
	蒙古	2	
	汉	10	

续表

名称		人数（名）	品级
善本笔帖式	满	10	
经承		78	
共计 317 人，此外还有额外郎中、员外郎、主事及小品官若干人			

工部内部机构分为两部分：一部分是办理部务的四个清吏司；另一部分是处理本部行政的事务机构。四清吏司中的营缮清吏司是工部分掌营建的机构，置郎中，满四人，蒙古一人，汉一人；员外郎，满四人，蒙古一人，汉一人；主事，满二人，蒙古一人，汉二人，另设笔帖式等官。凡修建坛庙、官府、城郭、仓库、营房等工程，均由本司管理，并掌管工匠，此外还负责征收木税、苇税等事物。下分设都吏、营造、柜、砖木、杂、夫匠六科和算房、火房等机构，分掌本司事务。本司具体负责估修、核销都城、宫苑、坛庙、衙署、府第、仓库、营房、京城八旗衙署、顺天贡院、刑部监狱等工程。隶属机构有料估所、节慎库、琉璃窑、皇木厂、木仓等。管理工部行政事务的机构有清档房、司务厅、督催所、当月处、饭银处。

节慎库是工部掌帑藏、出纳的机构，置满洲郎中一人，员外郎一人，司库一人，库使十二人，由本部司员中奏派。凡工程经费在一千两以下者在节慎库支领，一千两以上者在户部支领。每月终将出纳之数向上奏报。

料估所是工部估算工程造价的机构，凡在京工程归工部管理时，按营造之法估其料物。设满、汉司员各三人，从工部司员中选任。在京工程，属工部办理者，一千两以下项目由工部批准，一千两以上由钦差大臣审定。但是，无论工程大小，全部由料估所估算工料银数，并提交修建做法、工程尺寸，限二十日完成。

琉璃窑是工部掌烧琉璃瓦件的机构，设监督，满、汉各一人，由工部司员中派充，监督规定烧造琉璃的样式、色泽，督令窑户烧造。

皇木厂为工部监收木材的机构，设监督，满、汉各一人，由工部司员中派充。分设通州、张字湾木厂各一，监收各省解运的木材，验收后交木仓储存。

木仓是工部存储木材的机构，设监督，满、汉各一人，由工部司员中派充。木仓设于皇城，存储各省接放京之木材，用于内务府及在京各项工程。

清档房，负责收藏档案，并主管工部满洲官员的升补差委等事。

汉档房，负责缮写满、汉题本及黄册事务。

黄档房，负责考核岁支款项与工需物料，并随时记载各项工程所用经费以及由内务府取用的库储料物，到冬至之月，会同内务府奏请钦派大臣差奏。

司务厅，负责签收外省各衙门文书，呈工部堂官阅后，编号登记，分发各司办理。此外还负责工部各司处吏员工役的任用管理。

督催所，按期限督促工部四司所办之事，逐月将办过的文件送督察院工科、陕西道注销。当月处，负责管理工部印信，并接收在京各衙门文书，分法各司办理。

饭银处，负责收支工部司员饭食银两。

在营建工程管理上，清代内外分工明确。工部营缮司掌管外工，内务府营造司承办内工。乾隆年间又在圆明园设临时内工部，专门办理园内设计事务。专门管理京师街道的是督理街道衙门，京师的街巷、道路、水道、民居等，均由本衙门督办审核，勘验无误方可施工。

3. 清代的内务府

内务府是清代最庞大的机构，主要人员分别由满洲八旗中的上三旗（即镶黄、正黄、正白旗）所属包衣组成，凡皇帝家的衣、食、住、行等各种事务，都由内务府承办。直属机构有七司三院，即广储司、都虞司、掌仪司、会计司、营造司、慎刑司、庆丰司，分别主管皇室财务、库贮、警卫扈从、山泽采捕、礼仪、皇庄租税、工程、刑罚、畜牧等事。三院为上驷院管理御用马匹，武备院负责制造与收储伞盖、鞍甲、刀枪弓矢等物，奉宸苑掌各处苑囿的管理、修缮等事。另外还有三织造处等三十多个附属机构，几乎成为推动整个清朝国家事务六部机关的缩影，“……总管内务府衙门拟内阁，内务府大臣拟阁揆，广储司拟户部，都虞司拟兵部，掌仪司拟礼部，庆丰司则因清代起于游牧，故甚重之，而会计司拟税关与丁粮之税收，营造司拟工部，慎刑司拟刑部，至于吏部铨选之事，则归之于坐办堂郎中。”[41]最高行政长官为总管内务府大臣，另设郎中二人，员外郎六人，有官职三千多人。与营建有关的机构为营造司。

营造司，专门管理宫廷建筑修缮事务，清光绪《钦定大清会典》卷九十四记载：“掌宫禁之缮修，率六库三作以供令。”设有木库、铁库、房库、器库、药库、炭库六库，为储备物料所设。设铁作、漆作、爆作三作，以完成修缮工程。营造司设工程估算人员十六人，对修缮工程进行估算。修缮完工后，将实用工料银两上报内务府大臣具题奏销。每年皇帝从总官内务大臣中钦派一人管理，称值年大臣。机构中设郎中二人，员外郎八人，主事一人，委主事一人，办理各项具体事物，如禁城宫殿有重大修缮时，营造司奏咨工部会同办理，或奏请钦派大臣估修；平常岁修工程由各内管理将所属的应行修理处所咨报至司，由司粘修糊饰；三大殿及宁寿宫每年秋后的拔除荒草，由钦天监择吉，内务府咨工部营缮司呈派司员，带领匠役办理；紫禁城每年二月进行的沟浚、每年三伏及十月进行的芟拔，均由营造司负责鸠工完成；紫禁城内部装修由营造司率匠作粘修成造。营造司设有样房、算房，样房负责设计图纸、制作烫样，算房负责编造各作做法和估计工料。所谓烫样就是根据建筑物设计图纸拟定的尺寸式样，按一定比例做成的模型小样。在设计中，烫样、图纸与具体做法说明以《工程做法》或《内庭工程做法》为依据，三者又互相结合，各有侧重。做法说明以文字为主；烫样示其形象轮廓和区域的群体配置，上面并标签建筑的主要尺寸与做法；图样则表现平面布局或建筑的立面情况及装修细部。文字说明与图、样三者交互利用，既明确易懂，又可少出差错。制作烫样是完成建筑设计的重要步骤，故宫博物院藏有部分清代“样式雷”制作的烫样，是研究我国古代建筑设计的宝贵资料。清代算房中著名的有刘廷瓒、刘廷琦、梁九、高芸等。

众多的营建和修缮工程有不同的程序，并由不同的部门执行。宫殿年修工程重大时，先期奏明，交工部勘估办理。午门以内、乾清门以外及皇城、紫禁城的应修工程，报工部会估，若工程重大，上奏请旨办理。大清门、午门、朝房、堆拨房等处的拔草拘抿工程，每年立秋时，由步军通领衙门先期报工部，估料所派司员查勘，分别办理。皇史宬殿的拔草拘抿工程，每年秋季由内阁典籍厅报工部，营缮司呈派司员查办。坛庙的岁修工程由太常司估计兴工，咨部核销。皇城、各旗营公所、衙署、府第等工程，由有关部门咨部办理，工竣题销，由户部查核。皇宫的日常零修工程由“照办处”承应。

4. 清《工程做法则例》的颁布

清雍正朝颁定了由工部与内务府共同主编的《工程做法则例》，该则例自雍正九年（1731 年）开始“详拟做法工料，访察物价”，历时三年编成，全书共七十四卷，是继宋代《营造法式》之后官方颁布的又一部较为系统全面的营造专业书籍。全书不仅将清代官式建筑按所处部位或用途，列举出二十七种不同形制的建筑物，同时还对土木瓦石、搭材起重、油画裱糊，以至铜铁件安装等，总计十七个专业、二十多个工种，分门别类，条款详晰，制定了较为严格的规范，尤其对间数和斗口的规定最具代表性。该则例在总结中国历代传统建筑经验的基础上，制定出营造准绳，既规定了工匠建造房屋的标准，又为主管部门核定经费、监督施工和验收工程提供了明文依据。其应用范围主要是坛庙、宫殿、仓库、城垣、寺庙、王府等房屋的营建和油画裱糊工程。对于民间修造来说，它与《清会典·工部门·营建房屋规则》所载禁限条例相辅为用，发挥着监督限制作用，因此俗称为“工部律”。

在这一管理体制下，凡是工价银超过五十两、料价银在二百两以上的国家营建工程，均要呈报朝廷、上奏皇帝，钦派承修大臣组建工程处，又叫钦工处，专设办公机构称为档房，在京城的称在京档房，在建筑工地的则称工次档房。档房下设样式房和算房，通常选派最优秀的样子匠和算手供役。样子匠负责营建建筑的规划设计，制作画样、烫样并指导施工，算手负责核算工程的工料钱粮，并编制工程做法。还需钦派所谓勘估大臣组建勘估处，专门负责审计工程处编制上报的工程预算，皇帝奏准后再转咨工程处，按预算向户部支领经费，进而招商董修。工程竣工后的验收，也由勘估处负责，再由工程处造具销算黄册奏销。

5. 清代的“样式雷”

样式房的主持人称为掌班或掌案，相当于今天的总建筑师，从康熙朝直到清末民初主要出自雷姓世家，他们以出神入化的精湛技艺，取得了卓越的成就，受到上自朝廷君臣下到世人的敬重，并被美誉为“样子雷”或“样式雷”。

第一代雷发达，生于明万历四十七年（1619 年），卒于清康熙三十二年（1694 年）。康熙八年（1669 年）重修太和殿时，雷发达被“敕授”为工部营缮所长班，其子雷金玉继续担任这一职务，还掌管圆明园的楠木作，在圆明园的建设中发挥了精工巧匠的作用。

第二代雷金玉，生于清顺治十六年（1659 年），卒于清雍正七年（1729）年。以监生考授州同，继其父在工部营造所任长班之职，投充内务府包衣旗。康熙年间（1662 ~ 1722 年）逢营造畅春园，雷金玉供役圆明园楠木作样式房掌案，70 岁时，乾隆皇帝赐书“古稀”匾额。中国营造学社社长朱启钤先生曾说：“样式房一业，终清之事，最有声于匠家亦自金玉始。”

第三代雷声征，生于雍正七年（1729 年），卒于乾隆五十七年（1792 年），是雷金玉幼子，生活于乾隆盛世，在京城西郊皇家园林“三山五园”的营建中有贡献。

第四代雷家玺，生于乾隆二十九年（1764 年），卒于道光五年（1825 年），为雷声征的次子。他与长兄雷家玮（1758 年 ~ 1845 年），三弟雷家瑞（1770 年 ~ 1830 年）供职工部样式房，家玺是三兄弟中的翘楚，先后承办乾隆、嘉庆两朝的营造业，经手的营建设计工程有宁寿宫、嘉庆陵寝、乾隆八十大寿庆典由圆明园至皇宫沿路点景楼台的设计与营造、绮春园营建、同乐园戏楼改建、含经堂戏楼添建、长春园如园改建等。

第五代雷景修，生于嘉庆八年（1803 年），卒于同治五年（1866 年），为雷家玺第三子。16 岁开始随父在圆明园样式房学习，父亲猝然去世，样式房掌案转为郭九。雷景修尽心竭力专研，最终深通营造技艺，终于在道光二十九年（1849 年）凭借着丰富的营建经验和卓越才能，再得祖传“样式房”掌案之职。咸丰十年（1860 年），英、法联军焚毁西郊的三山五园，样式房工作停止。雷景修主要参与清西陵、慕东陵、圆明园的营建工程，并对“样式雷图档”进行了整理，为后人留下了极为珍贵的营建资料。

第六代雷思起，生于道光六年（1826 年），卒于光绪二年（1876 年），为雷景修的三子。继承祖业，执掌样式房，承担起设计营造清东陵咸丰皇帝定陵的任务，因建陵有功，以监生钦赏盐场大使，为五品职衔。同治十三年（1874 年）年重修圆明园，雷思起与其子雷廷昌因进呈所设计的园庭工程图样得蒙皇帝召见五次。

第七代雷廷昌，生于道光二十五年（1845 年），卒于光绪三十三年（1907 年），为雷思起长子。随父参加惠陵、盛京永陵、三海等工程，独立承担设计营造同治皇帝的惠陵、慈安及慈禧太后的定东陵、光绪帝的崇陵等项大型陵寝工程以及颐和园、西苑、慈禧太后六旬万寿盛典工程。同治十二年（1873 年）被赏布政司职衔。与此同时，普祥、普陀两大工程方起，其后的三海、万寿山庆典工程接踵而至，样式房此时生意兴盛，样式雷也因雷思起、雷廷昌父子两代闻名遐迩，地位更加显赫。

第八代雷献彩，生于光绪三年（1877 年）。雷献光、雷献瑞、雷献春、雷献华兄弟参与圆明园、普陀峪定东陵重建、颐和园、西苑、崇陵、摄政王府、北京正阳门的工程等。

“样式雷”家藏模型、图样多种，从形式上看，其烫样有两种：一种是单座建筑烫样；一种是组群建筑烫样。其中单座建筑烫样表现了拟盖单座建筑的情况，准确反映其形式、色彩、材料和各类尺寸数据。打开烫样的屋顶，建筑物的内部构造，如梁架结构、内檐彩画式样等一目了然。烫样上贴有表示建筑各部尺寸的标签，通过详细观察烫样，可以掌握烫样建筑从整体到细部的基本情况。组群建筑烫样，多以一个院落或是一个景区为单位，除表现单座建筑之外，还表现建筑组群的布局和周围环境布置状况。烫样是我国古代表现建筑设计意图的模型，从一个侧面反映了当时科学技术、工艺制作和文化艺术水平，具有一定的历史性、科学性和艺术性。

雷氏家族在长达两百余年的时间里，共有八代十人先后任清廷样式房掌案，几十人供职样式房，负责皇家建筑设计，在建筑技术和工艺美术等多方面取得了杰出成就。样式雷的营建作品，故宫、天坛、颐和园、承德避暑山庄、清代东西陵寝等均被列为世界文化遗产，充分显示了样式雷在中国乃至世界建筑史上所取得的辉煌成就。

6. 清代皇家建筑的营造步骤

清代皇家建筑工程包括相地、勘测、总体规划、设计和施工以及装修陈设等步骤，营建工程要有具体的画样、烫样并编制施工设计说明，施工中还要进行抄平、灰线、放样，并适时制作工程进展及竣工实况的画样及说帖等等。这些事务根据帝王的旨意，在钦差承修王大臣及辖官监督下，由样式房的样子匠完成，具体步骤简单介绍如下：

相地，原是中国踏勘选定营建地域的通俗用语，包括营建地的现场踏勘，环境和自然条件的评价，地形、地势和建筑关系的设想，直至基址的确定。相地过程中，样子匠要随同有关官员和风水师赴现场勘查风水，统筹生态、景观及工程地质等要素，确定基址并开展相应的建筑规划设计。选址的主要依据是中国古代的风水理论，按照《管氏地理指蒙》“工不曰人而曰天，务全其自然之势，其无违于环护之妙耳”的取向，详缜权衡基址风水格局。样子匠要丈量地势规模，绘出诸如《风水地势丈尺图》、《山向定点穴图》等画样，事后将勘测成果精工绘制，贴签具说，进呈御览。勘测成果除进呈御览外，样式房匠师留底，作为日后规划设计的基础。建筑基址及规制得到皇帝许可后，样子匠在承修官的督领下，按基址山势水形和典制要求，推敲各单体及组群建筑的布局，构思多个方案，供比较选择。届时，要参考以往设计数据，或测绘相关建筑实物。各方案经过再三推敲，精工绘制画样，并将建筑规模丈尺做法等详细注说，进呈皇帝御览和定案。建筑组群的平面布局通常都按照“百尺为形，千尺为势”的传统风水理念展开。相关建筑的方案设计，多在覆勘基址时现场酌拟。届时，承修王大臣带同样式房匠人、算房算手及风水官员等，详细测量基址平面及高程尺寸，确定待修建筑从各单体直到总体布局的规模和形制。对于陵寝建筑，还要详定穴位和山向，以穴中为基准控制点而展开建筑总平面及竖向设计。

“抄平子”是选址和酌拟设计方案时进行的地形测量，用白灰从基址中心向四面画出经纬方格网，方格尺度视建筑规模而定。然后测量网格各交点的标高，穴中标高称为出平，高于穴中的称为上平，低于穴中的称为下平，最终形成定量描述地形图样的“平格”，由此可推敲出建筑平面布局，或按“平子样”作竖向设计。经纬格网采用确定的模数，平格简化为格子本，甚至仅记录相关高程数据即可，为数据的保存和应用提供了极大方便。

在程序上，制作烫样是各项建筑设计的关键步骤，按例恭呈御览钦准，才能据以编制工程做法，并核算工料钱粮。依据钦准烫样，进一步开展估工算料并完成施工设计。在营建过程中，钦工处设在工地的工次档房设有样式房和算房，样子匠到工听差，随工程进展办理有关事务，合同督工官员、算手和承包商工头等指导具体施工。对于规模大、工期长、技术复杂、质量要求高的建筑工程，由于承修厂商及协同工种多，为及时掌握并控制和协调工程进展，营建过程中各工段督工官员及承修厂商要定期呈报《已做现做活计单》，样式房匠人据此将工程各阶段的进展情况分别绘制成形象直观的透视图，即《已做现做活计图》并附以清单或说帖，按时呈送皇帝过目。完工后，专门绘制相应的《竣工图》，进呈御览并存档宫中。

注 释

① 《国朝文类·经世大典序录》。
② 《国朝文类》卷四十《经世大典序录·官制》。
③ 《元史纪事本末》卷一五《尚书省之复》。
④ 《元史》卷八十五《百官》一。
⑤ 《元史》卷八十五《百官一》。
⑥ 《元史》卷二《太宗纪》，卷五十八《地理志》一。
⑦ 《元史·地理志》)。
⑧ 元·苏天爵《滋溪文稿》，卷二十二。
⑨ 陶宗仪《辍耕录》卷二十一《宫阙制度》。
⑩ 《元史》卷八《世祖纪三》。
⑪ 《元史》卷九十《百官志六》。
⑫ 《元史》卷七《世祖纪四》。
⑬ 元·魏初《青崖集》，卷四。
⑭ 陆文圭《广东道宣慰司都元帅墓志铭》。
⑮ 《明太祖实录》卷四十五。

⑯ 《明太祖实录》卷四十七。
⑰ 《古今图书集成·经济汇编·考工典》784册，第40页，中华书局、巴蜀书社，1985年。
⑱ 《明太祖实录》卷三十五。
⑲ 《明太祖实录》卷一百二十七。
⑳ 《清圣祖实录》卷二七三，康熙五十六年八月乙酉。
㉑ 《明实录》卷一百七十九。
㉒ 《古今图书集成·经济汇编·考工典》784册，第40页，中华书局、巴蜀书社，1985年。
㉓ 《明史》卷一百四十六《列传》第三十四。
㉔ 乌斯道《春草斋集》卷六《雷州卫指挥张公完城记》，《丛书集成续编》，第146页。
㉕ 《皇明诏令》卷之六《谕天下文武官员敕》，《中国珍稀法律典籍集成》（乙编第三册），第168页，科学出版社，1994年。
㉖ 杨士奇《东里集》别集卷一《郊祀覃恩诏》，《四库全书》1239册，第591页，上海古籍出版社，1987年。
㉗ 《东里集》别集卷一《敕谕公侯伯五府六部都察院等衙门正官因灾修政》，《四库全书》1239册，第617页，上海古籍出版社，1987年。
㉘ 《明英宗实录》卷二百《废帝附录》第十八）景泰三年（1452年）。
㉙ 《皇明诏令》卷之十二《改立皇太子中宫诏》，第376页。
㉚ 清咸丰版《庆云县志》卷三《重筑浚城池记》，《中国方志丛书》，第330～331页。
㉛ 《明武宗实录》卷九十八，正德八年三月丁亥，第2054页。
㉜ 《明熹宗实录》卷七十三，天启六年闰六月辛亥，第3540页；卷七十二，天启六年六月，第3507～3508页。
㉝ 《明宣宗实录》卷三九，宣德三年三月。
㉞ 《明英宗实录》卷二四〇，景泰五年四月。
㉟ 《明英宗实录》卷一五三，正统十二年闰四月丙辰。
㊱ 李昭祥《龙江船厂志》卷六。
㊲ 赵翼《廿二史札记》。
㊳ 《古今图书集成·考工典》第五卷，工巧部，中华书局、巴蜀书社，

1985 年。

㊴ 清光绪版《武进县志·人物志·艺术》。

㊵ 刘敦桢《钞本〈鲁班营造正式〉校阅记》，《中国营造学社汇刊》1937 年第 6 卷第 4 期。

㊶ 曹宗儒《总管内务府考略》，《文献论丛》1936 年第 10 期。

结　语

世界古代有四大建筑体系，分别是中国、印度、伊斯兰和欧洲的建筑体系，其中唯有中国建筑体系以特定的内容和表现形式形成了自己独特风格。从原始社会末期和夏、商的萌芽与发育期，经秦汉的成型，一直延续到封建社会末期，其间以渐变和积淀为主，没有发生大的突变或中断，首尾连贯、一脉相承。成就中国建筑体系的重要因素之一是工官制度。工官制度的作用是掌管城市建设和建筑营造，其形成经历了从无到有、从临时到固定、从简单到复杂的过程，其形成伴随着历代社会、政治、文化和经济等多方面的发展，随着建筑的需求、建筑技术的进步而逐渐完善。中国古代没有现代意义上的建筑师，工官制度的重要贯彻者和执行者是工官，他们多是其他出身，或因工巧，或因久任而善于钻研，所以能精通专业，胜任职事，成为城市建设和建筑营造的具体掌管者和实施者。他们不但承当起建筑的设计、筹工、备料、施工管理与工程经费的审核销算，而且对总结施工经验、统一工程做法标准起了积极的推广和促进作用。在中国历代营造活动中，虽然择居卜宅的风水师（选址、定位），谈玄论道、考辨典章的文人士大夫（立意、定制）以及“薪火相传”的工匠（取料、施工）都予以参与，但是工官在历代营造活动中发挥的作用始终占主导地位，加之营造匠作传统的继承，成为中国建筑体系形成的真实注解。

清晚期，帝国主义列强对中国的殖民侵略不断加深，中国近代资本主义工业有了一定程度的发展，维新变法和西方文化在中国广泛传播。清光绪三十二年（1906 年），清政府宣布改组内阁，设内阁总理大臣，各部尚书改为内阁政务大臣，下设十一个部，工部并入农工商部。1911 年爆发的辛亥革命，推翻了清朝政府，结束了中国两千余年的君主专制制度，中国封建社会的工官制度也相应彻底结束了其历史使命，有关营造活动被其他相关部门代替。

参考书目

1. 清·纪昀《历代职官表》上、下，上海古籍出版社，1989年。

2. 成茂同《中国历代职官沿革史》，百花文艺出版社，2005年。

3. 王超《中国历代中央官制史》，上海人民出版社，2005年。

4. 王朝《中国历代官制与文化》，上海人民出版社，1989年。

5. 张创新《中国政治制度史》，清华大学出版社，2005年。

6. 吕思勉《中国制度史》，上海教育出版社，1985年。

7. 刘敦桢主编《中国古代建筑史》，中国建筑工业出版社，1980年。

8. 刘叙杰主编《中国古代建筑史——原始社会、夏、商、周、秦、汉建筑》，中国建筑工业出版社，2003年。

9. 傅熹年主编《中国古代建筑史——两晋、南北朝、隋唐、五代建筑》，中国建筑工业出版社，2001年。

10. 郭黛姮主编《中国古代建筑史——宋、辽、金、西夏建筑》，中国建筑工业出版社，2003年。

11. 潘谷西主编《中国古代建筑史——元、明建筑》，中国建筑工业出版社，2005年。

12. 孙大章《中国古代建筑史——清代建筑》，中国建筑工业出版社，2002 年。

13. 《古仅图书集成》第五卷《考工典·工巧部》，中华书局、巴蜀书社，1985 年。

14. 张钦楠《中国古代建筑师》，生活、读书、新知三联书店，2008 年。

15. 陈戍国《礼记校注》，岳麓书社，2004 年。

16. 范文澜《中国通史》（第一至四册），人民出版社，1949 年。

17. 点校本二十四史，中华书局。

18. 杨永生《哲匠录》，中国建筑工业出版社，2005 年。

后 记

中国古代建筑是世界上传承延续时间最长的建筑体系，自其萌芽，直到今世，一脉相承，在世界建筑史上独树一帜，是中国传统文化的重要组成部分。古建筑作为一部无言的史书，既展现了其人居的实用功能，也蕴含了先人深邃的文化理念，以“天地为屋宇”的建筑观，符合自然规律中的风水观，融建筑、园林、道路为一体的规划观，符合自然规划、灵活构筑的理念和意境创造的美学理念。尽管古代社会对科学技术藐视，重人文，轻科技，但丝毫不能掩饰工官的营造组织能力和古代工匠的聪明才智。从都城的规划建设，到建筑的设计施工，乃至于装修装饰，他们都有自己的模式与方法，开拓了独特的“建筑意境”创造之路。

在中国古代高度集权的社会制度下，各类建筑营造的规划、设计和施工有一套独特的管理机构、组织形式和施工流程，体现着建筑历史最基础的信息。工官是建筑营造的掌管者和实施者，对古代建筑的发展发挥了重要作用，因此，工官制度的研究是中国古代建筑历史研究的重要课题之一。由于中国历史上“道器分途”、重士轻工的缘故，史籍中有关工官或名家巧匠的记载少之又少，历史资料的局限和工官记载的边缘化，使工官制度研究多停留在历史沿革变迁上，无法深入到具体的机构设置和职能分工层面，本书的编写初衷奢望能够从工官制度的研究切入，从中探寻中国古代建筑营造的创造和文化底蕴，深入对中国古代建筑的认识。

本书的编写缘于我从事的古建筑保护工作，多年与古建筑为伍，总有一种不明就里的惆怅，是谁建造了这些不朽之作？这一问题不时在我脑海里浮现。笔者终于在 1996 年 9 月至 1999 年 7 月山西大学历史系硕士学位班的学习中对上述问题有了解题的机遇。在赵瑞民老师的指导下，笔者完成了《宋代营造类工官制度研究》的毕业论文，并顺利通过答辩获得硕士学位。三年的学习经历为自己所从事的古建筑保护和研究工作开阔了视野，获得了开启研究的一把智慧钥匙，随之就有了要完成“中国古代营造类工官”这一课题的愿望。于是，又与乔云飞、李海英二位同志对这一课题进行合作研究。十年间，我们在浩如烟海的典籍中查找资料，点滴积累，形成了一个总的框架，在前辈研究的成果中汲取营养，在同仁中展开讨论辨析，在一次又一次的反复中推倒重来，在此基础上推敲文章章节，充实内容，逐步成型。在本书的编写过程中，得到所领导的大力支持以及诸多同事的悉心指导和帮助，山西省古建筑保护研究所所长宁建英在方方面面给予鼓励和支持，山西省文物局博物馆处处长高晓明和山西省民俗博物馆党支部书记李彦提出了许多宝贵的建议，使得本书更趋完善，终于付梓出版，在此，对他们表示由衷的感谢。

鉴于水平有限，拙作难以达到圆满，能为中国古代建筑史研究探路，提供借鉴已遂心愿。编写过程中，借鉴了前辈或同仁的成果，不堪掠美，凡所借鉴处均一一标明，或在主要参考文献中详细列出，深表感谢。

书中的疏漏和不周之处，请各位方家和读者指正！

张映莹

2011 年 7 月